銷售就該這麼玩

高手的實戰說服術

周文軍 著

破解客戶的「不可能」，讓你的每一次溝通都值千萬！

利益誘導 × 第三方影響 × 分解價格

拜訪沒結果？因為你少了點「影響力」的魔法

不怕拒絕，就怕沒準備
成交有公式，學會黃金寒暄術
讓你的成交率飆升！

目錄

前言 …………………………………………………… 005

第一章　潛在客戶 …………………………………… 007

第二章　維繫與客戶的關係 ………………………… 049

第三章　提升訂單成功機率 ………………………… 095

第四章　成功前要行動 ……………………………… 119

第五章　說服技巧 …………………………………… 151

第六章　排除異議 …………………………………… 189

第七章　留住客戶，留住訂單 ……………………… 277

第八章　超越困境 …………………………………… 331

目錄

前言

　　絕大多數的百萬富翁是從設定和制定成功的目標起步的。目標設定早就被認為是強而有力、積極而直接的手段。一句話說得好：如果一個人不知道自己要駛向哪一個碼頭，那麼任何風都不會是順風。

　　通常人們會把目標和目的混淆，以銷售來說，有目標的銷售表示我們通常會意識到自己在做什麼，而不是下意識地執行例行公事。在每次銷售的時候，我們都要特地做一些事情——也就是說我們的言行必須有目標。因此有目標的推銷是來源於更深一層的意義。這也正是目標和目的的差異所在。目的是可以達到的，有起點和終點；而目標卻有更強的延伸性，它使得我們的生活更有意義。

　　業務員的人生目標應該是什麼呢？

　　這裡有一個「墓碑測試」，不妨想想看，它可以幫助你發現自己的人生目標。那就是「我想在我的墓碑上寫些什麼？」也就是說：「我的人生目標是什麼？」

　　我想在我的墓碑上寫些什麼？

　　他贏得了業績競賽；

　　他推出過許多產品；

　　他曾幫助許多人得到他們想要的東西……

　　不管要銷售的是一種產品、一項服務還是一個想法，只要我們牢記有目標的銷售這個原則，就能做得更好。因為銷售的目標就應該是：幫助人們對購買東西和他們自己感到滿意。

前言

　　有了正確的人生目標，才能在銷售的過程當中實現，讓它為我們的人生之船掌好舵，藉助有力的條件使我們的人生之船順風而行！

　　銷售工作過程中常常出現這樣一種情況，業務員在外面和客戶談得很好，經常有不少人表示有意向，還經常有客戶說一有需求就會和公司聯繫，但到了最後，合約總是無法落實，究其原因就在於這個業務員缺乏影響力。簡單地說，影響力就是讓別人說「是」的能力。這一點對業務工作至關重要，如同男生追求女生往往需要經過鍥而不捨的努力，才能和愛人共同建立幸福的家庭一樣。談生意和談戀愛都需要這個過程。在這個過程中，業務員必須和客戶來來往往談七、八次，並不斷地遊說客戶，因為客戶也擔心簽錯合約。所以，如果業務員不積極和客戶聯繫的話，客戶是絕對不會主動找業務員的。可見，合約最終能否簽訂，主要是靠業務員的影響力，它是決定業績好壞的主要原因。

　　自信就是自己相信自己，「自信人生兩百年，會當擊水三千里」。自信心是通往成功彼岸最堅固的橋梁，擁有必勝的信心，就已經掌握一半的勝利。銷售也是一樣，許多人在銷售行動中屢屢失敗或碌碌無為，自信心不足往往是主要因素。業務員有自信，客戶就會對你產生信任，從而信任你所推薦的產品，那麼成功就在你的眼前了。

第一章
潛在客戶

我們在與客戶見面並進行推銷之前,需要進行一定的準備工作。準備工作主要包括兩個方面:物質準備和精神準備。

推銷前的物質準備

物質準備主要由兩方面構成：客戶資料、推銷資料。

客戶資料

在接見客戶之前，業務員應該準備好相關的客戶資料，我們將其稱為物質準備。進行物質準備的主要工作是收集客戶資料。比如對個人客戶，要收集他的經濟狀況、健康、家庭、工作、社交、愛好、文化、追求、理想、個性等資料。此外，在收集企業客戶資料的時候，要留意了解決策者、承辦人、行業、產品、組織結構、效益、員工、規畫和問題等等。

客戶資料檔案除了人口統計數據，還要包括心理統計數據，大部分心理統計數據都被企業所忽視。透過收集心理統計數據，企業可以發現客戶的購買需求特點。

無論是針對個人還是企業，都要明白其關鍵需求到底在哪裡？他的購買價值觀是什麼？他的問題在哪裡？業務員一定要透過對客戶資料的歸納、分析和判斷，然後把它們找出來。

推銷資料

物質準備除了收集客戶資料之外，業務員還要準備推銷資料。

你的公事包裡面應該放哪些東西呢？應該有客戶資料、公司資料、產品資料。但是有兩項資料無論如何都不能忘記：

一是個人證明；

二是老客戶使用證明。

大部分的業務員在面對客戶的時候，都缺少這兩個資料。

個人證明：

什麼叫個人證明？就是業務個人在本行業裡的專業水準證明。個人在行業領域裡面是否具備一定的專業水準，會決定客戶是否能夠迅速建立起對你的信任感。客戶對個人的信任感高低，將會決定其最終的購買行為。

如果客戶相信你的公司很好，產品也很好，可是你個人很不專業，他就會產生疑惑：我買了產品以後將來會不會有問題？出現維修、保養、服務等問題怎麼辦？但如果你有非常專業的個人證明，就會打消客戶不必要的疑慮，從而大大提升推銷的成交率。

老客戶使用證明：

老客戶使用證明反映出已經使用過該產品的老客戶的意見。無論業務員說得有多好，客戶永遠會對你有所疑問，認為你是老王賣瓜自賣自誇，那如何打消客戶對我們的疑慮呢？這就需要老客戶的使用證明。

有許多餐廳由於經常有一些影視明星、體育明星前來用餐，於是餐廳就拍了很多他們蒞臨時的合影，然後放成很大的照片貼在餐廳醒目的位置，如門口、大廳四周的牆上，甚至擺放在走廊的玻璃櫃裡。客戶進門一看，馬上產生一種感覺：這個餐廳好厲害呀！這就是老客戶證明。

老客戶使用證明就是讓老客戶來表現產品的好！

老客戶使用證明一般採用三種方式展示：

一是文字；

二是圖片；

第一章　潛在客戶

三是影音。

第一種方式是文字，主要指產品品質和服務品質回饋表。所有的企業都應該在老客戶使用產品後，把一些老客戶、知名客戶、行業龍頭客戶使用產品以後的優良評價做成產品品質或服務品質的回饋表，並按照行業、區域劃分，裝訂成一冊老客戶的產品品質和服務品質回饋總表，然後想辦法展示給新客戶看。

某公司按照行業劃分，將醫藥、房地產行業的龍頭企業關於本公司產品的品質回饋表裝訂成冊，然後複印，讓每個業務員的公事包裡面都有一份。當業務員去見客戶的時候，如果向客戶介紹完產品以後，客戶仍猶豫不決，業務員就會說：「先生（女士），我們初次接觸，您對我們的產品有所懷疑是正常的，因為我們對彼此的了解還不多。其實在本行業裡，我們服務很多像貴公司這樣的大客戶，而且他們對我們也有許多正面評價。正巧我今天帶來了一本老客戶對我們公司的評鑑和評價，請您翻閱看看。」

客戶在看完後，往往會爽快決定接受該公司的產品或服務。

這個回饋表裡一定要有客戶的評語，還要有客戶的公章，並能反映客戶公司的大概使用量，但不可以涉及客戶要求的商業機密。

重點提示：客戶評語就像小學生的成績單，不但要有具體評語撰寫人，而且上面一定要有公章，這樣的客戶評語才有說服力。

第二種方式是圖片，主要是指老客戶相簿。實務證明，客戶更喜歡看照片，也就是業務員向客戶展示老客戶相簿的效果要遠遠優於客戶回饋表。

照片可以是跟客戶的合影，例如和客戶公司的重要領導人、技術總監、總工程師或總裁等人物的合影；也可以是和該行業的權威專家、個人

的合影；還有安裝、使用、保養、維修現場的照片。在這些照片中，一定要展現你公司的象徵，如公司的制服、企業名稱、企業 Logo、英文標示、代表性建築等等。

跨國公司業務的公事包裡面一定有兩樣東西：第一，有臺詞；第二，有老客戶相簿、老客戶的使用證明。

第三種方式是影音，主要是指影片，如產品的頒獎儀式、公司領導人的與會經歷、產品的生產過程等等。

推銷前的心理準備

準備工作的另外一方面是要進行心理態度的準備。業務工作最重要的面向之一，就在於業務員的精氣神。本節分三個部分介紹這個問題：

意識到恐懼；

客戶接納我們的理由；

調整心態的方法。

為什麼業務員的精氣神尤為重要？

推銷是從拒絕開始的，業務員每天去面對客戶，就是去面對大量的拒絕、拒絕、拒絕。所以他們的自信心會不斷地下降，挫敗感會不斷地上升，甚至產生恐懼感。能不能保持旺盛的精力，能不能保持高昂的情緒，對於克服恐懼感非常重要，這是每個業務員都要跨過的第一道門檻。

第一章　潛在客戶

意識到恐懼

其實業務員拜訪客戶的時候都是帶有恐懼心理的。

恐懼源於對對方的無知和不可控制；

恐懼最後導致銷售失敗；

對於拜訪感到恐懼是行銷新手與老手的永恆問題。

客戶越大、越重要，業務員的心理壓力也越大。關鍵是如何控制緊張，如何緩解緊張。業務們一定要記住：當面對客戶的時候，一定要減輕恐懼感，充滿自信，充滿魅力，積極向上，良好的開端是業務員成功的一半。

客戶接納我們的理由

如果我們知道客戶為什麼接納我們，有助於業務員克服內心的恐懼。一般來說，客戶接納我們的理由主要有：

這個人還不錯；

這個人挺可信；

這個人跟我很投緣。

客戶之所以會與你投緣，其實不在於產品，而在於信任感，可是如果業務員很緊張、缺乏自信、精神狀態不好，客戶就會產生懷疑。

```
┌─────────────┐      ┌──────────────────────────────────┐
│ 這個人還不錯 │      │ 知識廣泛、同類型、很風趣、有禮貌、好相處。│
└─────────────┘      └──────────────────────────────────┘
       ⇩
┌─────────────┐      ┌──────────────────────────────────────────┐
│這個人還挺可信│      │說話辦事為客戶著想、比較專業、信譽高、與其他推銷員不同。│
└─────────────┘      └──────────────────────────────────────────┘
       ⇩
┌──────────────┐     ┌────────────────────────────────────┐
│這個人與我很投緣│     │有共同語言、對我很了解、工作在行、相處很愉快。│
└──────────────┘     └────────────────────────────────────┘
```

圖 1-1　客戶接納我們的理由

調整心態的方法

那麼業務員如何調整自己的心態呢？具體有三種方法：開心金庫法、預演未來法和生理帶動心理法。

重點提示：

調整心態的三種方法：

開心金庫法 —— 成功推銷經驗剪輯；

預演未來法 —— 成功推銷過程預演；

生理帶動心理法 —— 握拳、深呼吸、成功暗示。

1. 開心金庫法

所謂開心金庫法就是把自己過去成功的、快樂的事情進行剪輯，做成一個 5 秒鐘的短片，當你很緊張的時候，就在腦海裡面播放一下，讓自己開心起來，慢慢緩解緊張。

2. 預演未來法

預演未來法就是對將要發生的事情，按部就班地進行預想，假想未來會取得好結果。做了心理預演以後，緊張程度自然就會降低。

3. 生理帶動心理法

運用生理帶動心理法就是當你緊張時可以用握拳、腹式深呼吸、自我心理暗示等生理緩解方式，來解除緊張的壓力。

電話約訪方法與流程

所謂的電話約訪就是電話預約。

你決定拜訪的客戶大都是高階管理人員，你不期而至的電話很可能使他們感到厭煩，你也許不得不忍受他們的冷淡與喝斥，但是沒有這最初的聯繫，又哪裡能夠邁進這些大客戶的門呢？你要使電話內容與眾不同，所以一定要考慮你的產品是否能使潛在客戶滿意，你正在推銷的產品是否使他們的生活變得美好？能否提升他們公司的形象？能否為他們節省一定的時間或金錢？能否解決他們的燃眉之急？當上述的答案都是「YES」時，你致電的理由就絕對充分。

很多業務高手認為這種方法簡直就是自討苦吃，他們往往說：「我如果打電話時客戶馬上就會拒絕我，反而會失去見面的機會，這麼多年我從來不打電話給客戶，可是我的業績照樣做到公司第一名。」其實如果掌握電話約訪的技巧，他們的業績就會錦上添花。

很多業務員打電話給客戶的情形往往就是這樣：拿起電話，嘟、嘟、

嘟，沒有人接電話——經理不在，客戶不在，他反而會很高興。我們為什麼如此害怕客戶接電話？因為有人接聽以後，接踵而來的就是沒完沒了的拒絕、沒完沒了的打擊，所以很多業務員就誤以為根本沒有必要打電話。也有許多業務員打電話的第一句話往往是：「對不起，打擾您一下。」你真的認為一個人會接見「打擾」他的人嗎？當你意在幫助別人時，你需要抱歉嗎？當然不！對客戶能夠從你的產品或服務中獲益一事，你必須充滿信心；對於能夠為潛在客戶提供更好的工作或生活方式一事，你必須感到興奮。要讓客戶感受到你的熱情，就用你的聲音表達出來！

（一）為什麼要進行電話約訪

在與客戶見面之前，先進行電話約訪，進行事先溝通非常重要，其必要性主要展現在以下四個方面：

如果客戶不在，可以避免浪費時間；

與客戶工作發生衝突，貿然拜訪，反而會引起反感；

冒昧前往，讓客戶感到不禮貌，會使客戶覺得業務員沒有涵養和禮貌；

使客戶有所預想、引發興趣或心理準備。

越是位高權重的大客戶，越需要電話預約，使他心理有預想，引發他的興趣，讓他有心理準備，同時也是對他的尊重。

（二）做好電話約訪前的準備

當然，在致電之前，業務員也需要做好精神方面的準備，做哪些準備呢？應該包括以下五個方面的準備：

第一章　潛在客戶

1. 保持放鬆和微笑

在與你的潛在客戶通話前一定要保持放鬆，要微笑。在通話之中，對方一定能夠從語音、語氣、語調中聽出或感受到我們是否放鬆、是否在微笑。讓客戶能夠聽到乾脆俐落、非常有信心的聲音，能夠讓客戶感覺到你很有涵養，對他非常有禮貌。

打電話給客戶時一定要保持中性的語氣。所謂中性的語氣就是不卑不亢，不會很溫柔，也不會很生硬。有些人談吐生硬，不夠溫柔；有些人講話容易軟綿綿，聽得讓人骨頭酥軟。比較適合的談吐語氣，相對而言更中性，軟中帶硬，硬中帶軟，比較客氣、有禮貌，讓客戶能夠聽得出自信，感覺到信心，同時又能夠讓客戶感受到涵養與尊重。

2. 熱誠的信心

業務員的熱誠和信心也可以透過語音、語氣、語調表達，客戶也能夠聽得出來、感覺得到。由於客戶的需求不僅僅在於產品的功能性，更主要是希望在過程中，真切地感受到關懷和建立消費信心，所以業務員在電話中的談吐，應該表現出熱情和充分的信心。

身為業務員，如果只是負面地認為不停打電話給客戶，會打擾別人，這樣一來，打電話時就很難產生信心。正確的態度應該是：打電話是為了幫助別人，幫助別人也等於在幫助自己。抱著幫助他人的態度，不僅會增強熱情和信心，還可有效地減輕恐懼感。

3. 名單、號碼、筆、紙

在與客戶用電話溝通之前，還應該要在桌面上準備一些東西，比如客戶名單、電話號碼、筆和紙。俗話說：好記性不如爛筆頭。在完全沒有任

何紀錄的情況下，一般人在打完五通電話之後，就已經記不清楚第一通電話的內容了。

記住，專業的業務員一般是左手打電話，甚至是用肩夾著電話。之所以如此，就是為了能夠解放右手甚至雙手，一邊打電話，一邊隨手做紀錄。

4. 臺詞熟練

當然，我們還需要準備好電話溝通的臺詞。業務員在客戶面前就應該是優秀的演員，宛如受過專業訓練的演員。

5. 準備話術大綱提前

一般在電話約訪前，我們需要準備一張大表格和話術大綱，並在電話過程中進行相應的紀錄，在打完電話後，馬上要把原始紀錄抄錄到正式的客戶會談紀錄本上。

（三）確立電話約訪的目的

許多業務員電話約訪失敗的原因，往往在於沒有確立打電話的目的。

業務員在打電話之前，一定要確立打電話給客戶的根本目的是什麼？是爭取面談，而不是在電話裡向客戶推銷。

打電話給客戶的根本目的是爭取面談，而不是在電話裡向客戶推銷，不是在電話裡向客戶詳細介紹公司、介紹產品，而且絕對不可以談價格。

在電話約訪過程中，可以介紹公司，可以介紹產品，但是切記一定要簡略，而且絕對不能夠在第一次的電話溝通中，就談及價格。一定要明確

認知打這通電話唯一的目的就是能夠得到見面的機會。如果爭取到這個機會，電話約訪就是成功的，反之就是不成功的電話約訪。

很多業務員在打電話的時候，犯下許多原則性的錯誤：在電話裡面無休無止地與客戶談論自己的公司、自己的產品、自己的品格、自己的技術、自己的服務，最後還把價格報給客戶，說明天再去拜訪客戶，做這些都是有問題的。

(四) 電話約訪的流程

整個電話約訪大致包括以下五個流程：自我介紹；陳述見面理由；二擇一法；拒絕處理；二擇一見面。如下圖所示：

```
┌──────────┐
│ 自我介紹 │
└──────────┘
     ↓
┌──────────┐
│ 見面理由 │
└──────────┘
     ↓
┌──────────┐
│ 二擇一法 │
└──────────┘
     ↓
┌──────────┐
│ 拒絕處理 │
└──────────┘
     ↓
┌────────────┐
│ 二擇一見面 │
└────────────┘
```

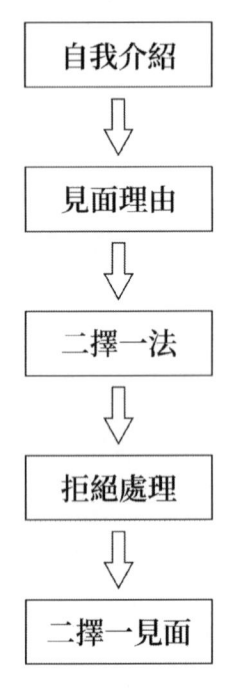

圖 1-2　電話約訪的流程

1. 自我介紹

自我介紹：您好，我是……，請問您……

前面曾經提到在與客戶的電話溝通中，自始至終都要以爭取見面機會為目的，不要涉及到產品推銷、公司簡介等內容，自我介紹盡量做到簡單明瞭。在自我介紹中，最為關鍵的環節是：徵求對方會面的意願。

徵詢意願的典型表述：

「劉經理，我有非常重要的事情需要跟您溝通三分鐘，請問您現在方便通電話嗎？」

採取上述方法的好處在於：

讓他消除戒心；

強調我有重要的事情，重要的事情會引起他的興趣；

> 約定三分鐘的溝通時間，增加透明度，即我不會打擾你太長的時間，以示對其選擇的尊重。

一旦「劉經理」說不可以，可以採取下面的表述，目的是與他約定下一次通電話的時間：「那很不好意思。劉經理，您大概什麼時候開完會呢？

（他說可能要到下午）您覺得我4點半跟您通電話可以嗎？

（他說還不一定）明天上午9點半可以嗎？

（他說到時候再說吧）好的，劉經理，我明天上午9點半再跟您通電話，再見！」

不可以隨便結束通話，一定要跟客戶約好下一次通話的時間，即使他沒有完全承諾你，我們也應該提出單方面的請求：「沒關係，我明天上午九點半再打電話給你。」和他約定一個時間，他就記得明天上午九點半有

第一章　潛在客戶

人會打電話來。注意要在客戶掛斷電話之後，再掛斷你的電話，這樣更能顯示出你對他的尊重和你的穩重與沉著。

2. 見面理由

見面理由：是這樣的，我們最近開發研製了……，根據客戶使用統計，能夠幫助……，我們有重要資料想送去給您，不知道您什麼時間比較方便呢？

電話約訪涉及的第二個內容是陳述見面理由。但是，一般情況下，業務普遍會從自己的需求角度來陳述見面理由，而不是從客戶的需求角度來陳述。所以在陳述見面理由時，切記要陳述客戶的理由而非業務的理由。

從客戶需求角度進行陳述，就需要分析客戶購買產品的目的，而客戶的需求不外乎降低成本、提升利潤、效益，獲得利益和價值。這些關於企業利益和價值的表述重點有很多，如降低成本、提升生產效率、提升銷售量、提升產品的品質、開發新的產品、降低消耗、提升工作效率、提升資金周轉率等等。我們常將「很重要」、「有幫助」、「感興趣」、「很喜歡」等這些形容價值程度的詞語稱為「關鍵字」。透過「關鍵字」不斷催眠客戶，讓客戶越來越感興趣。

常用「關鍵字」：增加效益、節省成本、提升效率、很重要、有幫助、感興趣、很喜歡。

還有另外一種很適合的理由陳述方式，就是：推薦人＋利益價值，也就是說在陳述見面理由時，除了打出價值牌以外，還可以藉助介紹人或推薦人。

有「先有人脈才有生意，先有信任才有生意」的說法。當我們有人

脈，由中間人幫我們介紹、幫我們推薦，尤其如果這個介紹人又是你的老客戶，這種時候生意的勝算基本上就會達到70%～80%。

所以業務員需要不斷地強調和客戶見面的理由：我們能如何幫助你節省成本？如何幫助你增加效益？這叫「好奇開場白」——第一分鐘搞定你，把對方的胃口吊得高高的，就像過去很多傳統的評書、評話一樣，在關鍵的時候賣個關子，來一個「欲知後事如何，且聽下回分解」。這樣才會讓客戶有見面的興趣。

三種陳述方式對比：

一般業務員的見面理由陳述：「劉經理你好，我公司是專門生產XX產品的專業公司，我們最近推出一些新產品、新技術，我想利用這個時間向您介紹一下，不知劉經理是否有興趣？」

客戶價值的見面理由陳述：「劉經理你好，我公司是專門生產XX產品的專業公司，我們最近推出一些新產品、新技術，相信可以幫助貴公司進一步降低成本、提升生產效率、提升銷售量、提升產品的品質、開發新的產品、降低消耗、提升工作效率、提升資金周轉率等等。我想利用這個時間向您介紹一下，不知劉經理是否有興趣？」

推薦人＋利益價值的見面理由陳述：「劉經理你好，XX公司的陳總前兩天碰到我，特意交代我打通電話給您，因為最近陳總正在使用我們公司的一套方案，他覺得非常好，對公司很有幫助，所以陳總覺得對劉經理您的公司可能也會有一定的幫助，我也準備好完整的資料，想約個時間跟您見個面，讓劉經理進行初步了解，陳總說相信您一定會很感興趣的。」當然，業務員有可能遇到這種情形：客戶的興趣立即被吊起來，並要求馬上與你見面，客戶往往會說，「我現在就有空，你現在就來吧。」怎麼辦？業務員切記不要答應客戶馬上見面，應該說：「不好意思，現在我實在沒有

時間，只有後天才有空，請問您上午還是下午比較方便？」因為我們是有身分的人，客戶也是有身分的人。專業業務員一定要先約好時間以後，再去跟客戶見面。

3. 二擇一法

二擇一要求見面：我想跟您約個時間見面，這些資料您看了以後一定會很喜歡，我明天上午還是下午來拜訪您呢？

在與客戶約定見面時間時，業務員應該使用「二擇一法」。所謂「二擇一法」是指，不要問對方好不好、是不是、有沒有空，而要問他上午還是下午。

■ 約定會面方式對比

傳統的約見面方式：「劉經理您看明天上午9點如何，您有沒有時間，是否可以與您面談？」

客戶價值的約見方式：「劉經理我想跟您約個時間見個面，不知道您是明天上午，還是下午比較方便」或「明天還是後天會比較方便」或「我下個禮拜正好出差到您那裡，想請問下個禮拜一還是禮拜二拜訪您會比較方便」或「我下個禮拜正好出差到您那裡，請問禮拜二您在辦公室嗎」。

■ 永和賣豆漿

各個地區都有永和豆漿。兄弟兩人在開始賣豆漿時，弟弟總是問顧客要不要加雞蛋，因為賣豆漿賺得錢很少，如果加雞蛋利潤會高一點，80%的人說不加雞蛋，20%的人說加雞蛋。但是哥哥就比弟弟精明得多，他總是問您要加一個雞蛋還是兩個雞蛋。結果從哥哥手中賣出去的豆漿基本上都加了雞蛋。

需要注意的是，採用「二擇一法」時應該採用委婉而堅決的語氣。所謂委婉而堅決就是語氣很委婉，態度很堅決。

4. 拒絕處理

拒絕處理：您可能誤會我的意思了，我並不會向您推銷，只是想跟您認識，我們有不少資訊對您的工作幫助非常大，也是您非常關心和感興趣的，我明天下午還是上午去拜訪比較方便呢？在與客戶的電話溝通中，遇到回絕是非常常見的事情，電話約訪常見的拒絕形式有以下五類：

很忙，沒時間；

暫時不需要；

有原先配合的廠商；

對你們不了解；

> 先把資料傳過來，再看看。

面對上述拒絕，業務員應該如何靈活應對，調整戰術，盡力取得主動，獲得見面的機會呢？這裡有四個傳統的原則，可以借鑑：

先肯定認同對方；

再委婉解釋說明；

強調見面理由、關鍵字；

最後多次二擇一要求。

上面處理拒絕的四點原則，核心原則就是先處理心情，再處理事情。所謂先處理心情就是先幫助客戶調整好心情，不要去替他處理事情。但是實際實務中，業務員卻正好相反，總是僅僅在替客戶處理事情。

如果被人拒絕，可以試著用下面的模式爭取約定見面：結構＝停頓＋

第一章　潛在客戶

設身處地＋好處＋結束語。

停頓：能使你有時間想出合適的應答，同時也會令客戶知道你在認真傾聽。

設身處地：可以用「我理解或我贊同您的看法」這樣的話表示認同，這會向客戶表明你很重視他們所關心的問題。

好處：提出你認為客戶與你會面能夠獲益的理由。

結束語：著重討論會面日期與時間。

■ 使自己快樂

國際知名銷售培訓專家克里斯蒂娜向我們講述了一段經歷：

致電給你的潛在客戶時，要盡量使自己保持快樂的心情。假如對方沒有同意你約定會面，也不要氣餒。好幾個月來，我一直在致電給一家大型食品製造企業的技術主管，他總是禮貌地拒絕我。我開始考慮怎樣才能從眾多致電給他的業務員中脫穎而出。我用快遞寄給他一隻鞋子，並附上一封訊息：「親愛的斯密斯先生，我正在設法使我的腳邁進您的大門。」我需要開車去取回我的鞋子，就在我準備出發的時候，他同意見我了！我的鞋子引起他的注意，他非常好奇，認為我是一個與眾不同的人，想見見我。結果令人非常滿意。這種富有創造性的舉動有一定的風險。你要確信舉動是得體的。我和斯密斯先生有過無數次的電話交談，已經建立了比較融洽的關係，我確信我的幽默能得到他的賞識。

5. 二擇一見面 ── 多次要求

在經過上面的「先處理心情」來應對客戶的拒絕之後，我們要再次使用二擇一法，來進一步爭取見面機會。訴求要點是見面只需要十分鐘就可

以了，而且我們的表達方式要委婉堅決、進退自如、簡單明瞭。

上述整個電話過程一般不要超過三分鐘，盡量站著講電話，這樣可以保持精神飽滿、充滿自信，同時要注意二擇一見面，多次要求，這樣才能勝券在握。

電話約訪的完整過程

業務員 A 說：「你好，我是 ABC 公司的張大力，請問是劉經理嗎？」

劉經理說：「是，你是哪裡，有什麼事嗎？」

業務員 A 說：「劉經理，我有一件重要的事情需要跟你溝通三分鐘，請問你現在方便通電話嗎？」

劉經理說：「可以，你說吧。」

業務員 A 說：「是這樣的，劉經理，最近我們公司開發研製的 xxx 新產品、新技術，根據一些客戶使用的最新統計，可以幫助降低企業的生產成本。想將有關於這些資訊的詳細資料送給您，不知道您什麼時間比較方便，我想跟您約個時間見個面，相信您看了以後一定會感興趣，您看我明天上午還是下午去拜訪，會比較好呢？」

對方可能會拒絕。業務員 A 說：「劉經理您可能誤解我的意思了，我並不是要向您推銷，只是想認識您，了解一下彼此，其中有不少資訊對您的工作幫助將會非常大，也是您非常關心和感興趣的。您看我明天還是後天去拜訪會比較方便呢？」

當然，你有可能遭遇這樣的情景：你本來跟客戶約好下午兩點見面，可是你按時到現場時，他卻不見了——他臨時有事而不在位子上。所以，建議業務員在電話約定見面時間後，一定要在會面前一個小時打電話與客戶再次確認。

第一章　潛在客戶

「王經理，我跟您在下午兩點半有個約會，我兩點半會準時到，你會在嗎？」他說我會在，「好，下午兩點半我們不見不散。」總而言之，在電話約訪中，業務員必須隨時處在備戰狀態中，像一臺靈敏度極高的雷達，不論走路、搭車、購物、讀書、交談，隨時隨地都要注意別人的一舉一動，還必須仔細聆聽別人的談話。而且優秀的業務員首先是一名優秀的調查員，推銷其實也是類似偵探、間諜的遊戲方式。

重點提示：

電話約訪要點

見面理由──好奇開場白關鍵字：（增加效益、節省成本）很重要、有幫助、感興趣、很喜歡。

主要訴求要點──見面、只需十分鐘。

表達方式──委婉堅決、進退自如、簡單明瞭，不超過3分鐘。

二擇一見面──多次要求、勝券在握。

所以在整個準備階段，我們提出的口號是「準備、準備、再準備」，「工欲善其事，必先利其器」，不打無準備之仗。業務員要跟客戶見面，要去進行這場推銷，準備工作如果做得不夠完善，就已經埋下失敗的隱患，所以為了明天的勝利，現在就要隨時做足準備，要收集情報，詳細了解客戶資訊。

第一印象很重要

在與潛在客戶預約成功後，接下來就要去拜訪客戶了。在拜訪客戶時，使潛在客戶留下良好的第一印象，對於後續的有效溝通、建立良好關

係等至關重要。當我們開始跟客戶正面交鋒、逐步接近客戶時，如何與客戶建立良好的信任關係就成為需要迫切解決的問題。那麼客戶的信任感是從何而來的呢？信任感首先來自於第一印象。

第一印象的重要性

所謂的第一印象就是指兩個素不相識的人在第一次見面時所形成的印象，它是人們意識局限性的一種展現，對某些事物或人的第一印象，會在相當程度上決定我們對這些事物或人的看法，甚至影響我們的行為。調查表明，80%的購買行為是受人的心理和情緒所影響，80%的購買是因為信任業務員，而不是公司的產品和價格。老客戶會反覆購買甚至不怕麻煩，就是由於這個原因。

沒有客戶對業務員的信任就沒有行銷。今天產品的品質、價格、品牌都高度地同質化，怎麼實施差異化策略？其中有一條很重要的差異化策略，就是建立與客戶之間的信任感。與客戶的人際關係好壞是決定銷售成功的重要因素。

自古就有「先有人脈、先有關係才會有生意」的說法。兩個陌生的人第一次見面做生意，信任感為零，透過不斷交往，做生意的次數越來越多，然後才慢慢地建立彼此的信任感。這也應驗了一句諺語：路遙知馬力，日久見人心。

第一印象的前幾分鐘

潛在客戶在最初的幾分鐘內就形成對業務員的第一印象，因此一旦你給顧客的第一印象不佳，那接下來即使你的談話技巧再高明、公司的信譽

再好，恐怕也只是枉然。心理學中這種第一印象決定一切的現象稱為「首因效應」和「月暈效應」。

1. 首因效應

首因效應又可以具體地叫做一見鍾情或刻板印象，也就是說第一眼看到的印象是什麼，就會先入為主，以後一旦遇到相同的情況，就會產生相同的看法。

2. 月暈效應

月暈效應在又稱為光環效應，也可以具體地稱做愛屋及烏或疑人竊斧。也就是說，如果對一件事物產生某一方面的印象，就很容易對這件事物的其他方面也持有相同的看法。

■ 疑人竊斧

從前有個人丟了一把斧頭，他懷疑是鄰居的兒子偷的。於是他看鄰居的兒子走路像是偷斧頭的，臉上的表情像是偷斧頭的，和別人說話也像是偷斧頭的，越看越像，準備去告官。這時他的兒子把斧頭找回來了，原來是他自己不小心把斧頭丟在樹叢裡。他走出門再去看鄰居的兒子走路、表情、說話又一點都不像是偷斧頭的人了。

首因效應和月暈效應都是人們慣性思維的一種展現。儘管這種慣性思維會產生很多偏見，但是很多人的偏見就有可能形成公正。作為業務員必須要習慣這種慣性思維，也就是說要盡力創造良好的第一印象。

問候寒暄的學問

當我們第一次與客戶見面的時候,首先就是與客戶打招呼,我們可以透過與客戶寒暄,建立良好的第一印象,達到放鬆客戶的戒備心理的作用,從而形成與客戶溝通的良好氛圍。

寒暄的作用

寒暄的作用主要有:

讓彼此第一次接觸的緊張情緒放鬆下來;

解除客戶的戒備心理;

建立信任關係的暖身活動。

可見寒暄是良好溝通的開始。那麼我們如何才能夠透過恰當的寒暄,來為這次面談好好開頭呢?

寒暄的失誤

寒暄切忌:

話太多,背離主題;

心太急,急功近利;

人太直,爭執辯解。

寒暄切記要避免以下三個失誤:

第一章　潛在客戶

1. 話太多，背離主題

很多業務員一到客戶那裡，就滔滔不絕，客戶沒有插話的機會，本來以客戶為核心和主導的溝通談話，卻成為業務員自己的演講臺。

2. 心太急，急功近利

談話開始還沒有過五分鐘，就拿出產品說明書，拿出價目表，就開始介紹產品。急功近利的行為實際上是在告訴客戶，我們關心的只有生意，從來不關心客戶的需求、客戶的問題和客戶想要什麼。

3. 人太直，爭執辯解

人太正直、太耿直，在面對客戶時，有時也是不可取的。尤其是面對宗教、信仰、政治、意識形態等方面的問題時，萬萬不可固執地與客戶計較，要明確了解這次面談的目的是實現未來的合作。所以我們在面對不同背景、不同信仰和社會背景的客戶時，一定要學會說話委婉。

寒暄的話題和要領

對不同的客戶對象，寒暄的話題也會有所不同：

與某個人寒暄：可以從工作效益、家庭子女、興趣愛好、朋友社交、創業經歷、事業追求等話題切入；

與企業單位的代表寒暄：可以從行業前景、創業歷程、產品特色、成績榮譽、企業文化、發展規畫等話題切入。

寒暄要領在於四個字：問、聽、說、記。

所謂問：開放式與封閉式發問。

所謂聽：聆聽、傾聽、點頭微笑、目光交流。

所謂說：盡量多讓客戶發言，透過生活化、聊天式的閒談，獲得更多資訊。

所謂記：詳盡記錄並配合傾聽動作。

▌讚美對方要適度

讚美的要領

讚美的最高原則是先處理心情，再處理事情。其要領是：

欣賞和讚美是指一種肯定、認同；

讚美要深入具體、細節之處；

讚美應該是隨時隨地，見縫插針；

交淺不言深，只讚美不建議；

避免爭議性話題；

先處理心情，再處理事情。

菲亞電器公司的威伯先生到美國一個富饒的農業地區考察市場。「為什麼這些人不使用機器呢？」他經過一家管理良好的農場試問一位業務員。「他們一毛不拔，你無法賣給他們任何東西。此外，他們對業務員敲門的做法火氣很大，我試過了，一點希望也沒有。」業務員答道。

也許真的一點希望沒有，但威伯決定無論如何都要嘗試一下，因此，他敲響一家農舍的門。門打開一條小縫，一位老太太探出頭來。威伯說：

第一章　潛在客戶

「抱歉，打擾您了。我不是來這推銷電器的，我只想買一些雞蛋。」老太太把門開大了一點，懷疑地瞧著。威伯又說：「我注意到您那些討人喜歡的多明克雞，我想買一磅鮮蛋。」

門又打開了一點，老太太問：「你怎麼知道我的雞是多明克種呢？」

威伯回答：「我自己也養雞，但從來沒見過這麼好的多明克雞。」

「那你為什麼不吃自己家的雞蛋呢？」老太太仍然有點懷疑。

「因為我養的雞下的是白蛋。當然，您自己下廚，知道做蛋糕的時候，白蛋比不上棕蛋的。我太太蛋糕做得很不錯。」

這時候，老太太放心地走出來，溫和多了。同時，威伯的眼睛到處打量，發現這家農舍有個很好看的牛舍。威伯說：「我敢打賭，您養雞賺的錢，比您先生養牛賺的錢還要多。」聽到這讚美的話，老太太高興極了，她賺的錢確實較多。她邀請威伯參觀她的雞舍。

沒多久之後，老太太說她的一些鄰居在雞舍裡安裝了電器，據說效果很好。她徵求威伯的意見，問他安裝電器是否值得。兩個星期之後，威伯成功把電器賣給這戶農家。

讚美的幾項原則

無論是誰，無時無刻不在期待別人的褒獎和讚美。雖然有人將讚美當作是拍馬屁，但無論如何，讚美的話總是聽起來令人歡喜。受到讚美的客戶也一定會對讚美他的業務員產生好感。

表面上，讚美別人好像很簡單，事實上做到恰到好處，並不如想像中容易。好話說多了，會認為那不過是場面話，甚至令人噁心、招致反感。以下就是讚美客戶時的幾項原則：

要找出值得讚美的事實

如果沒有任何值得讚美的事實，就千萬不要隨意讚美。到底如何才能找到值得讚美的事呢？可以從以下幾點來觀察：

（1）對方正在努力做的事及其成果。

（2）對方相當在意衣飾或其擁有的東西。

（3）有關房屋的各種設計或裝飾。

（4）身材或打扮。

（5）有關對方的家人或寵物等等。

要用言語清楚地把事實說出來

例如只說：「這條領帶好棒啊！」這樣領帶到底好在哪裡則莫名其妙。若是讚美顏色好看，最好稱讚他有選擇顏色的眼光。所以，可以這樣讚美他：「哇！這條領帶是您自己選的嗎？顏色跟您很相稱，真是有眼光。」如此一來，對方一定會很高興地接受讚美。

要把握時機

錯過時機或時機不對，會使讚美得到反效果。例如看到別人穿著新衣，卻說上禮拜的洋裝非常好看，你想這時別人會高興嗎？同樣地，對不在場的人過分褒讚，豈不是會讓在場的其他人認為你覺得他們不好嗎？

適可而止

通常人在受到讚美的時候，大多會表示謙虛，甚至說一些與讚美詞相反的話。在這種情況下，並不需要再加以反駁，因為太過分強調自己的讚美詞，很可能會造成彼此在感情上的對立，導致不愉快的結局。

第一章　潛在客戶

誰是潛在客戶

　　能買而且會買，並能在合理時間內有支付能力的人就是您的潛在客戶。

　　每一名新的業務員都會面臨到相同問題，那就是如何找到客戶，把產品或服務推銷出去。除非公司的產品或服務處於壟斷地位，除非公司的品牌具有非常強勢的市場性，否則，任何公司的業務員都將面臨如何尋找潛在客戶的嚴峻現實。其實，尋找潛在客戶是推銷的第一步也是最重要的一步。在確定我們的市場區域後，我們就得找到潛在客戶在哪裡，並與對方取得聯繫。如果不知道潛在客戶在哪裡，要向誰推銷我們的產品呢？事實上業務員的大部分時間都在尋找潛在客戶。

　　那麼，誰是我們的潛在客戶呢？打算把產品或者服務推銷給誰，或者誰有可能購買我們的產品，那些人就是我們的潛在客戶，他們具備兩個要素：

　　對我們的產品和服務有需求、有支付能力或支付潛力

　　對我們的產品有需求的人一定是特定群體，因為不是所有人都對我們的產品和服務都有需求。所以我們要遵循「有所為，有所不為」的原則。

　　所謂的「有所為，有所不為」是指要傾向使有些人成為我們的客戶，同時不偏好另外的人成為我們的客戶。78：22法則告訴我們：世界上萬事萬物都可以分為重點的少部分22%和一般的大部分78%，而重點的少部分影響著大部分的結果。換句話說，世界上78%的財富被22%的人占有，而剩下僅有的22%的財富卻分給世界上78%的人。

　　所以，我們在選擇客戶時要「有所為，有所不為」，要有重點地抓住那些重要客戶——VIP黃金大客戶。客戶不全是上帝，黃金大客戶才是我們的上帝。其實，各行各業裡競爭最激烈的就是黃金大客戶，因為一個黃

金大客戶往往相當於幾十個小客戶。

選擇客戶的「有所為，有所不為」

五星級飯店：一般的五星級飯店都要求進入大堂的客人衣著得體，一旦你穿著拖鞋、背心，或者衣服很髒、鞋子很破，一副衣冠不整的樣子，這樣的來訪者將會被門僮拒之門外，這就是區分客戶的典型方法，顯然五星級飯店只願意為有支付能力的人服務。

花旗銀行：去花旗銀行存款，如果你的存款金額低於2,000美金，花旗銀行不僅不會支付存款利息，而且還會每年收取管理費。但如果存款金額超過一定標準，則不僅會免除帳戶管理費用，還會提供定製化的貴賓服務。花旗銀行的這種做法，顯示這家銀行只接受貴賓客戶。

所以我們在尋找潛在客戶的時候，應該將大量的人力物力集中在黃金大客戶身上，而不是定在那些要求高、定量低、價格低、難伺候的小客戶身上，他們不僅讓企業賺不到錢，還會消耗我們大量時間。

尋找未來的黃金客戶

你手上可能有很多潛在客戶，你也可能找到了許多潛在客戶的資料，但究竟誰才能成為你真正的客戶，也就是未來的黃金客戶呢？下面一些條件可供判斷：

對你的產品與服務有迫切需求；

你的產品或服務與客戶使用計畫之間有成本效益關係；

對你的行業、產品或服務持肯定態度；

具有給你大訂單的可能性；

是影響力的核心；

財務穩健，付款迅速；

客戶的辦公室和住家離你不遠。

因此，業務員在開發潛在客戶的時候，首先要學會辨別客戶、篩選客戶，要有魄力和膽識對那些不喜歡的客戶說「不」。這是開發潛在客戶的重要理念。

潛在客戶的特點

我們在開發潛在客戶之前，都應該知道我們的客戶是什麼樣的，客戶為什麼要購買我們的產品呢？就像美國人所說的：你不要去推銷電鑽，要推銷牆上6公厘的孔。客戶為什麼要買一個6公厘的電鑽呢？當然不是要拿回去給小孩子玩，他們買6公厘電鑽的真正目的是回去在牆上鑽6公厘的孔。所以你千萬不要把推銷的重點放在電鑽的電線、電路、電機和絕緣體上，而要把重點放在牆壁6公厘的鑽孔上，因為客戶想得到的是牆上的孔，而不是要得到電鑽。但是大部分業務員卻都非常愛問：你需要電鑽嗎？這是重大錯誤。

所以，身為業務員，我們一定要學會分析客戶到底想買什麼，分析他的利益、價值和益處，同時要分析他的購買管道、購物偏好、如何提升其購買欲望、購買數量，以及購買頻率，這就是5W1H。只有不斷地去分析潛在客戶的形象，然後把你的潛在客戶濃縮、濃縮、再濃縮，最後定位在特定群體上，這樣才能真正做到有的放矢。

潛在客戶的特點

- WHO：誰
- WHAT：做什麼
- WHY：為什麼
- WHEN：什麼時間
- WHERE：什麼地點
- HOW：如何、多少

圖 1-3　5W1H

因此，現在就來檢查一下我們在推銷之前有沒有思考這些有關潛在客戶的問題：

我的潛在客戶區域分布在哪裡？行業分布在哪裡？

我的潛在客戶的年齡、文化、收入水準或生產規模、效益狀況、經營模式是什麼？

他們通常如何接收資訊？信任什麼樣的資訊來源？

他們經常去哪裡？關心什麼？與什麼人一起參加什麼樣的活動？

他們的價值觀是什麼？

身為業務員，必須對下面涉及到客戶的三個方面進行認真思考：

1. 潛在客戶的區域分布和行業分布

對於那些需要向大客戶推銷的企業，行業面很窄的問題不用贅述。但有很多產業、很多產品，恨不得將市場覆蓋360行，分布太廣；或者在區域方面分布太廣，這兩種狀況都十分麻煩。因為客戶行業分布或區域覆蓋面積越廣，對市場開發的挑戰性就越大，也越容易陷入盲目的失誤。

037

第一章　潛在客戶

2. 潛在客戶的基本訊號

應大致確定潛在客戶的基本特徵，包括年齡、族群、文化、職業、收入水準、企業生產規模、效益狀況和經營模式，以及如何接收外界資訊，主要資訊管道是什麼，通常信任什麼樣的資訊來源等方面。

3. 潛在客戶的需求特點

還需要分析潛在客戶應該具有什麼樣的需求特點。比如，他們是什麼樣的人，經常會到哪裡去，他們關心什麼，與什麼人一起參加什麼樣的活動，他們的價值觀是什麼。確定潛在客戶的價值觀十分重要。

先救離岸最近的

經常會碰到有人問這樣一個有關價值觀判斷的問題：如果母親、老婆和孩子一起掉進深水裡，且他們都不會游泳。如果你只能救一個，你會先救誰？

經過調查可知，大部分的人選擇先救孩子，這個比例超過50%。救孩子的原因是因為孩子還小，還沒有享受過生命的快樂，所以把生命的機會留給孩子。

救母親呢？理由是老婆可以再娶，孩子還可以再生，但母親只有一個。母親是不可以取代的，其他都可以取代，不先救母親，天地不容，所以把生命的機會留給母親。

為什麼救老婆？因為老婆是我最心愛的，只要老婆在，還愁沒有孩子？

儘管男人選擇救老婆和女人選擇救丈夫的排序都一樣，比例卻不同。排第一位的都是救孩子，第二位是救母親，第三位是救伴侶，但男人選擇

救老婆的只有5%,女人選擇救老公的卻有15%。

不過救援專家卻說:「先救離岸最近的!」真是既簡潔又令人折服!誰離得近,就有施救的可能,就應先救他。因為對救援專家來說,這三個人的重要性沒有區別,他認為都是你最親的親人,不可以有差別,我們能救誰就先救誰。

因此,每個人的價值觀是不一樣的,這直接導致具體行為的差異。客戶在購買產品時選擇的價值觀也有所不同,所以身為業務員,一定要掌握好客戶對供應商的價值觀到底是什麼。

尋找潛在客戶的方法

現在我們知道哪些客戶對我們有價值,那尋找潛在客戶的方法有哪些呢?其實無論是什麼方法都不一定普遍適用,更不能確保一定會使我們成功。任何方法都是不斷總結和不斷改進的過程,想要找到適合自己的方法,必須經過個人的努力實踐才行。

(一) 客戶引薦法

客戶引薦法,就是指業務員由現有客戶介紹他認為有可能購買產品的潛在客戶的方法。現有客戶的介紹方法主要有口頭介紹、寫信介紹、電話介紹、名片介紹等。實務證明,客戶引薦法是尋找潛在客戶相對有效的方法,它不僅可以大大地避免盲目尋找客戶,而且有助於業務員贏得新客戶的信任。

要應用客戶引薦法,應遵循以下的步驟:

其中，業務員在對現有客戶介紹的客戶進行詳細的評估和必要的推銷準備時，要盡可能地從現有客戶處了解新客戶的情況；在業務員拜訪過新客戶後，及時向現有客戶說與彙報情況，目的是對現有客戶的介紹表示感謝，另一方面也可以繼續爭取現有客戶的合作與支持。

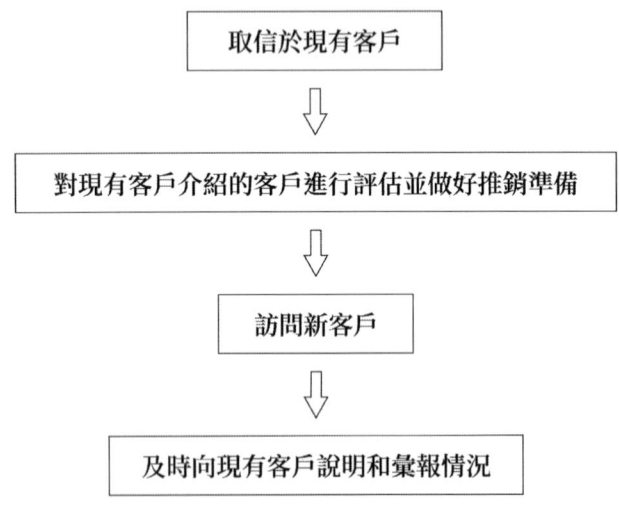

```
取信於現有客戶
   ⇩
對現有客戶介紹的客戶進行評估並做好推銷準備
   ⇩
訪問新客戶
   ⇩
及時向現有客戶說明和彙報情況
```

圖 1-4　引薦客戶法的步驟

客戶引薦法適合具有特定用途的產品，比如專業性強的產品或服務性要求較高的產品等。

(二) 逐戶尋訪法

逐戶尋訪法就是指業務員在特定的區域或行業內，以上門拜訪的形式，對推測可能成為客戶的公司、組織、家庭乃至個人逐一進行拜訪，進而確定推銷對象的方法。逐戶尋訪法遵循「平均法則」原則，即認為在被尋訪的所有對象中，必定有業務員所需要的客戶，而且分布均勻，其客戶數量與拜訪對象的數量成正比。

逐戶尋訪法是個古老但比較可靠的方法，它可以使業務員在尋訪客戶的同時，了解客戶、了解市場、了解社會。

逐戶尋訪法主要適合日用消耗品或保險等服務的推銷；該方法的缺點就是費時、費力，比較缺乏目標性；更為嚴峻的是，隨著經濟的發展，人們對住宅、隱私越來越重視，實施這種逐戶尋訪法的難度越來越高。

（三）中心輻射法

中心輻射法是指業務員在某一特定區域內，首先尋找並爭取有較大影響力的中心人物為客戶，然後利用中心人物的影響與協助，把該區域內可能的對象發展為潛在客戶的方法。

心理學原理認為，人們對於在自己心目中享有一定威望的人物感到信服並願意追隨。因此，中心人物的購買與消費行為，就可能在他的崇拜者心目中形成示範效果與引導效應，從而引發崇拜者的購買行為與消費行為。

中心輻射法適合用於推銷具有一定品牌形象、具有一定品味的產品或服務，比如高檔服飾、化妝品、健身等。

（四）直接郵寄法

在有大量的可能潛在客戶需要某一產品或服務的情況下，用直接郵寄的方法來尋找潛在客戶不失為一種有效的方式。直接郵寄法具有成本較低、接觸對象較多、覆蓋範圍較廣等優點；不過，該方法的缺點是時間週期較長。

(五) 代理人法

代理人法，就是透過代理人尋找潛在客戶的辦法。大多由業務員所在公司出面，採取聘請資訊人員與兼職業務員的形式實施，其佣金由公司制定並支付，實際上這種方法是以一定的經濟利益換取代理人的關係資源。

該方法依據經濟學上的「最小、最大化」原則與市場相關性原理。代理人法的不足與局限性在於合適的代理人難以尋找，更為嚴重的是，如果業務員與代理人合作不佳，溝通不順或者代理人同時為多家公司擔任代理，則可能洩漏公司的商業機密，這樣可能會使公司與業務員陷於不公平的市場競爭中。

(六) 電話推銷法

所謂電話推銷法，就是指利用電信技術和受過培訓的人員，針對可能的潛在客戶群進行有計畫的、可衡量的市場推銷溝通。運用電話尋找潛在客戶法可以在短時間內接觸到分布在廣闊地區內的大量潛在客戶。

(七) 數據查閱法

該法又稱間接市場調查法，即業務員透過各種現有數據來尋找潛在客戶的方法。不過，使用該方法需要注意以下問題：一是對數據來源與數據提供者進行分析，以確認數據與資訊的可信度；二是注意數據可能因為時間關係而出現的錯漏等問題。

（八）市場諮詢法

所謂市場諮詢法，就是指業務員利用社會上各種專門的市場資訊諮詢機構或政府相關部門所提供的資訊來尋找潛在客戶的方法。使用該方法的前提是具有發達的資訊諮詢行業。

尋找潛在客戶的管道

尋找潛在客戶的管道很多，以下幾種方法可供借鑑：

從認識的人中發掘

展開商業聯繫

和同行成為朋友

讓自己作為消費者的經歷增值

從短暫的渴求週期獲利

請客戶介紹

掌握技術進步的潮流

透過企業產品服務人員獲得資訊

1. 從認識的人中發掘

業務員要知道自己的人脈中誰需要自己所推銷的產品，或者他們知道誰需要。在尋找的過程中，業務員的任務就是溝通。讓他人知道自己、了解自己，這將成為自己開啟機會的大門。

第一章　潛在客戶

即便是社交活動很少的人,也會有一群朋友、同學和老師,還有家人和親戚,這些都是業務員的資源。一個帶一圈,這是業務員結交外人最快速的辦法。業務員的某一個朋友不需要他的產品,但是朋友的朋友很有可能就會需要,去認識他們,這樣業務員會結識很多的人。

2. 展開商業聯繫

職業業務不論是否剛剛開始接觸行銷,都有可能處在推銷中。商業聯繫比社會聯繫更容易。藉助於私人交往,業務員將更快地進行商業聯繫。

不但要考慮自己在生意中認識的人,還要考慮協會、俱樂部等行業組織,這些組織會帶給你其背後龐大的潛在客戶群體。

3. 和同行成為朋友

一個業務員接觸過很多人,當然包括和自己一樣的業務員。其他企業派出來的訓練有素的業務員,熟悉消費者的特性。只要他們不是自己的競爭對手,一般都會和自己結交,即便是競爭對手,業務員之間也可以成為朋友,和他們保持良好關係,就會獲得很多經驗。

在對方拜訪客戶的時候,他還會記著你,當自己有合適他們的客戶時,也一定要記著他,如此一來,額外的業績不說,業務員便有了非常得力的商業夥伴。

4. 讓自己作為消費者的經歷增值

假如一個業務員在餐廳消費,侍者提供的服務特別優秀,他們有可能是較為合適的候選人。

下面是一些特定情形下的有用對話：

「我注意到您工作的方式很好，我在想，您在這裡工作是否達到了您所有的目標？我這樣問是因為我代表的企業正在擴編，我們正在尋找能夠利用這次機會的有能力者，您有興趣了解更多的內容嗎？」

如果他們問：「具體情況如何？」業務員應該說：「按理說，由於您在工作，我沒有討論這些事情的權力。但是，如果您願意留下電話號碼和我可以致電給您的時間，我可以拜訪您，看看是否會有合作的可能性。」

另外一種在其他行業尋找機會的方式，是寄封信以感謝他們提供的卓越服務。許多生意人在工作場所展示或在推銷資料上印這些致謝信。如果他們得到業務員的允許，他們很可能同時列出業務員的姓名和企業名稱。當他們需要產品時，就會想起業務員的名字。

5. 從短暫的渴求週期獲利

幾乎每種引入市場的有形商品都具有有限的使用期。關鍵是：使用期確切多長並不重要，重要的是業務員知道什麼是心理渴求期。如果業務員對產品不熟悉，可以查閱資料或向同行中的其他人請教。當查閱以前的業務資料時，業務員將發現很多的推銷機會。

業務員可以打幾通電話給目前使用產品的消費者，做個市場調查。只有當業務員訪問的消費者是第一次使用自家產品時，才算是失敗的調查。如果這是第二次、第三次使用，業務員詢問此產品的使用週期一般為多少年，就可以得到答案。

有位業務員推銷影印機，客戶使用他的影印機已經17年了，在他們的聯繫中只產生過4次交易。既然客戶目前的機器已經使用17年，業務

員知道客戶將需要一臺新機器。他可以問一些關於目前需求的問題,並獲得允許郵寄一些關於最新機器的資料。如果兩年內不需要新機器,應向客戶致謝,並保持聯絡。

6. 請客戶介紹

也叫無窮的關係網。無窮的關係網就是利用當前的顧客資源拓展業務。每次拜訪完顧客或是完成推銷,業務員都可以向客戶了解和詢問有無對該產品感興趣或有需求的其他人。第一次拜訪後產生兩個顧客,兩個客戶又帶來四個客戶。這樣一傳十,十傳百,不必花很多時間就可以開發出許多潛在客戶,產品推銷出去的可能性就更大了。

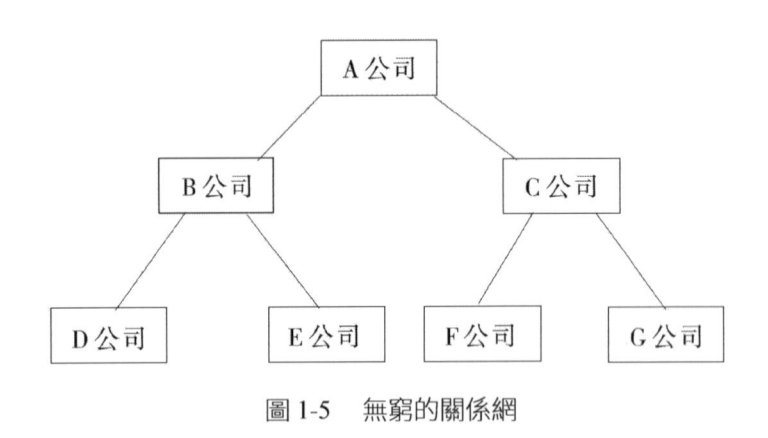

圖 1-5　無窮的關係網

7. 掌握技術進步的潮流

我們先前曾談到人們對各種商品都有自己的「渴望」週期,在某些情況下,只是因為商品壞了;其他情況,更多是個人原因,這些情況會使業務員受益匪淺。當業務員擁有新產品,最新外觀或者僅僅是價格改變,業

務員就有了充分的理由與自己的老客戶再次聯繫。很自然地，他們希望了解最新的發展變化。本策略成功的關鍵是知道如何與老客戶聯繫。

李先生最近為家裡買了一套最新立體聲音響，現在產品有一些改進。如果業務員僅僅打電話說：「嗨，我有更好的產品提供給您。」這種侵犯式的言辭很可能產生反效果。由於貶低了他的音響，他肯定不願聽業務員的介紹，甚至掛斷電話。

相反地，業務員致電給李先生，首先問他利用音響聽最喜歡的音樂感覺如何。在提供最新產品之前，業務員應該確認他是否仍然喜歡自己的音響，這一點至關重要。如果業務員沒釐清這點，就談論自己的新產品，將永遠失去李先生這個客戶。

一旦業務員了解他依然滿意，就應當說：「李先生，我了解您在購買音響之前做過詳盡的調查。我贊同您的觀點，您願意評價一下我們企業新推出的產品嗎？」業務員讚賞他，徵詢他的意見，讓他覺得自己很重要。李先生如何反應呢？當然，他將會很樂意看看新產品。而且如果新產品真的更好，我敢打賭李先生會希望升級自己的音響。

如果花一些時間了解了目前的客戶使用產品的情況，業務員將準確地知道何時以及如何與他們聯繫，將新產品和創新情況通知他們，這肯定有助於增加新產品的銷售量。

8. 透過企業產品服務人員獲得資訊

業務員要養成定期檢查企業服務和維修紀錄的習慣。詢問客戶服務部門自己的客戶打過幾次諮詢電話。如果是多次，業務員需要回訪他們。也許他們處於增長階段，可以幫助他們取得新服務。也許他們使用這種獨特

的設備時遇到困難。如果他們不了解新情況而購買了一顆檸檬，在要求退換之前，要幫助他們做成檸檬汁。

努力提供超過普通業務提供的服務，這將有助於業務員建立長期的關係、累積信譽以及獲得業務機會。

第二章
維繫與客戶的關係

不管對於每天接觸的客戶具有何種想法，這都無所謂，重要的是你對待他們的方法。必須時時牢記，你目前從事的是做生意，在做生意的時候，無論對方是不是討厭的人，都不能任意得罪，畢竟他們是有可能將錢放入你口袋的人。

第二章　維繫與客戶的關係

▌老客戶是不盡的資源

　　喬‧吉拉德（Joseph Samuel Gerard）說：「我每與 10 名客戶成交，就有 6 名是老顧客或是慕名而來的，我業務量的 60% 是這類客戶帶來的。」

　　在每位客戶背後，都大約有 250 個人，這是與他關係比較親近的人：同事、鄰居、親戚、朋友。如果一個業務員在年初的一個星期裡見到 50 個人，其中只要有兩個客戶對他的態度感到不愉快，到了年底，由於連鎖反應，就可能有 500 個人不願意和這個業務員打交道。世界最著名的汽車銷售冠軍喬‧吉拉德把這種現象稱作「250 法則」，並由此得出結論：在任何情況下，都不要得罪哪怕是一個客戶。

　　在喬的推銷生涯中，他每天都將 250 法則牢記在心，抱持生意至上的態度，隨時控制著自己的情緒，不因客戶的刁難，或是不喜歡對方，或是自己心境不佳等原因而怠慢客戶。喬說得好：「你只要趕走一個客戶，就等於趕走了潛在的 250 個客戶。」

　　喬‧吉拉德將之稱為「250 法則」，是有原因的。

　　有一次，喬與妻子應邀參加一個結婚典禮，遇見婚禮會場的經營者，詢問他一般被邀參加結婚儀式的賓客人數，他如此回答：「新娘這邊約 250 人，新郎那邊估計也是 250 人，這是個平均值。」總之，250 人只是個平均值。

　　有時候喬會讓客戶幫助自己尋找客戶，在生意成交之後，他把一疊名片交給客戶，並告訴對方：「如果介紹別人來買車，成交之後，每輛車你會得到 25 美元的酬勞。」多數時候客戶都樂意幫助他。這種做法關鍵是守信用──一定要付給客戶你所承諾的報酬。喬的原則就是寧可錯付 50 個

老客戶是不盡的資源

人，也不要漏掉一個該付的人。

截至 1976 年，這個做法為喬·吉拉德帶來了 150 筆生意，約占總交易額的 1／3。他付出 1,400 美元的費用，獲得了 75,000 美元的佣金。

由此，我們可以發現針對老客戶行銷的意義。與新客戶相比，老客戶會為企業帶來大筆訂單。精明的企業在努力創造新客戶的同時，會想方設法將客戶的滿意度轉化為持久的忠誠度，像對待新客戶一樣重視老客戶的利益，把與客戶建立長期關係作為目標。

老客戶是企業最寶貴的財富，有著多方面的持續性價值。一個老客戶的終身價值相當巨大。根據調查，從一個愛吃義大利餡餅的人身上獲得的終身收入大約是 8,000 美元，從一個凱迪拉克車主身上獲得的終身收入是 332,000 美元。

對企業來說，老客戶不滿而離去，會招致不可估量的損失。許多人無法準確預估失去老客戶所付出的真正代價。當一位不滿的老客戶決定不再和你交易時，由此造成的一系列影響，將會產生持續不斷的連鎖反應。行銷專家曾經用「漏桶」來具體比喻企業輕視老客戶的行為。他在教授市場行銷學時，在黑板上畫了一個桶子，然後在桶子底部畫了許多洞，並將這些洞標上名稱：粗魯、劣質服務、未經過訓練的員工、品質低劣、選擇性差等，他把桶中流出的內容物比作客戶。他指出，企業為了保住原有的營業額必須從桶頂不斷注入「新客戶」來補充流失的客戶，這是一個昂貴而沒有盡頭的過程。堵住漏桶帶來的遠不是「客戶數量」，而是提升「客戶品質」。

據全錄研究中心（Xerox Palo Alto Research Center）的調查研就報告，一個非常滿意的客戶，他的購買意願將高出滿意客戶的 6 倍；而 2／3 的

第二章　維繫與客戶的關係

客戶離開是因為企業對客戶的關注不足。因此，客戶的滿意度和忠誠度將直接影響企業的銷售和成本，特別是在與客戶交流頻繁、需要客戶高度支持的行業，如銀行、電信、保險、民航、醫療保健等行業。由於吸引新客戶的成本是保持現有客戶滿意度成本的 5 到 15 倍，顯然吸引新客戶比維繫老客戶需要更多的努力和成本，企業必須竭盡全力維繫它們的老客戶。

老客戶對業務員的價值

作為成功的業務員，應該擁有一批穩固的客戶群，向愉快的老客戶銷售比向新客戶銷售簡單得多。向老客戶銷售，業務員將會擁有三方面的有利因素：

1. 投入精力少

在對新客戶進行銷售時，很多時間用於業務員與客戶之間互相了解和熟悉上，例如業務員要了解客戶的需求，客戶要了解供應商的背景、產品、報價方式等。對於滿意的老客戶，業務員早就與客戶建立了互信關係，往往一通電話就可以確定一筆訂單。

2. 節省銷售開支

在發展新客戶時，業務員經常請重要的客戶去公司參觀並承擔交通和住宿費用。客戶購買過自己公司的產品並很滿意時，就會重複採購，客戶成為老客戶，業務員也不需要再次請他去參觀了。同樣的道理，對於老客戶，業務員在其他商務活動中的費用也可以省下來。

3. 創造穩定業績

老客戶勝率更高。勝率是指業務員完成的訂單與所做的所有訂單的比例。從長期來講，勝率高的業務員業績一定很突出，因為他們更容易分配時間和資源。尤其對於老客戶的小訂單，業務員幾乎都可以輕鬆取得。這些零散的小訂單加起來可一點都不少，而且有更好的利潤。優秀業務員的小訂單銷售額可以占總銷售額的 40%，利潤卻能占到 60% 以上。

老客戶對企業的價值

具體可從以下方面來看老客戶對於企業的價值：

1. 行銷費用低而收益高

老客戶對企業所提供的產品和服務都比較熟悉，有效降低企業為他們服務的成本。調查顯示，爭取一位新客戶所花的成本是留住一位老客戶的 6 倍，而失去一位老客戶的損失，只有爭取 10 位新客戶才能彌補回來。假如企業一週內流失了 100 個客戶，同時又獲得 100 個客戶，雖然從銷售額來看仍然令人滿意，但這種企業的業務營運情況即為「漏桶」原理。實際情況是，爭取 100 個新客戶比保留 100 個老客戶花費了更多費用，而且新客戶的獲利性也往往低於老客戶。對產品具有忠誠度的老客戶對價格不像三心二意的新客戶那麼敏感，他們在重複購買中通常比新客戶更捨得花錢。

美國學者弗里德里克・雷區海德（Frederick Reichheld）的研究顯示：重複購買的客戶在所有客戶中所占的比例提升 5%，對於一家銀行，利潤會增加 85%；對於一位保險經紀人，利潤會增加 50%；對於一間修車行，

利潤會增加 30%。

據統計分析，新客戶的盈利能力與老客戶相差 15 倍。這是因為：首先，老客戶不斷重複購買能使交易形成慣例，從而縮短交易週期和買賣中的決策時間；其次，由於老客戶親近企業，能主動向企業提出產品或服務的合理建議，有利於企業改進營運工作，提升決策的效率和效益；再者，企業擁有固定的老客戶，可以減少各種不確定因素的干擾，防止市場的混亂；最後，老客戶傾向於持續購買該品牌，而不是等待降價或不停地討價還價，這有利於企業節省促使客戶嘗試購買的費用。此外，老客戶還能為企業創造競爭優勢，有利於激發員工士氣等。

2. 能帶動相關產品和新產品的銷售

當老客戶連續購買且使用企業的產品和服務並感到滿意時，就會對商家產生好感，建立起對企業的信心。由此，他們會愛屋及烏，極易接受企業圍繞核心產品開發的相關產品，甚至是全新的產品。如此一來，就使得企業新產品的介紹費大大降低，推進市場的時間大大縮短。另外，老客戶在接受新產品時，對產品價格及競爭者廣告的敏感度也會大大減弱，而且，他們還會不斷提升購買產品的等級。例如，許多客戶認為，IBM 公司的產品雖然具有一些問題，但在服務和可信度方面無與倫比，因而老客戶能耐心等待公司改進不理想產品及推出新產品。

持續維繫客戶關係，會使企業大大降低銷售成本，並從現有客戶身上衍生出更多的業務，從而使企業獲得更多的有形利潤和無形價值。近年來的服務行業，如軟體和銀行業的調查統計表明，客戶信任度提升 5%，企業收益可上升 25%～80%。

3. 老客戶可以為企業帶來間接經濟效益

眾所周知，老客戶的推薦是新客戶光顧的重要原因之一。個人的行為必然會受到各種群體的影響，其中，家庭、朋友、上司和同事是有經常且持久相互影響的重要參考群體，這個群體會產生壓力使每個人的行為趨向一致，從而影響個人對產品和品牌的選擇。透過對 200 名客戶購買行為的調查發現，當挑選汽車和電視類產品和品牌時，均受到參考群體的影響；家具和服裝類雖然在產品選擇方面可能具有差異，但在品牌選擇方面則會受到參考群體的強烈影響；啤酒和香菸類則是在產品選擇方面受到參考群體的影響。

老客戶是企業經濟效益的主要來源，隨著對各種商業媒介信任感降低，客戶在購買過程中越來越看重親朋好友的推薦。據統計，60%的新客戶來自於老客戶的熱情推薦。有權威研究指出，對一家企業最忠誠的客戶，也是為這家企業帶來最多利潤的客戶。與老客戶建立長期的友好關係，並把這種關係視為企業最寶貴的資產；維護其常規客戶的利益，已經成為企業市場行銷的重要趨勢。

4. 大量忠誠的老客戶是企業長期穩定發展的基石

相對於新客戶，忠誠的老客戶不會因為競爭對手的誘惑而輕易離開。與客戶之間的長期互利關係是企業的巨大資產，它增強了企業在市場競爭中抵禦風浪的能力。尤其是急遽變化的市場中，市場占有率的品質比數量更重要。由此可見，老客戶為企業帶來豐厚而穩定的利潤。

第二章　維繫與客戶的關係

如何從老客戶身上挖掘訂單

向老客戶推薦介紹新產品

人們都喜歡購買新東西，你的熱情會帶動購買欲，勾起他們對新產品更強烈的欲望、更高昂的情緒。

推薦產品的升級版或換代版

加值行銷能夠賺進大把鈔票——隨便找個速食業者問問就知道了（單是一句「要不要加奶油？」每年就能多賣出1億片奶油）。升級版與增強版一直是電腦軟體市場節節勝利的利器。

推銷類似的商品

去找其他的需求、其他部門、客戶公司裡成長或擴大的部分，或者是該以舊換新的東西。也許你得下一番工夫去挖掘。但是現有客戶公司裡的泥土，總要比潛在新客戶公司裡的那堆大石頭，要軟多了。

讓客戶了解更多企業的產品

企業也許銷售各種不同商品且提供不同服務，但是客戶很少會對你所從事的行業有全盤了解。有時客戶會說：「哦，我不知道你也銷售那種東西。」客戶這麼說，就是業務訓練員的失職。

建立軟關係

推薦的底線是：對待老客戶要表現出尊重、自制、誠懇和好奇，要以己度人，建立相通的感情。人們決定跟你做生意，也許最終是考量到你的業務能力，但如果不喜歡你、不信任你，他們不會浪費時間和精力跟你談合作。所以不要只是一味地推銷，不要建立「硬關係」，要建立「軟關係」，廣交朋友。其他的事情自然會水到渠成。

主動出擊要求推薦

並沒有很多人因為推薦人而業務量暴增，這是因為他們沒有主動出擊。很多業務員主動意識不足，他們等著現有客戶推薦而不是主動尋求。這種「被動推薦」形式很難帶給你更多利益；反之，主動提出被推薦能為你帶來很多機會。如果客戶滿意你的服務，他們會很樂意幫助你。

每年寄出兩張包含推薦申請書的個人明信片。用真誠和禮貌的言辭表達出你誠摯的願望，主要資訊包括：即使客戶現在不太需要你的服務，如果他們對你的工作感到滿意，你將非常感激他們能把你推薦給其客戶、朋友或家人。人們總是願意幫助態度誠懇的人，所以大多數情況下會樂意幫忙。

舉行一系列餐會，邀請關係最親密的客戶，告訴他們你處境艱難以及行銷工作難以拓展，希望他們能幫你度過難關。這種反向戰術將說服你的客戶全力幫助你度過難關，甚至擴展業務。

在網站上設置一個「轉寄給朋友」的連結，造訪者可以開啟此連結，輸入他們朋友、家人或熟人的電子郵件地址，按發送按鈕就會將事先編輯好的訊息發送至該郵件地址。作為激勵要素，你可以在網站上舉辦競賽，推薦人將獲得小獎品。

如何獲得推薦訂單

讓老客戶幫助你介紹新客戶，被譽為業務員的黃金法則。優秀業務員有1／3以上的新客戶是由老客戶推薦的。研究顯示，推薦生意的成交率是55%。相較之下，如果你是個新手，你接觸的100個人裡面可能沒有一個人和你做成生意。業務推薦方式以低於其他銷售方法1／5的成本，獲得10倍的利潤。如果沒有利用推薦，你將失去25%的潛在業務。

歸納起來，老客戶推薦有以下好處：

老客戶推薦可以縮短銷售程序

如此一來，你就可以縮短熟悉潛在客戶的過程；而且，建立在友誼、熟人和業務關係基礎上的共同點，還可以幫助你緩解銷售過程中初步接觸了解階段的壓力。

推薦方式可以產生「連鎖反應」

你可以透過每個被推薦的潛在客戶，擴大你的交際圈，進而利用這個關係網路，增加現有的業務，贏得新業務。

老客戶推薦省時更省錢

透過請求推薦和跟進潛在客戶，不僅節省時間，還降低費用。向一個全新的對象推銷的費用，比向被推薦的潛在客戶推銷多出6倍。

如何獲得推薦訂單

老客戶的口碑是最有效的廣告

有什麼比你的老客戶在他的朋友面前表揚你更有說服力呢？——「你一定得聘用這位才華橫溢的裝潢設計師，看看我的房子，多棒！這是他的名片！」推薦人擁有很高的可信度，因為沒有誰會做損人不利己的事。如果有人向朋友推薦你，那麼他一定很信任你，他的朋友也會信任你。

在房地產和汽車銷售領域中，絕對不是20%的客戶，買了80%的房子。因為在這些行業中，依靠的不是客戶回購率，而是客戶推薦。這個客戶推薦一個新客戶，新客戶又推薦另一個客戶，這叫推薦率。汽車的生命週期按照國外的統計，6年是一個週期，車主每隔6年會換一部新車（美國通用汽車的相關人員統計，在北美一個車主平均每隔6年會購買一輛新車；每賣出100輛汽車，其中有65輛是由通用汽車的老客戶所購買）。那麼房地產每隔多少年呢？據說每隔18年，你今年買了這間房子，過18年就會再買一間新房子。因而在這種房子的生命週期中，老客戶的口碑效應就非常顯著。

那麼，如何才能成功地獲取推薦生意呢？

先要贏得客戶的認可

如果想讓現有客戶推薦新客戶，關鍵是業務人員要讓現有客戶滿意，樹立自己的個人品牌形象。

新客戶對於他們剛買下的商品總是又喜又愛，如果這商品使用起來的確很方便，他們會讚不絕口，樂於向親戚朋友推薦。所以，業務員每隔一週左右便打電話詢問客戶使用產品的情況，如果客戶有任何不清楚的地

方，一定要詳細地解釋。你的這些努力會有回報的，客戶們如果覺得產品值得推薦，你的生意便會源源不斷。

透過期刊聯繫感情

很多大型房地產集團建立了會員制俱樂部，出版專門針對潛在客戶的刊物，供客戶免費閱覽郵寄；開設「0800」免費客戶服務電話以及「客戶投訴」的網站。比如，採取客戶積分制來評估客戶的價值，客戶在會刊上面發表文章，可以獲得 X 分，主動參與社區活動，可以獲得 X 分，介紹親朋好友前來購屋，可以獲得 X 分，向開發商提出合理建議，可以獲得 X 分等。這種積分制可以從多個角度來發揮老客戶對開發商品牌建設的正向性，與開發商共同建築無限可能性。

發送自動化的廣告郵件

在客戶廣告郵件計畫中，每年至少編製兩份含有被推薦申請書的明信片。

在客戶處寄存資料

你想給潛在客戶留下最好的第一印象，而現有的客戶想把你推薦給他們，所以你應該在客戶那裡寄存一些個人資料，比如個人小冊子，以便他們更方便介紹你。

確保你的個人品牌清楚明瞭

你希望推薦人能夠清楚的描述你和你的業務。如果你還不太確信你的個人品牌是否清楚明瞭，先請客戶（推薦人）描述一番，然後決定是否需要改進。

制定激勵體制

給予得力推薦人一定的獎勵，例如餐廳禮券或者電影票。為你付出的勞動得到肯定，能激發他們更積極地推薦你。

感謝你的推薦人

客戶沒有義務將你和你的企業推薦給他們的客戶、朋友或家人，他們是不計酬地誠心幫助你。你應該感謝這些幫助者，即使他們的推薦還沒有帶來實質性的收益。感謝的方法包括寄送賀卡，送花籃、水果籃或者香檳等。

向推薦人彙報

這是一個十分重要的步驟，但很多企業沒有執行。推薦人會關心你是否為他們的朋友或家人提供滿意的服務，他的推薦是否為你帶來幫助，所以你應該隨時告知他們這些情況。

第二章　維繫與客戶的關係

建立推薦人客戶關注系統

　　要像照料上等花卉一樣用心對待推薦人帶給你的客戶，不用心照料花會枯萎，客戶也會棄你而去。做一張程序表，指導員工如何處理這種客戶關係，從寄送禮物到談話法則。簡而言之，竭盡全力讓他們喜歡你，喜歡跟你合作，讓新客戶變成老客戶。確保每個員工都把推薦客戶放在首位，因為如果能正確處理好與他們的關係，他們會成為業務的朋友、老客戶和新一批的推薦人。

設法讓推薦名單產生最大效益

　　量大是成功的關鍵。你的事業還不夠好，可能有一個原因，那就是你的量不夠大，你的客戶不夠多。成功的業務，就是要靠滿意的客戶提供大量的推薦名單做為基礎，才得以建立龐大的事業。既然推薦名單如此重要，就更要設計一個系統，使這些珍貴的資源，可以發揮出最大利益。當你正在著手編纂自己的客戶名單時，你就是在準備一份可以增加收入的資源。那麼，如何使這些名單產生最大的效益呢？

　　①馬上寄一封感謝函給提供名單的客戶。並且在信中保證，一定會將拜訪名單中客戶的結果報告讓他知道。

　　②連同介紹自己的形象手冊與一封介紹信寄給被推薦的新客戶。

　　③在銷售結束時，寄一份感謝禮物與感謝函，並且在信中請求客戶提供更多的推薦名單。

　　④和其他企業或業務員交換名單。

　　⑤篩選對你沒有用的名單，並轉讓給予從事不同行業的朋友。當然可

以收取一定的佣金。不用懷疑沒有人要，你手中的名單對你沒有用，對別人卻會很有價值。

⑥讓老客戶為你做義務宣傳。你可以用他們之中的一些來信輔助行銷。此外，你也可以把對產品表示很滿意的來信放大，置於讀者來信部分。還可以邀請記者來專題報導你的宣傳活動，可以試試讓他去採訪一、兩位客戶，也可以邀請他們在你所舉辦的專題研討會上發言。記住一點，客戶在這方面的作用是任何宣傳手段都不能替代的，他們的行銷效果是你本人無論如何也做不到的。

成交後不忘致謝

美國十大行銷高手、前 IBM 行銷副總經理羅傑斯（William Rodgers）說：「獲取訂單是最容易的一步，銷售真正的關鍵是產品賣給客戶之後。」業務員若想成為行銷賽場上的獲勝者，成交後還應當花更多心思增進與客戶的關係。

成功的業務員不會賣完東西就遺忘客戶。交易後持續與客戶保持聯繫，可以顯示你對客戶事業與生活的關心，從而使客戶能牢牢記住你與企業的名字。在市場景氣時，這種關係能將生意推向高潮；在市場蕭條時，他又能維繫生存。美國著名推銷大王喬‧吉拉德每月要寄給 13,000 名客戶每人一封不同大小、格式、顏色的信件，以確保與客戶的保持溝通。

對業務員來說，可以根據自己不同的情況，選擇以下不同的方式：

第二章　維繫與客戶的關係

及時發出感謝信

對你的客戶表示感謝不能太遲，否則就失去意義。一旦銷售確定成交，你就要及時向客戶發出一封感謝信。表示感謝最有效的方式是展現誠意，而不是用錢。口頭上的謝辭無論如何也比不上一封誠摯的答謝函。如果客戶收到一封由業務員親筆寫的信，而不是用電腦列印或是複印的，他們的感覺一定會有所不同。信的內容愈明確、愈誠懇，愈能讓人留下深刻印象。

先讓我們看看下面這封答謝函：

上次那筆生意能夠成交，真是非常感謝。

敬祝安康

×× 敬上

這封答謝函寫得過於簡單，有點敷衍了事的味道，效果可想而知。

感謝信並不是要你長篇大論，但也要明確、直接表達謝意，並對彼此建立合作關係表示高興。如果你用心撰寫，客戶會從字裡行間感受到你的感情。再如下面這封信：

尊敬的王經理：

您好！您能與瑞豐商行簽約，我由衷地表示感謝。

我知道您做出這一明智的決策，是經過再三慎重考量的，也比較過幾家同類型公司，因此，我再次謝謝您對我們產品的肯定，希望我們合作愉快。今後，我會經常與您保持聯繫，藉此了解您的使用情況並向您提出一些建議，不斷完善我們的服務。如果有需要我的時候，可以隨時打電話聯繫我，我的手機是＊＊＊＊＊＊＊＊，我的辦公電話是：＊＊＊＊＊＊＊＊。

成交後不忘致謝

再次感謝你，非常樂意為您服務。

敬祝商祺！

xx 敬上

除了感謝信以外，你還可以用其他方法。比如，電子郵件和傳真，當然這兩種答謝方式太快速、太容易，顯得不夠正式。但是如果客戶是追加一筆小額交易的話，發一封電子郵件來表達感謝也是可以的。

定期寄出祝福賀卡

假使你是某名牌精品店的 VIP，每年生日都能享受到獨特的生日特惠商品，新品上市時第一個收到通知，店家甚至知道你家裡每個人的穿衣風格，你可能就會心甘情願地每年繼續在這家店一擲千金。相反地，你雖然身為 VIP，生日時一張問候卡也沒有，新品上市時還得跟一堆人擠著看貨色，店家盡推薦一些不適合你的商品，也許馬上你就會決定投入別家的懷抱。因此，每逢重大節日，或者客戶的重要紀念日，比如生日、廠慶日等，如果你不忘為客戶寄上一張精心挑選的賀卡，送上真摯的祝福，客戶一定不會忘了你，就如同在客戶的心裡存入了情感，在需要幫助的時候，他會首先想起你。

賀卡盡量以一般款式為宜，使用「佳節愉快」或是「新年快樂」的賀卡，這樣比較安全，以免出現意外的誤會。

登門致謝

在可能的情況下，成交之後，你可以親自登門拜訪客戶，向客戶致謝，這也是與客戶建立良好關係的好方法。這樣做的好處是你可以了解對

方使用產品的情況，也可以為他介紹目前的新產品資訊，提醒他業界的變化，甚至只是問聲好，這些都很好。當面致謝能讓你與客戶建立更深一層的關係。

送出小禮品

業務員不僅要重視節日的禮物，也必須重視平常的送禮。價格高的禮物不一定效果就好，要視情況而定。為了充分地發揮送禮的作用，必須在了解對方的心理方面多下工夫。

1. 禮品分為幾種類型

①實用型：筆、筆記本、領帶、錢包、香水、打火機、各類球拍等最常用。了解客戶愛好、性格，投其所好，客戶比較容易接受，可以慢慢建立良好關係。

②擺設型：桌曆、招財貓（類似的牛、羊什之類吉祥物）、水晶擺設等。此類多用於初期接觸階段，給予客戶良好感覺，但因為這類禮物沒有太多實用及經濟價值，不會使客戶留下太深印象。進入簽約的關鍵階段，這類禮品還是免了吧，省得浪費。

③代幣型：悠遊卡（當然是已加值的）、手機儲值卡、各類超市禮券，此類禮物好處不用多說，送者方便，拿者實惠，是不可多得的好東西！

④奢侈型：手錶、高級禮品等。簽約已經到了關鍵時刻，此時不出手更待何時？不過，切記一定要摸清楚客戶的「愛好」，才能投其所好。

2. 客戶對待禮品的心態分析

①愛面子型：此類客戶感覺有人送他東西，在家人、朋友面前格外有面子。那就要注意，送的東西要能夠拿得出來，比如過年過節，可以大包小包帶回家的；平時常用的，有意無意跟親戚朋友說：「供應商送的」。至於具體是什麼東西，自己想吧。

②圖實惠型：此類客戶就是茶壺裡煮餃子──心裡有數就行了，還是送點實惠的吧。

③借雞生蛋型：此類客戶比較難纏，不過，好在他的要求一般不會太超出預算。

④獅子開口型：這類一般是某個合約的關鍵人物。

送禮的方式也應該注意。不宜將禮品送到公司交給本人，不打聽對方的住址而到公司送禮的行為相當不明智。禮品上雖然寫著是送給對方個人的，但因為作為生產廠商業務的你與對方負責採購的承辦人員只是工作上的關係而已，所以禮品應該歸公司所有，他本人不便帶回家去。

即使體積小，如果送的方法不高明也容易被周圍的人發現。在被別人發現的情況下，如果對方硬著頭皮拿回家去，周圍的人會對他指指點點，使他很難為情。另外禮品貴在品質，因為人們的眼光及要求越來越高。還要注意不要送不同的人相同禮品，因為一旦大家互相看見對方手裡的禮品，明白是怎麼回事，情況會很尷尬。

第二章　維繫與客戶的關係

▌做好訂單管理基本功

「以客戶為指標」如今成為一句時髦的口號。但凡談到取悅客戶，公司管總是考慮採取大手筆的行動，例如推出突破性產品，或者提供不同凡響的服務等。可事實上，許多客戶的抱怨大多源自訂單處理不當，比如交貨延誤、發貨錯誤或帳單不正確。

訂單是連繫客戶與企業的紐帶，可以說訂單就是客戶的化身。處理訂單就是跟客戶打交道，忽視訂單就等於冷落客戶。而訂單管理週期中的每一個環節，都是客戶親身體驗交易過程的「關鍵時刻」，直接決定他們對企業滿意與否。要真正讓客戶滿意持續下單，首先必須踏踏實實做好訂單管理這項「基本功」。

訂單管理可以分成 10 個步驟：訂單規畫、訂單生成、成本估算和定價、接單與輸入、訂單甄選及主次劃分、工作排程、訂單履行、結帳、退貨及索賠、售後服務。只要其中任何一個環節出現疏漏，就會導致訂單處理出問題，招來客戶投訴，影響客戶滿意度。

透過對多家不同行業的企業進行實地考察發現，訂單管理週期中主要存在 4 類問題：

其一，大多數企業未將訂單管理週期看成一個完整的系統，各個部門「只見樹木，不見森林」。

其二，訂單管理週期的每個環節都需要群策群力，職能交叉重疊容易引發部門間的衝突。

其三，企業高層對訂單管理週期的具體細節不甚了解，而掌握著關鍵資訊的底層員工又無法與高層溝通。

其四，客戶對訂單管理週期的具體運作知之甚少。

由此，我們可以總結出 4 條經驗教訓：

◇ 訂單在不同職能部門之間傳遞時容易出現紕漏（橫向缺口）。

◇ 高層和底層對訂單流程的了解存在偏差（縱向缺口）。

◇ 應派專人負責判斷訂單的價值，並據此排定訂單的優先處理順序。

◇ 要強化成本估算能力，並適時採取按訂單定價法。

針對上述問題與教訓，有三點確實可行的改進建議提供參考：

分析研究

畫出企業的訂單管理週期圖，在圖上標出銜接缺口。這個直觀的工具可以引導大家關注實際問題，避免把時間浪費在無謂的爭論上。

樹立系統觀念

訂單管理週期是一個系統，所以必須將它作為一個系統來管理。為此，管理者既可以透過跨職能或跨部門投資來營造合作氛圍，也可以透過在薪酬體系中引入共同獎勵計畫，或者在績效考核指標中加入一些反映跨部門或整個系統績效的引數，來促進各部門樹立整體觀念。此外，資訊科技也是有力的工具。

制定內部政治策略

高管應該深入企業底層，把自己和訂單「釘」在一起，站在客戶的立場上全程追蹤訂單管理流程的每個環節，以此將整個企業更加緊密地連繫

第二章　維繫與客戶的關係

在一起。有些管理者還沒有畫出訂單管理週期圖，就試圖著手直接解決內部衝突，這種做法往往會遭遇失敗。而首先畫出訂單管理週期，並且引入跨部門的考核指標，就能幫助企業上下樹立整體觀念，從而克服縱向的管理阻力。

▍理解老客戶心理與希望

客戶的需求和期望究竟是什麼？單單信奉諸如「客戶永遠是對的」一類的口號，或讓員工胸前別一塊寫著「是，我可以」的小名牌是不夠的。想要培養客戶忠誠度，就要深入獲取客戶的資訊，理解老客戶的期望。

準確掌握客戶的期望，就要了解客戶到底想從你那裡獲得什麼，一定要做到細緻、客觀。準確掌握客戶的期望不是一件容易的事情。說到底，客戶期望是客戶的內心思想，它同樣表現出人類內心思想所具有的屬性：差異性、不定性、主觀性等。當然，客戶期望相對而言是較為簡單的思想，整體上來說，還是有脈絡可尋的。就以我們自身的購物經歷來說吧，假設你準備到一家價格低、採取自助式服務的打折商店去購物，那麼，當你踏進這家商店的大門時，肯定已經想像到了將會有什麼樣的購物體驗。你肯定不會指望服裝區的店員是服裝搭配方面的專家；同樣地，你也一定不會期望有店員幫助你選購需要的商品。這並不是說在折扣商店裡工作的店員不具備這種能力，而是你沒有這樣的期望。如果你只是把衣服從衣架取下來，然後拿到櫃檯結帳，對於這樣尋常的購物過程，你不會感到有什麼奇怪，也不會感到失望，這正是你所期望的。如果這家店還有其他什麼地方令人滿意（如商店很整潔或者貨物擺放整齊），你就會心滿意足了。

理解老客戶心理與希望

　　許多企業錯誤地將客戶的期望值定得過高，而他能提供的只不過是中等水準的產品或服務。不能兌現的承諾也許能短暫招來客戶，但絕不會永久地留住客戶。

　　如果企業設定的客戶期望值不合實際，不能提供所承諾的服務，那麼它的廣告製作得再精美也毫無用處。與客戶的期望值相互關聯的是商家對客戶的承諾，這是影響客戶期望值的重要方向。客戶服務管理的原則之一就是實事求是，虛假的服務承諾是對客戶的不負責任和欺騙，最終會導致客戶流失。精明的企業制定適中的服務標準，並讓客戶及其員工都了解這些標準，他們不承諾辦不到的事，而是致力於實現他們在客戶中已形成的期望值。不僅僅如此，他們還努力去超越這些期望值，使客戶的滿意變成欣喜。

　　以上的分析表明一個事實，即客戶的期望相當程度上是由商家決定，亦即商家的承諾造就客戶相應的期望。企業弄清楚客戶對服務水準的期望值很重要，但更為重要的是，你得參與確立客戶的期望值，才不會在客戶認為不必要的地方浪費時間、精力與金錢。

　　客戶的期望值隨產業類別、市場定位以及地理位置等因素差異而各有特點。舉例來說，1970年代末，必勝客在阿根廷開業，像在其他國家一樣，一開始他們在桌上只擺放紙墊，結果生意不怎麼樣；而當他們將紙墊換成亞麻桌布後，情形就大不相同。因為在阿根廷，這是最基本的用餐標準。

　　想要正確理解客戶的期望，最好的方法就是透過客戶的眼睛來看你的公司。首先取一份調查表，然後自己扮演客戶填寫。調查表的格式允許你描述自身體驗嗎？在調查表上設計選項讓客戶填寫通常並不夠好。另外，有沒有為客戶留出空間寫下他們的意見？另一個作法是邀請一位客戶在下

次會議上發言。聽聽來自客戶的好話和壞話比起業務員展示圖表更有效。當與客戶接觸時，你不妨問一下：如果有一個你希望看到我們變革的事情，那麼這件事是……

韋爾豪瑟是美國的一家木材公司，該公司要求其員工花一週時間去為客戶工作。運輸經理們在碼頭裝卸貨物，會計人員則充當零售中心的客戶服務代表。他們的目的就是傾聽、了解和獲取有關如何改進本公司工作的深入資訊。這無疑是一種充滿創造性的調查方法。

超越老客戶期望的祕訣與方法

有時候我們會發現，雖然為客戶提供了優質的產品及服務，但並沒有他們預期的那麼滿意。客戶再也不會因為誰能夠為他提供「一張帳單」而激動不已地倒戈。為客戶提供超出期望值的服務，比他們想像中的更多，這是留住客戶的祕訣。

超越老客戶期望值有如下祕訣：

提供增值產品或服務

在當今充滿競爭的市場上，成功的企業往往運用「增值策略」來建立、保持非常重要的「客戶──供應商」關係，盡量提供其他的「增值產品或服務」，以超越客戶的期望值。這就需要企業仔細分析客戶、客戶群及各主要目標市場，透過對上述群體的分析找到企業在產品／服務組合方面及客戶需求方面可以改進的地方。

確保產品品質、包裝品質及相關品質

美國大商業產品公司向那些被迫等待服務的客戶贈送小禮品，以表達對遲延服務的歉意。還有一些公司透過成功在客戶與企業間建立夥伴關係，進而獲取客戶的忠誠。一旦有可能，就個別化，甚至定製服務，以便向客戶表明他們找到了一個了解和關心他們的夥伴。

為企業植入客戶服務文化

客戶的滿意不光靠快速處理問題，客戶更希望你的產品（服務）少出問題，甚至不出問題。這需要全體員工都具備客戶服務意識，把對客戶的服務貫穿到企業生產的完整過程，因此需要企業將全方位的客戶服務理念注入企業文化：

建立完善的客戶服務體系：只有完善的客戶服務體系，才能確保客戶服務工作的有效性及持續性；才能對客服人員進行有效的管理，增加員工的服務意識，提升客服的主動性。滿意的員工是客戶滿意的基礎。

做好售前、售中、售後服務三個環節：現在好多企業只重視售後服務，反而忽略了售前、售中服務的重要性，它們在同等程度上影響客戶的滿意度。

定期對客戶進行調查：總結、分析，及時了解客戶的需求，改進企業的不足之處，在有可能的情況下盡量提供加值服務，超越客戶的需求，讓客戶在意想不到的情況下得到更好的服務。給客戶「驚喜」是提升客戶滿意度的最佳良藥。

為企業植入客戶服務文化方面，沃爾瑪堪稱典範。

第二章　維繫與客戶的關係

　　許多年以來，山姆·沃爾頓（Samuel Moore Walton）所倡導的「盛情」服務理念依然激勵著所有沃爾瑪人為之不懈努力。他說：「讓我們成為最友善的員工。向每一位光臨我們賣場的客戶奉獻我們的微笑和幫助，為客戶提供更好的服務」。

　　沃爾瑪每天都會收到許多客戶來信，表揚員工所做的傑出服務。在這些來信中，有些客戶為員工對他們的一個微笑、或記著他們的名字、或幫助他們完成購物而表示謝意；還有一些為員工在突發事件中所表現出的英勇行為而感動。例如，塞拉冒著生命危險衝到汽車前拯救一個小男孩；菲力斯為在賣場內突發心臟病的客戶採取了CPR急救措施；卓艾斯為讓一位年輕媽媽相信自家的一套餐具是摔不破的，而將一個盤子摔到地上；安妮特為了讓一位客戶能為自己的兒子買到稱心的生日禮物而放棄了為自己兒子所買的電動騎兵玩具。

　　正因為沃爾瑪的員工做到了竭盡全力、細緻入微的客戶服務，努力超越客戶的期望，客戶才會一次又一次地光臨賣場。

　　服務，說起來簡單，做起來難。做得好，做得讓客戶滿意，讓客戶心存感激，讓客戶成為企業的忠實客戶就更難。在客戶期望值越來越高，目光越來越挑剔的今天，想要達到上述目的，我們該怎麼做？

　　「為了維持住我的大客戶，我每月除了為他們列印帳單之外，還做了詳細的分析報告，告訴他們，哪些業務的支出上升了，哪些業務的支出下降了。這是個非常費時間的工作。」網通資深大客戶經理王先生提起這件事很自豪。畢竟，現在能夠主動為客戶提供分析數據的客戶經理實在是少之又少。而再往前回溯最初的大客戶銷售，網通國際業務部因為專門為奇異公司制定一個配套方案，包括語音和數據，而贏得了奇異公司的讚許，從而轉投網通。這件事情發生在2002年，這在當時的營運商市場上還很

少見。奇異公司之所以選擇網通,最重要的原因是能夠為他們提供所有業務(長途及在地數據、語音)一站式服務;以及整合一份帳單,也就是把語音業務和數據業務的帳單合在一起。

提供更多資訊

這些資訊包括:企業新品技術、企業整體動態、業界趨勢、社會風雲(與行業息息相關的資訊)、當地市場變局、主要競爭對手動靜、調查資料與結論等。客戶受各方面因素影響,在獲得資訊方面往往落後於企業,但這些資訊對提升客戶銷量、拓展市場有極大幫助。大客戶經理如能有選擇地提供合適的資訊給客戶,往往會獲得客戶的感激,這對提升客戶忠誠度極有幫助。

協助客戶策劃各類終端促銷活動,並提供其他諮詢方案

一般而言,客戶的優勢在於終端促銷和熟悉當地風俗民情,企業的優勢則在於整體活動策劃,兩種優勢互補,相得益彰。一些大客戶經理為了避免「惹禍上身」,總是迴避與客戶進行交流、合作,便間接造成客戶的品牌忠誠度降低。事實上,客戶非常歡迎企業與之進行全面合作。

為客戶提供額外價值

在眼花撩亂的市場變化中,企業必須將策略目光從日復一日的活動中移開,將之轉移到高價值、能給客戶帶來額外價值、加強品牌正當性、強化生產、帶來更多可預見之投資報酬的行銷方法上。這就是我們津津樂道的增值行銷。

第二章　維繫與客戶的關係

「增值」行銷要讓客戶認為你是一個資源，能為他帶來資訊與價值。換句話說，以額外的服務或強化商品、以不額外增加客戶費用的方式為客戶帶來額外價值。舉例來說，業務員幫助客戶管理庫存，這就是一種「增值」做法，這種做法為客戶創造價值（節省時間並減少庫存），提供這種額外服務也不需要客戶支付額外費用。再比如，建立公司網頁並拓展電子商務，從而為客戶提供資料查詢、線上訂購、專案追蹤等便利的加值服務。企業向客戶免費提供技術支援，這也是一種「增值」做法。總之，企業可以積極運用有效資源，為客戶提供整個供應鏈上的加值服務。

我們來看一下 British Sugar 公司是如何為客戶提供加值服務的。

糖是最常見的日用品之一。長期以來，許多糖製品企業未能使自己的產品與競爭者的產品做出區隔，而英國最大的糖製品企業之一的 British Sugar 公司（以下簡稱「英糖」）則成功地做到了這一點——它沒有把焦點放在產品上，而是把注意力集中到企業本身所能提供的價值層面。「英糖」主要採用了以下兩項關鍵做法：

第一，「英糖」有效利用了自己的環保顧問技能——相關的環保技術早已在企業內部形成並運用。「英糖」的許多客戶都屬於食品製造企業，它們與「英糖」一樣關心糖和食品加工中的廢棄物處理問題。「英糖」公司決定充分利用自己在環保方面的優勢來幫助客戶。公司挑選了6家重點客戶（大客戶），免費為它們提供環保技術，這種做法受到客戶的廣泛歡迎。

第二，「英糖」向這6家客戶出售過剩的電力。電力成本是「英糖」的主要成本之一，「英糖」為此特地併購了一家電廠來專門為自己供電。後來，「英糖」發現電廠所發的電自己用不完，於是以成本價把剩餘電力提供給這6家大客戶（供電價格比市場價低70%）。由於提供低價電力，這些客戶對「英糖」越來越依賴了。

現在我們來看看,「英糖」透過提供這些服務得到什麼:這6家客戶都把大部分或全部訂單給了「英糖」,「英糖」還可以將自己的糖製品制定高價,並且還對客戶的業務有更強的控制力(據英國法律規定,「英糖」以低價出售過剩電力時,每家使用其電力的工廠都必須建立「英糖」辦事處,在對策略性客戶和全球性客戶的管理中,這種共處對於供應商提升對客戶的銷售額,並在長時間內對業務保持控制力是極有價值的)。

當然,隨著產品的不斷改進,客戶的期望值也在不斷提升。過去,人們對汽車的要求僅僅在於能否開得動,而如今隨著汽車產品功能的提升,客戶的期望值也逐步提升,現在人們買新車時關心的可能是環保。為此,就需要企業不斷地做出努力。

在這方面,迪士尼樂園可以成為我們借鑑和學習的好榜樣。在迪士尼樂園的一次臨時調查中,問及大部分觀光者對迪士尼樂園的最初印象時,他們很少提及太空山、邊境區或米老鼠,人們一般談到的是環境乾淨以及友好的氣氛。迪士尼所提供的樂趣人們會認為是理所當然的。當然,這並不表示迪士尼不必關注自己的基礎產品,這些娛樂設施是否存在安全方面的問題,仍是遊客的關注點。迪士尼做到使其員工熱愛自己的工作,提供安全的服務,滿足遊客的要求。

為老客戶創造驚喜

只是被動地滿足客戶提出的要求並不足夠,公司可以在客戶的「容忍範圍」之外再做一點事情,讓老客戶感到驚喜。對於老客戶來說,他們也很喜歡你能這麼做。

創造驚喜的最好方法就是收集足夠多的客戶資訊,然後透過「創想議

第二章　維繫與客戶的關係

程」，即組織一些團隊透過「腦力激盪」創造「狂野而奇特」的想法。這些團隊人員包括上司、一線員工，甚至還有客戶。讓團隊成員都理解使客戶驚喜的目標，放手讓他們去做，並且由他們對創造使客戶驚喜的專案和產品進行衡量。

同時還應觀察行業中的其他組織，不要把吸取別人好的觀點和方法看作是一件羞恥的事。更重要的是，能夠在為客戶創造驚喜的過程中尋找樂趣。美國玩具反斗城發現在公司內舉辦「神奇時刻」的活動十分有用，它使公司成員意識到對客戶提供服務並使他們驚喜，是一件很有趣而且很有意義的事。

superquinn公司提供的服務總是能讓光顧這裡的客戶感到驚喜。它是愛爾蘭的一家連鎖超市，主要的營業範圍在都柏林地區，但它的服務卻在整個愛爾蘭都享有盛譽。

愛爾蘭的一位目標群體的成員最近搬到都柏林附近居住，他講述了另一個客戶獲得意外驚喜的故事，這個故事很有趣。在忙碌的搬家過程中，她突然發現她需要為新居添置一些東西，於是她讓丈夫和孩子留在家裡繼續整理，自己開車去了最近的一家超市，一公里以內就有一家superquinn。她以前從來沒有到過這家超市，當然更不是常客。在購物車裡裝滿了各種食物和需要的其他物品以後，她來到收銀檯前。在這些東西被掃描和包裝的同時，這個初次來到這裡的客戶打開了自己的手提包，但她突然發現自己把錢包忘在家裡了。她向一位充滿同情的目標群體成員回憶這件事情時，說道，「我當時非常苦惱，不知道到底該怎麼做。」收銀檯的小姐發現了她的窘境，她並沒有置之不理而是輕輕地說了聲：「別擔心，下次來我們這裡的時候再結帳好了。」客戶感到非常的放鬆，心中充滿感動、感激和其他感情。當她講述這個故事的時候，她說：「她並不是非得這麼做

的，她甚至沒有問身分證和我的電話號碼，她相信我會回來的。你認為我還會去其他地方採購嗎？」

創造驚喜沒有現成的規則可循，它往往產生於創造性的靈感。贈送一件小禮物偶爾會讓客戶感到驚喜，但是每次都送禮物就落入俗套，不會再引起客戶正向的反應。這也就是為什麼說創新非常重要。創造驚喜需要打破常規的新方法。例如，西南航空公司機組人員快樂的話語；在演奏會或表演時，為持有美國運通卡的人提供特殊座位。驚喜並不是非得從額外的東西或是花樣中產生。

盡可能地幫助老客戶

原一平說：「業務員只有一種方法能超越競爭者，就是要盡可能地幫助客戶。這種幫助是真心誠意而不期望回報的，是一種自然關心他人的舉動。經驗證明，當一個人學會付出後，生意總是在門前等著他。」

你不妨問問自己，為什麼會特別喜歡到某一個餐廳用餐呢？為什麼會在附近銀行開戶而不到其他地方去？為什麼不願意再次光顧那家超市呢？多半是因為你感到受重視或受到好的服務，就會很滿足，並願意再次光顧。同樣的道理，在我們與客戶交往過程中，假如能夠在適當的時機，即在客戶需要的時候，伸出援助之手，熱情地予以幫助，客戶就會感受到你的真誠，並打從心底感激你，這時候，他就會表現出滿意和忠誠。

適時幫助客戶是提升老客戶滿意度的捷徑，越來越多的企業都已經意識到這一點，並付諸實行。他們會經常將最新的資訊送給客戶，這是助人的方式之一。

第二章　維繫與客戶的關係

　　Right Now 公司從長遠的夥伴關係出發，竭盡所能來幫助客戶獲利，從而不斷地贏得新客戶，也不斷地留住老客戶，連續 20 個季度收入增長和正現金流營運。因為 Right Now 公司意識到，客戶關係管理不是一次性的活動，而是反覆的過程，是持續終生的關係。在這種理念下，Right Now 的軟體許可證並不是一次性購買，而是只有兩年。如果不能使客戶滿意的話，客戶在兩年之後就可以更換廠商。而其他軟體公司在銷售完成之後，提供一個或兩個月的諮詢，然後就徹底消失了，結果花大把力氣爭取來的客戶，很快就流失掉了。

　　幫助客戶的途徑之一，就是幫助客戶發掘市場潛在機會。這可以幫助客戶提升競爭力，形成企業的嶄新競爭優勢，這對雙方都是十分有益的。

　　幫助客戶把握潛在的市場機會，企業就必須非常了解重點客戶的業務，針對他們面對的市場需求情況，與客戶共同策劃。

　　企業幫助客戶需要耗費大量精力，所以，只能有選擇性地針對重點客戶進行，提供給那些值得信賴、彼此尊重的客戶。最好是選擇具有多種需求，實力又相當強的大客戶作為合作夥伴，否則他們將無法在企業的幫助下拓展新業務。在執行時，必須與客戶組成團隊，尋找對其具有重要價值的機會，並幫助其付諸行動。

　　與此同時，幫助客戶發掘潛在市場機會，也需要雙方建立起牢不可破的信任關係，因為這涉及一些雙方共享敏感的內部資訊，包括成本與利潤數據及個別終端使用者的銷售紀錄。

提升客戶感受價值的技巧

世界經濟的動力已經由生產數量轉移到加強客戶的感受價值，因此，對於多數行業而言，成功的法則是設法讓客戶得到最大的價值。

很多企業一直忙於提升服務品質、進行產品品質改進，但並不表示真正提升了客戶感受價值。若客戶感受價值不能得到實質性提升，就很難獲得客戶滿意，贏得客戶忠誠，便不能從根本上提升客戶終身價值。

想要提升客戶的感受價值，在實作當中，可依循以下一些技巧：

要循序漸進地進行

企業在增加客戶感受時，不要在一開始為客戶設定過大的期望值，因為如果一開始提供的價值太大的話，客戶的胃口就會越來越大，這樣無形中增加了企業的成本負荷。而且對客戶來說，太容易得到的東西，他們的感受價值也不會有真正的提升。正如人們常說的那樣，不要讓他得不到，也不要讓他太容易得到。

曾經有一間培訓公司的企業，推出送課上門的服務，但後來客戶增多，企業壓力太大，就取消了這項服務，結果引來許多客戶的異議。

採用雙因素管理方式

傳統的管理認為人的行為動機只是經濟利益，忽視了人的感情因素作用和社會的、心理的需求；認為人只是任憑別人支配的被動管理對象，而忽略了人的主動性和創造性。

第二章　維繫與客戶的關係

在普遍情況下，企業提供給客戶的維持因素是指各競爭企業同時都在提供的服務，比如各大冷氣企業都提供上門安裝、書店都提供紙袋等。

為了提升老客戶的感受值，企業應該關注的是滿意因素，讓企業有限的資源發揮最大的效用，以達到讓客戶滿意的效果。做到這一點，企業必須認清自己提供給客戶的服務哪些是保健因素，哪些是激勵因素。對於保健因素，投入過大的資源只會事倍功半。即使是激勵因素，也應注意特色和創新。一個沒有創新的服務，比如讓利，也許起初會發揮一定效果，但如果做過頭，就會受到經濟上「報酬遞減」的制約，仍然是花大錢辦小事。所以企業應該將精力用在自己有特色的激勵因素服務上，才有可能維持客戶長期的滿意度。

服務要主動和互動

對於大多數企業來說，服務至少有兩種含義：一是指「客戶請求，企業提供服務」，比如售後服務、維修等；另一種服務是指企業主動為客戶提供價值。為客戶提供價值是關係發展的推動力。

如果商家提供的服務並不是主動的，那麼在客戶看來則代表著商家並不積極，並沒有把客戶的利益放在心上且隨時為客戶著想。客戶的這種想法或許太苛刻，但事實的確如此。儘管客戶很多時候並不會說出來，或者其本身都不確定究竟是哪裡出了毛病，但一個顯著的特點就是在這種情況下，客戶的滿意度會下降。

基於「客戶請求」提供的服務，是「點」式服務。隨著企業品質工作的進展，接受這種「服務」的客戶越來越少，這種服務方式的「口碑作用」要依靠企業行銷部門或者第三方媒體的傳播放大，而且嚴格來講這種「服

務」並沒有為客戶帶來價值。而另一種「推銷式」的服務，使客戶無時無處不感受到企業提供的便利，因此這種服務才是客戶關係管理中需要的服務方式。

日本推銷之神原一平就說過：「主動詢問客戶的想法和需求，是贏得信賴，取得意見的方法。」一般來說，生意興隆的企業在銷售上用盡心思，在服務上，也會給予更多的關心。而在產品不足或發生故障時所做的服務，更是重要。例如，天氣開始炎熱而需用電扇時，不妨問問客戶：「去年生產的電扇有沒有什麼問題？」或「我們的商品是否令你滿意？」這就是所謂「推銷式的服務」。這種完全屬於問候性質的服務雖然不可能馬上就有什麼結果，但對於需要的人來說，聽起來會比什麼都高興，且會覺得公司值得信賴。當然，如有問題則馬上處理，也形成事半功倍的效果。

由這點，便可以考驗出商家的榮譽與責任。沒有人的主動，再優秀的軟體也只是擺設，再豐富的資料也如同垃圾。

忠實客戶讓訂單滾滾而來

經濟學家在調查世界 500 強企業時發現，忠實客戶不但主動重複購買企業的產品和服務，為企業節省了大量的廣告宣傳費用，還將企業推薦給親友，成為企業的兼職業務員，從而推動訂單源源不斷地產生。

特別是在今天這樣的網路時代，忠實客戶對企業利潤的影響更大。在客戶關係建立初期，就獲取一名客戶的成本而言，電子商務遠高於傳統的零售管道。比如服裝業，網路公司比傳統公司的成本高 20% 到 40%。但隨著時間的推移，利潤就大大增加了。並且由於網路商店在擴展產品的範

第二章　維繫與客戶的關係

圍方面比傳統的零售管道更方便，所以網路公司可以向那些「忠誠」的客戶出售品項越來越多的商品，利潤也就如滾雪球一般，越滾越大。有證據表明，網路客戶傾向於在固定的網路供應商那裡集中購買所需的各種商品，在某種程度上這也成為其日常生活的一部分。特別是在企業對企業（B2B）的部門中，這種現象更為明顯。例如，全美最大的工業供銷公司 Grainger 發現，其忠實客戶在公司傳統分支機構的購買量很穩定，但當這些忠實客戶從該公司網站上購物時，其銷售額上升了 3 倍！

　　此外，由於「讓客戶告訴客戶」這一消息傳遞原則的作用，那些忠實客戶也經常會介紹新客戶到網路供應商，從而為網路供應商提供了另外一個豐富的利潤泉源。雖然這種消息傳遞方法在傳統商業中也很盛行，但在網路時代的效率更高。因為點選滑鼠要比口頭傳播速度更快，並且這種以「舊」帶「新」策略的成本，比透過傳統廣告或其他市場途徑銷售的成本要低得多。

　　因而，越來越多有遠見的企業開始重視客戶的忠誠，並把忠實客戶視為自己巨大的市場資源。

　　展開品牌忠誠行銷是提升品牌資產價值非常重要的途徑。品牌忠誠行銷的目標是爭取並且維護品牌忠實客戶。從品牌忠誠行銷的角度來看，銷售並不是行銷的最終目標，而是與客戶之間建立持久和有益的品牌關係的開始，也是建立品牌忠誠、把品牌購買者轉化為企業品牌忠實客戶的機會。

　　為加強客戶品牌忠誠度，企業可以建立客戶積分獎勵計畫，用於獎勵經常購買或是大量購買的忠實客戶。這樣做的好處是，透過積分累計的方法，既獎勵了忠誠的客戶，也會使過去的老客戶再回頭。客戶為了得到獎

勵，就會一直購買，直到積分累計到能換取提供的獎品。

這種行銷計畫還有一個聰明的做法是，在客戶的積分帳號裡贈送一些獎勵性的積分作為禮物。這並非是因為消費而得到的積分，而是說「感謝你成為我們的客戶」。你可以通知那些不活躍的客戶，他們的帳號裡存進了新的積分。

「油中感謝」積分加值服務是在加油儲值卡的基礎上，以儲值卡為載體向客戶提供加值服務。此項活動為儲值卡客戶提供了三大好處，第一，可以用加油消費所得積分換取精美禮品；第二，參加定期和不定期的抽獎活動；第三，可以享受預定飯店、商家優惠等多種加值服務。

這樣做一舉兩得。首先，客戶認可企業對他們的感謝；更重要的，未兌現的積分讓他更加希望繼續累計以得到獎勵。

商家的忠誠回報計畫是吸引和留住強勢客戶最為重要的行銷手段。根據美國最新頒布的 2004 年「Maritz 忠誠行銷民意測驗」顯示，忠誠回報計畫，能使客戶的消費額增加 1／3，而且對品牌的忠誠度會保持 5 年或是更長時間。

如何制定成功的客戶忠誠方案呢？

忠誠方案要有一定的針對性

想要在激烈的競爭中，使自己的忠誠回報專案贏得客戶的青睞，必須調查客戶的個人資訊、生活偏好。以這些資訊為基礎，針對客戶的需求、願望以及生活狀況，有的放矢地向他們推廣企業的忠誠回報專案，這才是致勝的關鍵。

要結合客戶的預期制定回報方案

確定你的客戶對回報專案的預期，綜合考慮這個預期和購買頻率以及你的商業週期等因素，設計出合理的回報模式，只有這樣才能建立和維持良好的客戶關係。最有效的忠誠回報專案要能保證那些高收入的客戶在3個月到半年時間內，低收入的客戶在9個月到一年內，取得足夠的積分去換取相應的獎勵。

激起客戶的興趣

要讓你的回報專案能激勵客戶持續或增加其購買行為，這是成功的忠誠回報專案的最終目的。當然，還要以各種方式引起客戶的注意，讓客戶覺得你的專案是能為他們帶來實惠的，這非常重要。

審慎應對抱怨客戶

慎重應對抱怨客戶對企業的銷售至關重要。因為不滿意的客戶不僅會停止購買，而且會迅速破壞企業的形象。你無法讓客戶閉上抱怨的嘴巴。一個客戶對你的產品或服務不滿意，直接向你抱怨算是好事了，可怕的是他向周圍的人抱怨。

研究顯示，客戶向其他人抱怨不滿的頻率要比向他人講述愉快經歷的頻率高出3倍。反過來說，有效地處理抱怨能提升客戶的忠誠度及企業的形象。根據研究，如果抱怨能得到迅速處理的話，95%抱怨者還會和企業

做生意。而且，抱怨得到滿意解決的客戶平均會向 5 個人講述他們受到的良好待遇。

首先釐清客戶抱怨的原因

分析和釐清客戶抱怨背後的真正動機和潛臺詞，對業務員尤為重要。一聲抱怨往往暴露出商務營運中的弱點，以此為鑑，防止類似抱怨再次發生。

重複的類似抱怨是非常危險的徵兆，出現這個問題，就離你的企業關門之日不遠了。幾年前一家筆記本商贏了關於產品品質的官司，卻輸掉整個市場，因為類似的抱怨如潮，藉由官司解決只會引發反效果——除非你準備打完官司就申請破產。

客戶抱怨的原因不外乎以下幾種：

原因一：企業的產品和服務無法滿足客戶要求，未及時送達、貨物短缺或產品品質等問題，都會引起客戶的不滿和抱怨。比如企業部門職責不清，引發責任推諉；部門職責不清、訓練不佳或售後服務體系不完善的企業，接到客戶要求服務或抱怨的訊息，往往互相推諉；在電話中由於解釋難以詳盡，到最後若仍無法解決，推卸責任更成為擋箭牌。

服務人員責任感不強，敷衍了事：服務人員由於專業能力不足且訓練不夠，態度欠佳，對客戶要求的服務，隨意敷衍，掉以輕心，也是引起客戶抱怨的主因。

客服團隊速度太慢：客戶要求服務，雖非急如救人，但也相去不遠。客服團隊必須迅速執行，方能最大限度地降低客戶的抱怨程度；反之，則會引起更大的抱怨情緒，陷入僵局。

原因二：有些商家對企業業務進行抱怨已形成習慣，這些客戶可能生意不順利或碰到其他個人因素，沒有明顯的動機，抱怨只是一種發洩。

原因三：商家喜歡把 A 產品服務與 B 產品相比，然後把你說得一無是處，其實明天他碰到 B 產品的業務，同樣也會把 B 產品貶得一文不值，其實抱怨只是手段，目的只有一個，增加談判的籌碼，從企業獲取更多優惠條件或要達到某種特殊目的。

如果屬於第一種情況，則應虛心接受，及時向企業回報，徵求上級意見後爭取給予客戶滿意的交代。屬於第二類情況，業務員不需過多解釋，只需做一個傾聽者，因為這個人其實是在找發洩的方式，碰巧遇到了你。但遇到第三類情況，應該委婉地表示拒絕，維護企業的利益。

處理抱怨的黃金技巧

在處理抱怨過程中，情緒才是真正的主角。企業和每個客戶之間都有一個情緒帳戶，每一次愉快的服務經驗，就會在這個情緒帳戶中存入一筆數目。而每一次負面的服務經驗，就立即在情緒帳戶中提領一筆數目，任何情緒帳戶一旦透支，也就代表著這個帳戶關閉，客戶關係到此結束。

所以，為了維持這個情緒帳戶，服務人員當然得小心翼翼維護每一次與客戶的接觸；而當客戶對服務提出抱怨時，更是考驗服務品質的關鍵時刻，這個情緒帳戶究竟是穩定還是關閉，往往就看這一刻的反應能力了。

建立完善的投訴制度：投訴制度是企業制度的重要組成部分，確保客戶利益不受損害的重要保障。企業要把客戶的抱怨視為企業經營的重要資源，把客戶的抱怨視為審視企業經營缺失、傾聽客戶心聲的管道。當企業經營者把客戶的每一次抱怨視作改善經營環境、提升經營水準的機會，懷

審慎應對抱怨客戶

著感恩之心應對抱怨的客戶，其管理水準就已邁入新的境界。

任何一個企業都無法消除客戶的抱怨，不論工作多麼仔細，錯誤總難以避免。你需要做的是對客戶的抱怨有所預估，並針對其做出應對計畫，這是商務運作的一部分。採取正面的態度應對抱怨，與抱怨客戶保持良好關係，而不要急於從他們身上漁利。現在讓他們感到高興，將來就會帶給你更多營業額。

設立暢通無阻的投訴管道：現在很多企業設立全天候24小時的免費電話來接受和解決消費者的問題。這種電話既可諮詢又可投訴，是企業連結客戶的重要管道。

今天，超過2／3的美國廠商客服電話來處理抱怨、詢問及訂貨方面的問題。例如，當研究顯示50個不滿的客戶只有一個會提出抱怨時，可口可樂公司就於1983年底開通了它的1-800-GET-COKE電話線路。「其他49名不滿客戶直接換品牌。」該企業消費者事務經理如是說：「明智之舉是尋找不滿的客戶。」

據奇異公司宣稱，它的工作人員都能在第一次電話打入時解決90%的抱怨或詢問，而抱怨者往往會成為更忠誠的客戶。儘管企業在每通電話上平均需要花3.50美元，但它會在新產品銷售和節省保養維修費用上得到二至三倍的回報。

動作快一點：用快速的回應讓那些抱怨客戶感到驚訝，使他們覺得正受到很高的關注和尊重。如果不能馬上解決問題，也要讓他們知道你在優先思索這個問題。不要試圖欺騙抱怨客戶，這樣結果往往比想像中要糟糕許多。如果你的燒餅做失敗變成糊了，不要再編造「糊能促進消化」的藉口。以最快的時間解決客戶的問題非常關鍵，客戶對他遇到問題的擔憂時

089

間越長，對解決方案的滿意度越差，留住這個客戶的可能性就越小。

扮演專家的角色：當然，即使沒有客戶抱怨也要如此。客戶向你抱怨，是因為他們期待你能解決問題。客戶不是專家，他們需要專家，而你一定要扮演專家的角色。你越專業化地解決問題，越能得到客戶的信賴。客戶服務必須專業化、標準化。

承擔責任：即使問題不是因你的過錯出現，也要在解決客戶抱怨時承擔責任。武大郎賣的燒餅可能是孫二娘做的，出現問題，也不能讓客戶找孫二娘。客戶使用你的產品出現問題，首先要對給他們造成不便道歉，簡潔明瞭地解釋問題出現的原因，明確告訴客戶如何、何時解決問題。

推諉是很多企業對待客戶抱怨的通病，這大大降低了商業環境的信任感。一個企業不能承擔責任，其行為與詐欺、海盜無異。

在技巧上要堅持「三換」原則：一換當事人：當客戶對服務人員的服務感到不滿時，再讓這個服務人員出面解決客戶的問題，客戶會有先入為主的心態，不但不利於解決問題，有時還會加劇客戶的不滿。因此找個有經驗、有能力、人緣好、職位高一點的主管，會讓客戶有受尊重的感覺，有利於圓滿解決問題。二換場地：從經營者的角度思考，變換場地更有利於解決問題。比如，客戶在你的書店買了一套書，發現裡面有破損，坐了兩個小時的車才回到書店。這時他怒氣沖沖是可以理解的，他一定會在書店櫃檯發洩不滿，這樣會影響企業形象，還會使其他客戶留下不好的印象。服務人員要把客戶請到辦公室或貴賓室，會有利於解決問題。三換時間：當服務人員做到前面的「兩換」，還沒有辦法將問題解決，客戶依然抱怨不停，說明客戶的積怨很深，就要另行約定時間和找比原來更高一級的主管來處理問題。態度要更為誠懇，一定說到做到。

審慎應對抱怨客戶

積極彌補：有抱怨的客戶往往只希望能滿意地獲得問題的解決方案，其他要求並不多。這可能是使用者被商家欺負慣了的緣故。但你要讓他們驚喜，除了解決他們的問題，還要額外做出適當補償。這可以幫助客戶遺忘所發生的問題，更容易記起你給予他們的小恩小惠。是的，燒餅不好吃，除了再送上好吃的餅外，最好再加上一盒「金蓮牌」果凍，這不是維繫舊業務／品牌、開拓新業務／品牌的優良手法嗎？

許多零售商和服務公司培訓自己的、與客戶直接接觸的人員，學習如何解決問題及平息客戶的憤怒。比如，他們授權客戶服務人員使用自由退貨和退款政策以及其他損害控制方法。還有一些企業做得更極端，他們從客戶的角度來看待問題並回報客戶的抱怨，似乎不太考慮對利潤的影響。

海金格，一家大型五金製品及園藝用具零售商，即使在客戶明顯濫用產品的情況下也接受退貨。有時，它會向特別不滿的購買者送上一打玫瑰。客製化產品銷售商納曼・馬科斯對待不滿客戶抱持同樣的熱情。「我們不僅僅追求現在的銷量，我們希望與客戶保持長期的關係。」格文・鮑姆，該連鎖店的客戶滿意部門經理如此說道：「如果這樣做代表著我們要接受不是從我們店中買的一塊水晶的退貨，我們會接受。」這種慷慨看起來有助於增加利潤不是影響利潤。海金格和納曼・馬科斯的收益都高於同行業平均水準，這種做法會大大提升購買者的忠誠及企業的信譽，而且，對多數零售商來說，非本店出售產品及用過產品的退貨占總退貨的比例不到5%。

總之，處理客戶的抱怨如果能夠態度好一點、微笑甜一點、耐心多一點，動作快一點、補償多一點，將批評客戶變成你的忠實客戶並不難。

客戶終身價值解讀

「客戶終生價值」指的是每個購買者在未來可能為企業帶來的收益總和。它往往展現在兩個方面，一是提升客戶重複購買的價值，這一點主要展現在消耗品；另一方面是透過維護良好的客戶關係，而實現售後服務的價值提升，比如汽車行業或電子通訊行業。

賓夕法尼亞大學華頓商學院的彼得·費德教授（Peter S. Fader）在他的論文〈從客戶的購買歷史來衡量客戶價值，可能帶來管理推論偏見〉（Customer-Base Analysis in a Discrete-Time Noncontractual Setting）中指出：對於大多數企業來說，他們主要的行銷策略就是要不斷考慮，到底哪些客戶關係值得企業留下，哪些不值得。因此，行銷經理需要對客戶資料進行更加精細的研究，更加精確地計算出客戶終生價值。

我們可以按照單次交易收益和重複交易次數，大致將客戶分成4個類別，分別是：

黃金客戶：願意與企業建立長期互利互惠關係，每次交易都能為企業帶來收益。

流星客戶：喜歡不斷嘗試新的選擇，並不總與該企業交易，但每次交易都能為企業帶來一定的收益。

小溪客戶：客戶願意與企業建立長期的業務關係，但每次交易都只能為企業帶來較小的收益。

負擔客戶：有些客戶在眾多企業中比較選擇，只在企業為吸引客戶將價格壓到極低甚至是負收益時才與企業交易。

倫敦商學院的高級研究員 Tim Ambler 最近的研究顯示，很多大企業

已經開始計算單一客戶或某個細分市場未來 30 年的客戶收益率了。他們按照客戶終生的價值來分配企業的行銷資源，使企業得以更有效利用其行銷經費。

為了最大限度地發掘客戶的終身價值，豐田汽車信奉的是「我們不是在賣汽車，而是在幫助客戶買汽車」的經營理念，推出了「保母式」的服務計畫。美國凱迪拉克想得更周到，在他的每一個汽車維修點都已備好車，一旦使用者的車故障，即可馬上把故障的車留下，開走備用車；待故障車一修好，馬上開到使用者家門口，一點也不耽誤使用者的時間。

在挖掘大客戶的終身價值方面，聯想的經驗可供借鑑。

聯想大客戶市場「VIP 模式」核心是挖掘「客戶終身價值」。這種模式在關注短期利潤的同時，更注重長期收益；在關注單筆交易之際，更注重長期關係，充分調動管道的積極性。企業從產品、行銷、銷售、供應、售後服務各個環節，將零散客戶與大客戶打造的 5 個價值連結完全加以區分。

首先是區別生產線。與普遍針對大中小客戶市場和家用電腦市場不同，而是採取靈活策略，大客戶對產品的穩定性、安全性等特性具有較高需求，同時還要求較低的價格。大客戶的客製化需求必須用相應的定製服務來滿足。而且大客戶市場更強調服務增值，有時甚至需要提供整體解決方案。聯想針對大客戶市場將生產線獨立出來，以「開天」、「啟天」系列 PC 和「昭陽」系列筆記型電腦專供大客戶市場。

其次是服務體系的區隔。在新的客戶模式下，聯想特地為大客戶設立服務專線，提供 VIP 級服務。如大客戶出現的售後服務問題，會挑選最優秀的工程師上門服務，而不是像對普通客戶那樣就近派員。對一些重要的大客戶，聯想甚至提供「駐廠工程師」服務。除此之外，巨大的服務網路

第二章 維繫與客戶的關係

也成為聯想針對大客戶的賣點，有 3,000 多個服務站點，能夠承諾 48 個小時修好。

再次雙重窗口鎖定大客戶。聯想奪回大客戶市場重要的殺手鐧之一就是綁定式合作帶來的穩定與透明。聯想透過客戶經理與代理商的雙重窗口來鎖定客戶。在聯想大客戶模式下，客戶經理與代理商同時面對客戶，但客戶經理只管談判不管簽約。聯想客戶經理的主要任務是協助代理商獲取大客戶信任，以利於合約進行，而並非與代理商爭利。在與代理商的合作方面，戴爾通常都採用「按單合作、下回再說」的方法。而聯想透過簽署合作協議的方式，從法律上保障了與代理商合作關係的穩定性。無論是對大客戶，還是通路商，聯想大客戶市場「VIP 模式」關注的都是「長期價值」和「深度開發」，強調共同利益的和諧架構，並在重整競爭力的過程中實現聯想、通路商與客戶的三贏。

第三章

提升訂單成功機率

　　如果目標客戶能夠到你的地盤進行會面，成功的機率就會高出許多。這表明了他們的認可，不過這種好事不常有。還需要補充一句，如果對方反過來向你詢價，表明這筆新交易的成功率至少有 60%～70%。

第三章　提升訂單成功機率

▍快速反應才能增加成功機率

如果你目前還沒有體驗過這麼高的成功率，說明你的推銷行動和目標客戶情況並沒有非常吻合。換句話說，你在向錯誤的受眾推廣品牌和服務。另外，你會發現你的第一次會面糟糕透了。這一章中會詳細說明。如果談話以「要求你準備提案」結束，那麼趕緊去做！為避免任何誤解，「趕緊」代表著幾個小時之內（幾天，最多一個星期）。如何送達這一提案，會在後面說明。

對第二種會面我定義為介紹性會面。這種會面是緊接著前面章節中描述的前期準備活動。你將有可能根據對方要求完成一筆新的交易。由於生活中的每一個細節都可能帶來成功，小小的籌畫和準備是非常重要的。你對顧客了解多少？有沒有事先做過一點研究，比如從公司網站或其他多種途徑的消息管道？

如果能知道這家公司目前的供應商是誰，也非常有用。在這樣的情況下，你對競爭對手的產品了解得越多，就越清楚他們的優勢和劣勢，對你的幫助就越大。讓我再補充一下。成功的生意人有一條黃金定律，就是永遠不要直接批評競爭對手。當然，如果遇到這種情況，你可以用自己掌握的對方弱點來突出自身優勢。

此處假設一種典型的商對商會面場景。你應邀前來，無疑接待人員會禮貌地接待你。在任何情況下，都不要直接在接待處坐下。我簡單地解釋一下：你來時的心態是積極、熱情的，甚至有一點點激動。如果別人讓你坐，你坐下來之後，會發現大多數接待處的椅子都很低。當別人從接待處經過並低頭看你的時候，你會產生屈服感（在肢體語言中，高代表著優越感。）潛意識裡你的熱情就被消滅了。那些坐在馬背上的人會被認為目空

一切,是因為那些開車和走路的人都在他們的眼皮底下。如果你站著,將會暗示他人——包括接待人員,你是非常重要的人物。而且,當你約好會面的人到來時,你們倆是一樣高的。

明確了解自己的目的

現在我們再從別人的角度設想一下。他或她為你安排了一次會面,但是多少有點不清楚你為什麼要見面談,同樣也有點心存疑慮。他們很有可能會認為你想要推銷一些其公司不需要或不必要的東西。他們會預設你是個什麼樣的人,而且也擔心你占用他們太多時間。

在這樣的情境下,你走進這個人的辦公室並坐了下來。禮貌性的問候,簡短地談談天氣、旅行、停車……當然,這必須控制在 5 ～ 10 秒之內。呈上你的名片,然後,用下面的話語開始對談:

「能見到您真是太高興了。」

「我會盡力高效率地使用您的時間。」

「我能簡單地向您介紹一下我和我的公司／廠牌／業務嗎?」

如果可以,那麼在這個簡短的對話結束前,煩請您告訴我,我們所做的有什麼是您所感興趣的。這樣的話,我們也許可以安排在下次詳談。」

「從我的角度來說,毋庸置疑,我們之所以安排和您會面,是因為我們真的想和您及您的工廠／公司／業務達成交易。」用這樣的措辭開頭,比無謂地兜圈子要好得多。你的預期客戶顯然知道你為什麼要到這裡來,為什麼還要顧左右而言他呢?我真的很反感那些和我面談時空話連篇沒有重點的人。

第三章　提升訂單成功機率

然後，用幾句話概括你的業務。以你的產品或服務的效果開頭，然後再講一些業務細節。你也可以在此時帶出其他客戶的名字（如果這樣能夠增加可信度的話）。但是，不要在這一點上說太多，公司的名稱就足以說明。會面的這一部分不要超過 2～3 分鐘，除非你的目標客戶想要知道更多資訊、細節或解釋。

現在，談及你此行的真正目的。也就是解釋為什麼你想要和這位目標客戶做生意。找出你的產品或服務與目標公司的要求、意願、需求相互吻合的地方。供和求之間存在巨大差異。經驗告訴我們，人們更喜歡將資金或興趣投入到他們想要的事物，而不是他們需要的事物上。

我舉個非常簡單的例子。一個 30 多歲、已婚、有兩個小孩的男人，更願意每個月花 20 英鎊買酒喝，而不是用在買保險上。成功的保險業務員的角色就在於能把他們的需求轉化為意願。

▎啟發對方的需求

繼續上面的情境。這永遠是最重要的交流和銷售技巧。我曾經被人詢問成千上萬次：世界上最成功的超級業務員所擁有的最高超技巧是什麼？我的回答千篇一律──是正確地提問。現在，我無法精確地告訴你應該問什麼問題，因為每一種產品（服務）需要不同的先備資訊。

講個小故事。我需要一臺筆記型電腦，並安排 3 個不同的供應商送來專業的機型。第一個送來筆記型電腦的人，詳細地向我介紹了產品的效能和功能，並努力說服我購買。我說需要再考慮一下而禮貌地擺脫了他。第二個人，也帶來自家品牌的電腦。同樣做了透澈而專業的介紹，包括產品

啟發對方的需求

細節、保養維修、服務合約和說明書。我用「非常感謝，我會考慮的」禮貌地結束了會面。第三個人來只帶了一本紙質的筆記本。輕鬆幽默的開場白後，他問我為什麼想要一臺筆記型電腦。我記得我當初的回答是：「別人好像都有了。」他忍住沒有從椅子上滑下來，低著頭，記下了這句話。他的第二個問題是，如果我有一臺，最先用它來做什麼。然後，他又提了一大堆非常有建設性的問題，為我使用筆記型電腦開啟思路。在這個過程中，他啟發了我想要一臺筆記型電腦的真正原因。大約 10～15 分鐘的談話後，他說：「我想我知道你真正想要的是什麼樣的筆記型電腦了。」他回到他的車內並拿給我一臺筆記型電腦（幾乎可以肯定他只帶了這麼一臺來）。接著解釋了為什麼這正是我想要的筆記型電腦。你可以猜到這三人中是誰最後拿到了訂單。

　　獲得新的生意就這麼容易。我只是不明白為什麼很多人總是聽不進忠告。

　　再回到我們的情境中。你和潛在客戶第一次會面。請問，你希望這次會面有什麼收穫？如果你的預期是簽下一份新訂單，肯定是在做白日夢。我不是說這不可能，因為的確是可能的。比如你來的時機剛剛好，比如目標客戶對原來的供應商十分失望。再比如市場環境發生變化，這個公司突然十分需要你的產品或服務——這實在是一種好運。補充一下，好運只會降臨在那些積極的、提前準備的人身上。當然，如果沒有一定的水準，幸運是不會降臨的。每個成功的人都會說他們的成就包含運氣成分。而那些沒有發揮潛力的人，常常會認為自己運氣不好。

　　想想你自己吧。你是那種能把事情做出來的人，還是那種看著別人做出來的人，或是那種別人做出來了還不太相信的人？不管屬於哪一種，如果想要改變，主動權仍然在你的手中。

099

第三章　提升訂單成功機率

　　比較現實的目標是初次會面能夠確定下次會面的時間，或者至少讓對方覺得你真的是很不錯的人。要讓目標客戶喜歡這次會面，而不是認為浪費了他們的時間。換句話說，為建立新的人際關係打下良好基礎，也許這個人將來會為你推薦好客戶。我可能有點囉嗦，但是做生意全在於人和人際關係。一定要記住，要讓每個你遇到的人，都成為你和你的品牌的形象大使。

　　我們再回到第一次會面的提問技巧上。這一般都以「怎樣、什麼、為什麼、何時、哪裡」開始。除了收集交談時要用到的產品和服務相關資訊外，也不要忽略你的終極目標──推銷自己。我已經說過，要達到這一點，必須對別人表現出真誠的興趣。所以，不要害怕問一些看起來有點私人的問題。比如，「您到這裡多久了？」、「您以前是做什麼的？」、「您怎麼加入這個行業的？」、「您最大的挑戰是什麼？」、「目前最讓您困擾的是什麼？」

■ 第一次會面要有所期待

　　現在總結一下兩類人。第一類是有點害羞的人，一般比較內向，而且害怕和陌生人見面。如果你就是這種人，我要打消你的顧慮。在我 40 幾年的商旅生涯中，曾經和數不清的人見過面，可以說，只有兩次讓我覺得對方特別粗魯、討厭。這兩次會面大約只有 5 分鐘，而且以我的不悅結束，我的話大概是這樣的：「你看起來非常忙。你打電話給我就是為了增加你的利潤、多賺點錢、生意做得更大、活得更瀟灑。不過現在顯然不是合適的時間。再見！」而其他情況，我覺得人們都非常友好、友善、考慮

周全並令人愉快。不過，我承認，不是每次見面都能做成生意。

所以，對初次會面要有所期待，想著自己會遇到非常好的人。這也會幫助你調整自己的思考方式。

現在，讓我們來看看比較極端的例子。有些人覺得自己是重要人物，有點自命不凡。但很不幸，這種人一般不會買這種書，不過，應該有人送他們一本！如果你真的是個大人物，做出這個樣子，那還不算太糟。我所能說的就是，你應該在下意識中變成更有親和力的人，讓別人願意和你做生意。最大的風險在於這種人認為自己已經無所不知，而且認為自己完全沒有必要去培養更好的性格，覺得我的建議沒有什麼新鮮的。我們不妨問問這些人，你們拓展了多少新的生意？

初次會面的幾種結果

我們現在對成功的初次會面做個總結。一般只有五種可能的結果。

第一種，你發現沒有拓展新生意的可能性。你的產品或服務與對方的需求沒有連繫，或者你無法達到對方的要求。在這種情況下，應盡快結束會面，沒有必要浪費彼此的時間。不過你可以利用這個機會，請對方為你推薦。可以這麼說：「非常感謝您的接待，不過顯然目前我們之間暫時沒有合作的空間。如果處於我這樣的情況，您覺得我應該和誰談一談比較好？」

第二種，禮貌拒絕。換句話說，對方不想更換現有的供應商，也沒想過現在要和你做生意。我想強調，這在將來可能是個好的機會。不要輕易放棄。我會在下一章中詳細解說。

第三種，目標客戶表示安排你和該公司其他人員會面。這顯然是非常

第三章　提升訂單成功機率

好的結果。在安排見面的時間之前，你還應該做進一步的努力。可以這樣措辭：「嗯，這真是個好主意。我們都知道大家的時間比較難協調，不如我們現在就定下來。我們至少都知道自己的時間，這樣比較好開始。」

第四種，目標客戶想親自和你確定更詳細的會面細節。這當然也是非常好的結果。像上一種情況一樣。要確定好時間才能離開。可以使用這樣的言辭：「太好了！我的日程表帶在身邊呢，為了節省時間，現在就把日期定下來吧。」這樣能夠確定對方是不是真的想和你再詳談，否則，你可能是在和那種很沒勁的客戶打交道，表面上說「下次再談」，實際上根本就沒有這個意願。

最後一種是少見的幸運情況，目標客戶希望你能提供他們提案、報價或預算。在你走出辦公大樓前要控制住自己激動的情緒。事實上，你應該再次採取主動，所以，下一步要做的就是準備檔案、報價、提案或預算。這裡有另一個黃金定律：盡量消滅我方可能產生的風險。真的想要贏得生意，就不要用信函、電子郵件、傳真寄送這些檔案，應該親自攜帶並遞送到對方手中。

可以這樣說，但措辭要符合你的個性。「謝謝您，X 先生（女士）。今天是星期三。我們會盡快做出來，我可以下週再過來。我什麼時候來更合適呢？是週一還是週二，上午還是下午？」如果他或她回答說：「不，沒必要再見面，只要用電子郵件或信函寄給我們就可以了。」你應該回答說：「帶過來會更節省您的時間。而且您可以告訴我們，我們所提供的是不是你們所需要的。」

另外舉個例子，我們需要一個建築師設計住宅。我們選擇了三名建築師，每個人都來面談並記錄了一些細節。一名建築師非常及時地做出回應，以信件提供提案要點和闡述。最後一句話是：如果需要進一步的服

> 初次會面的幾種結果

務，請隨時聯繫我。你可以想像，我最先看的是什麼，當然是價格。而提供者故意有所隱藏，不過我還是找到了。然後我收到了第二封信件，和第一封幾乎一樣，最後一句話也相同。第三位打電話給我，說他準備了幾個想法，如果可以的話，希望能和我們見面。我回答說：「當然可以。」他又問我妻子什麼時候有空（他很清楚決定權在誰手裡），我們確定了見面的時間。需要補充的是，見面的時候我發現他的服務絕不是最便宜的，理念也不是最好的。不過他給予我們充分的信心，相信他能夠做好這個專案，於是，他得到了合約。其他兩位卻沒有再跟進聯繫我們，這樣的人居然也在生意場上。

　　要點就是：不要把下一步留給客戶，也不要把自己放入那種老套的、窮追不捨的境地。

　　你會發現，在信件的結尾讓別人來聯繫你是極大的錯誤策略。我們都知道對方不會這麼做，結果你不得不一再地去追蹤情形，形成窮追不捨的樣子。在某種特殊的情況下，你可能不得不透過信函、電郵、傳真來寄送提案。注意要在最後這樣寫：「希望這裡面有您感興趣的內容。我會在24小時內打電話給您，確定您已經收到，並了解您感興趣的地方。」這樣的預先準備會使你仍然掌握主動權。當你們見面或會談時，你就有機會這麼問：

「您對我們的提案滿意嗎？」

「您覺得怎麼樣？」

不要忘記結束時說：「我會再打電話給您。」

這都是生意場中幾種比較體面、受人尊重的表達方式。

　　再總結一下，第一次會面一般有5種結果，其中4種都非常好，只有一種比較糟糕。這已經算是比較高的潛在成功率。

第三章　提升訂單成功機率

▍積極聆聽

　　我們都知道，好的談話絕不是單方面的。想要真正擁有好人緣，培養傾聽的技巧是非常有用的。你越善於傾聽別人的表達並作出適當的回應，他們也就越能夠聽進你的話，並給予你良好回應。別人說話，你越注意去聽，你說話時他們也會更加集中注意力。這可以定義為積極聆聽。想一想人們擁有兩個耳朵和一個嘴巴，所以要多聽。如果你能使傾聽成為表達的兩倍，這個技巧非常有益於你的業務。這表示你的關注和關心。集中注意力，不要走神去想下一個問題應該如何回答，聽別人正在說什麼。不過，想一想別人為什麼會那麼說倒不是不可以。

　　在商業會談中，做做筆記是很好的行為，這會加深你的記憶。但有時候應該先徵求對方的同意，一般不會遭到拒絕。我建議不要使用錄音設備，除非你是記者，這當然非用不可。不要打斷他人的說話，在回答前也應該停頓一下。停頓會為你所講的話增加力量，也表明你的回應是經過思考的。有些人喜歡說得快，而有些人說話卻特別慢。只要掌握好平衡就可以了。注意自己說話有沒有漏洞並及時做出巧妙修補。

　　在第一次會面中，一定要注意從對方的角度來思考。在傾聽對方的談話時，要觀察他們的表情和肢體語言。

　　如果選擇到正確的目標客戶，而且他們已經接納你這個人，肯定也會接受你的產品或服務。應該在初次會面的時候，讓對方知道你已經帶給其他客戶了哪些有益的成果。如果由於你的業務性質不方便公開其他公司的名稱，不妨提供 1～2 個成功的案例或故事，並應該和目標客戶的興趣及行業有緊密連繫。即使是眾人皆知的觀點，我也會再次提及。很多沒有接

受過銷售技巧培訓的人，總會不斷犯錯，因為他們完全不按我所說的去做。

沒有人喜歡聽你說自己在哪方面有多麼聰明能幹，這和他們沒有什麼關係。這遠遠不會為你加分，只會讓人失去興趣。

也不要問太多你並不太熟悉的私人問題。我一般在去掉別人的姓而只叫對方名字的時候，會先徵得對方同意。不過我從一開始就會讓對方叫我理查。

多提解決問題方案

在第一次會面時還有一點需要記在腦中。要注意給予對方問題解決者的印象，而不是麻煩製造者的形象。簡單說明一下。我們最近想把浴室裝修一下。來競價承包的四位水電工中有三位嘆著氣、搖著頭對我們說了一大堆先前沒有想到過的問題。只有一個人能恰當地分析每個問題，而且只討論解決問題的方案。雖然他的報價比別人還貴了一點點，我最後還是和他簽訂合約。人們做決定的方式是不是不合常理？的確，這一般都沒有什麼邏輯。

用什麼方式進行第一次接觸

你必須確定要透過電話還是信件進行第一次接觸。我推薦信件，不過，有些情況下，打電話也非常合適。

第三章　提升訂單成功機率

信件

　　在第一封信（表 3-1、3-2、3-3）之後才能打「跟進電話」，然後才能促成面對面的會面。第一封信件中，我建議不要包含宣傳冊或產品目錄。可以在見面後再給。我承認，如果你的生意和顧客有直接聯繫，這個建議可能並不適合你。有時候他們可能更適合被動行銷。你可能想要直接把宣傳冊或產品目錄送給你的目標客戶。

　　如果你正在製作這樣的小冊子或傳單，應該明確寫出客戶能夠得到哪些好處。我得再次提醒你不要把注意力都放在自己的生意、產品或服務上，你應該強調自己能夠為潛在客戶做什麼，這之間有很大的差別。

　　在我的商業培訓研討會場上，我會要求學員在喝咖啡的時候把自己介紹給周圍的人，並問對方他們的業務是什麼。我強調你的業務一定要對人有益處。換句話說，採用你的產品或服務會得到什麼效果。有一次，我走向一位學員，問：「您是做什麼的？」他猶豫了一分鐘，說：「我做的是讓人們能在家裡感到更舒服的工作。」我說：「嗯，有意思。您是怎麼做的呢？」他說：「我們生產椅子。」這個故事的核心就是，我們都對產品或服務的結果感興趣，而不是對產品、服務本身感興趣。

尊敬的史密斯先生：

　　請允許我向您介紹我和我的公司。

　　這封信的目的在於告訴您本公司產品／服務／經營範圍的進展，您可能會對此有興趣。

　　我不知道目前您是否有時間考慮這些，所以，我會在 2 到 3 天內致電給您，以確定我們是否可以進行一次簡短的會面，我將就您感興趣的內容進行更詳細的介紹。

非常期待與您對話!

致禮!

公司名稱

職位

姓名

年月日

表 3-1　商對商信件樣板

尊敬的史密斯先生:

請允許我向您介紹我和我的公司。

我們專門提供 XXX,我相信我們的部分產品／服務是您所感興趣的,並能夠為您解決大筆資金。

不知道您目前是否有興趣了解,我會在 2 到 3 天內致電給您,看看我們能否有時間見面商談。

致禮!

公司名稱

職位

姓名

年月日

表 3-2　商對商信件樣板

107

第三章 提升訂單成功機率

親愛的喬：

您可能已經聽說我們提供了最具CP值的服務，並不是我們自吹，而是來自顧客的回饋。

寫這封信的目的，是希望能夠知道您最近是否能夠安排簡短的會面時間，也許我們將要達成的共識，會對喬‧布羅格斯協會有所裨益。

我會在2到3天內致電給您，會面時間大約是20到25分鐘。

致禮！

公司名稱

職位

姓名

年月日

附：我們會在盡可能的情況下降低價格、提升服務、簡化手續。

表3-3　商對商信件樣板

再舉個例子。你在社交聚會上遇到一個人，並向對方進行自我介紹，然後問對方是做什麼的。如果他說：「我是賣壽險的。」你可能很想另外找個人交談。如果他回答說：「我為那些突然遭受巨大變故或損失的人提供服務。」你可能會說：「是嗎？您是怎麼做的呢？」

太多宣傳冊或傳單是對金錢的巨大浪費。它們不過是生意人追求自我滿足的方式。宣傳冊或文字內容必須能在2～3秒鐘內就抓住別人的目光，能讓受眾透過電話、電子郵件等簡單的方式聯繫到你，並迅速地給予回應。

> 用什麼方式進行第一次接觸

打電話

比起其他辦法，這可能是很多人不喜歡甚至感到頭痛的方式。坦白說，唯一的理由就是害怕被拒絕。有些人會說：「我太忙了」或「不，我不感興趣」。不過，事實上並沒有那麼糟糕。

程序應該是這樣。打電話給公司，如果有人轉接，你可以這樣說：

「我找約翰‧史密斯，謝謝。」

對方一般會問：

「您是哪位？」

你應該回答：

「理查‧丹尼。」（回答你自己的名字。）

不要加上某某先生、小姐、女士等。也不要對接線員浪費時間，說：「請問能幫我轉接給史密斯先生嗎？」或者更糟糕的是：「我能和史密斯先生講話嗎？」

很少有接線員或前臺受過適當的訓練，他們的回答一般是：

「您是哪裡？」

我的回答一般是：

「Moreton-in-Marsh（我公司的總部）。」

於是，電話的另一頭出現死一般的沉寂，最後我的電話被轉接了。接線員被弄得一頭霧水：那是地名還是公司的名字？他們想迅速擺脫這種感覺，於是幫你接通電話。他們只是不知道如何處理這樣的回答。

如果他們問你所在公司的名稱，直接明說即可。如果問為什麼打這通

第三章　提升訂單成功機率

電話，就說這和你們之間的通訊有關。

如果由於某種原因，無法接通電話，要記得說你會再打來，並問問什麼時候合適。

讓我們繼續看看電話接通後怎麼約好見面時間。

「您好，史密斯先生。我是理查‧丹尼集團的理查‧丹尼，能占用您幾分鐘時間嗎？」

（對方的回答。）

「您收到我的信了嗎？我在信中說過，打電話來是想確定一下，您是否對我們公司的新產品／服務有興趣。我不知道現在是否合適，能不能在您方便的時候見個面呢？我不確定您的時間安排，不過，不知道週四上午9點20分是否方便？或者下週的某個時間也可以。」

我們來分析一下這個非常簡單的致電程序。一定要記住你的表述要和你的性格以及行業相互吻合。

‧不要在電話中討論產品的細節。如果在電話裡就能銷售出去，你又何必約他見面呢？如果必須談論產品或服務，只說它們的效果。不過，最好還是另外找時間討論這點。

‧不要做無法解釋的陳述。

‧不要將會面時間定在整點，讓人感覺你好像要在那待上一個小時似的。

‧不要將會面時間定在半點，那將暗示這次會面的時間是半個小時。

‧選擇不那麼常見的時間點，表明見面會非常簡短。我再重複一次：決策者的時間非常寶貴，因此，憑什麼讓他從自己的時間帳戶裡為一個陌生人提出一個小時來呢？

・如果對方說:「為什麼不在郵件裡說呢?」按照常理肯定會說:「我想和您見面就是想向您介紹您非常感興趣的那一部分。除此之外,史密斯先生,我真的很想認識您呢。」

講個小故事。有一次我上課的時候。一位衛生安全產品經理(非常想銷售衛生安全產品)問我,為什麼他想約客戶見面那麼難。我問他當時是怎麼說的,他說,我採用了您提供的辨識決策者的所有方法,並致電給他們。我問是否能和他們談談衛生安全方面的問題。你可以想像,他得到的大多數回答是:「我現在特別忙。」他遇到很大的阻礙。我建議他採用以下措辭(根據他自己的個性調整):「× 先生／女士,為了減少衛生安全方面的投訴,我能否和您談談如何在這方面幫您節省資金和時間呢?」

上述例子可以看出,很少人能夠在做生意時正確行事。記得向你的潛在客戶或顧客闡述他們會有什麼收益。

語音留言

我們使用語音留言的次數逐漸增多。如果你正在跟進郵件,並需要留言,這時有兩個選擇:是留言還是再次致電。我的建議是再打一次電話。想讓你的對象回你電話是徒勞的。在我的經驗中,只有最優秀的商業人士才會回電話。那些沒什麼組織能力的普通商人是不會這麼做的。我的建議是在正常的工作時間之外再打電話,或者從前臺、祕書那裡獲得目標聯繫人的手機號碼。

這一般比較難,所以,有個小技巧。在要手機號碼的時候,使用這樣的措辭:

「能幫幫我嗎？（停頓，等待回答）我答應史密斯先生致電給他，但好像彼此錯過了時間。你有他的手機號碼嗎？我直接聯繫他好了。」

打電話的技巧

- 打電話時要保持微笑。這會展現更好的風度。
- 要有熱情。熱情是很有感染力的。
- 在拿起話筒前，要有所準備。
- 在打電話前想好自己要達到什麼目的。
- 以充分的同理心從他人的角度思考問題。

這一章講的都是你的前期準備工作——你的命運和成功都掌握在你自己的手裡。這是你應該掌握的地帶，也是最安全的地帶。下面再提供一些技巧。研究顯示，主導市場的公司：

- 設立銷售目標的意願比其他公司高60%。
- 採納商業發展專家的意願是其他公司的兩倍。
- 在提前尋找推薦合作人方面的意願比其他公司高30%。
- 透過策略夥伴確保1／3以上的客戶。
- 與推薦合作夥伴達成一致的可能性是其他公司的3倍。

成功的釣魚者知道釣魚是有挑戰性的，需要思考、謀劃、選擇合適的魚餌。好的誘餌就是能夠吸引潛在顧客的措辭。此處提及的辦法非常有用，已經經過了千百次驗證。

會用合適的魚餌

　　生意上取勝也不外乎如此。最關鍵的部分是贏得新客戶的策略。我想你已經知道這一思考方式的目的在於提前行動，換句話說，就是走出去尋找新的生意，而不是在家等電話或郵件這種被動和消極的方式。我知道你可能會透過電話、電子郵件、信件獲得生意。不過你應該盡快回應——最好是在接到詢價後的一個小時之內。用你的速度來表明效率，用打電話進行答覆。記住那些向你詢價的人也會向別人詢價。

　　透過電話回應會大大提升成交機率。因為交談會讓你知道目標客戶真正需要或想要什麼。如果你的產品或服務無法滿足對方的需求，不如告訴他們哪裡可以得到他們想要的東西，這也能增加你的聲譽。記住你在經營一個品牌，每次人們和你的品牌接觸，要讓他們留下好的印象。有時候，透過這種交流，會為你打開另一扇做生意的大門。人們是否會向你詢價和聲譽、推薦人、促銷、推廣活動以及網站有關。

　　我建議每個有業務的人都擁有一個網站。網路貿易增長得很快，網站的創立要以目標客戶為中心。每一個企業都必須培養「以消費者為中心，以服務為指標」的優勝文化。因此，要從他人的角度來檢視問題。當目標客戶造訪你的網站時，他們想要迅速了解的是：

你是做什麼的；

你能為對方以及對方的業務發展做什麼；

網站的導航是否清晰；

網站是否定期更新。

一定要摒棄一切浪費時間的花哨玩意兒。使最新的有效資訊能被便捷

第三章　提升訂單成功機率

獲取是成功的關鍵。（如果想知道我是不是說一套做一套，可以造訪我的網站：www.denny.co.uk。衷心感謝您提出任何寶貴意見。）如果沒有人造訪，無論網站做得多麼花枝招展都沒有意義。因此，必須對它進行推廣。我在這方面不是專家。如果你需要幫助，發個郵件給我，我們會幫助你找到正確的發展方向。

除了被動回應，在主動出擊前，我們應該注重其他有用的資源：

行業名錄中的名字；

電話黃頁簿中的名字；

廣告（沒錯，有時候是很有用的）；

宣傳單；

雜誌或報紙的插頁；

公關活動。

上述所有方式中，成本效益最高的就是公關活動。最近的一次經濟衰退使英國有400多萬人失業，我製做了兩捲錄影帶，一捲關於如何找到工作，一捲關於怎樣通過面試。我們進行市場調查，針對可能會觀看的目標人群，花了5,000英鎊刊登1／4版面的廣告。這些錄影帶每捲5.99英鎊，透過廣告我們大約賣出100捲。一份雙週刊報紙《經理人郵報》（*The Executive Post*）看過錄影帶後給予正面評價，而且非常友善地登出我們公司的詳細資訊，結果我們共賣出400多捲。

這是非常寶貴的經驗。雖然我們打廣告的媒體會被很多失業人士閱讀，但這些人並不見得都打算對自己投資（例如透過學習提升自己的工作技能），也許他們認為找工作是政府對他們應負的責任。而《經理人郵報》的讀者都是經理或專業人士（相對於前者更有定向性），他們會覺得重新

獲得工作是自己的責任。必須補充一下，廣告費花了很多錢，但所得到的教訓卻足夠讓我使用無數次，這本身就是一項好的投資。我們都知道，所有人都是從犯錯中學習的。這件事情中的錯誤就在於未能對市場和目標顧客進行良好判斷。我應該調查哪些人願意對自己投資，而不是認為那些失業者就是潛在顧客。這個教訓告訴我，必須先由自己做一些研究，判斷產品市場，然後將品牌與市場結合。

舉個例子來說，阿斯頓馬丁（Aston Martin）汽車並沒有在《每日鏡報》（*Daily Mirror*，我十分敬重這份報紙）刊登廣告，這是因為它的讀者並不是他們的目標客戶。阿斯頓馬丁對自己的客戶有非常清晰的了解，並利用目標客戶最有可能閱讀的媒體進行有針對性的推廣。另一個例子是零售商特易購，他們的目標客戶和 Waitrose 公司很不一樣。

你想和什麼人做生意

現在我們回到釣魚的主題。在釣魚的比喻中，你沒有捕魚船。很多捕魚船只要撒開漁網就能夠捕獲他們想要的大魚。而你是只有一根釣竿的垂釣者。所以，第一步是確定你的潛在客戶或顧客：你想要和什麼樣的人做生意？誰會從你的產品或服務中受益？這乍看之下可能很明顯，不過，我告訴你，這真的很難準確地判斷出來。

如果你在商家對商家的部門任職，你也許可以列表清楚寫出目標客戶。比如公司名稱、決策者姓名、職位、地址、電話。在做這張表的時候，我建議你參考圖 3-4。

太多失敗的生意都是因為他們把自己的業務範圍鋪得過廣。當然，目

第三章 提升訂單成功機率

標區域取決於業務的類型。比方說，不妨設定你的業務範圍半徑是1英哩，這1英哩內會有更多潛在客戶。而有些人會把這個半徑定義為20英哩。半徑太大浪費了大量錢財，從而導致生意失敗。太大的目標區域也不利於在地公關活動和促銷活動的實行。人們更願意和當地人做生意而不是遠端交易。

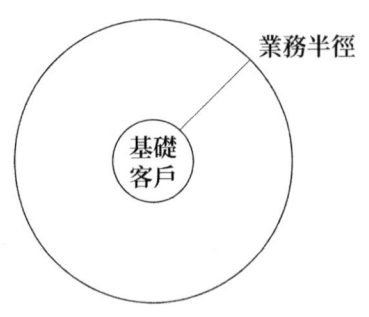

圖 3-4　你未來的客戶

那些生意失敗的人可能會陷入自己在做國際或全國市場的自我陶醉中。實際上，這個規則也有例外（比如，你的顧客希望能和你進行遠端交易），不過我不喜歡把自己的薪水或財運押在例外的事情上。可以透過問自己這個問題來確認你的目標客戶：我所力推的東西會讓他們感興趣嗎？

1970年代，我當時在為全球最大的專利經營公司 Service Master 做廣告。最初進入美國時，它對單個經銷商讓渡了較大的經銷區域，比如芝加哥、舊金山和紐約地區。不過它很快就發現這不利於經銷商開發潛在的客戶，因此它不得不針對合約重新進行談判並重新劃分經銷區域。拆分一直在進行，而且每一次拆分，新的經銷商的收益都會大於那些擁有整個地區的上一級經銷商。現在，這些大城市大約有20個經銷商。這一方式在全世界得到了驗證。給經銷商太大的區域不利於充分發掘潛在顧客。在完成這個清單的時候，顯然要清楚確認決策者的姓名。這個人掌握：

管道或資金；

權力；

需求；

　　有研究專門測試了業務員在對決策者進行推銷的成功率。一般情況下，這個比例可以達到45%。相反地，如果業務員的推銷對象是決策者的代理人（就是那些說「別著急，他們會聽我的建議的」的人），成功率會降到8%。這足以說明情況。

　　所以，致電給公司，並直接向接線員說：「可以提供一點幫助嗎？」（停頓，等待對方回答。）「誰負責……？」以獲知姓名（要確認名和姓）以及此人喜歡的稱呼。最後，再確認一下：「是不是×先生是負責採購……」有些情況接線員可能會說：「不，是z女士負責。」你知道名字後，不要直接轉接到此人。如果對方問你為什麼想知道這個名字，可以說你希望信件能夠直接送達此人（小小的技巧），因為這個人曾向你要一些資料。

　　如果有困難，也有可能從該公司網頁獲得這些資訊。

　　作為指導，我希望每個成功的生意人都能建立有至少50人的資料庫，這些人都是想要和你做生意的人。當然，這可以慢慢新增。

第三章　提升訂單成功機率

第四章
成功前要行動

　　成功地將一個好主意付諸實行,比在家裡空想出 1,000 個好主意更有價值得多。沒有行動,再遠大的目標只是目標,再完美的設想也僅僅是設想,想要使其變為現實,必須付出行動。

第四章　成功前要行動

▍拿訂單要起身行動

　　成功地將一個好主意付諸實行，比在家裡空想出 1,000 個好主意更有價值。沒有行動，再遠大的目標就只是目標，再完美的設想也僅僅是設想，想要使其變為現實，必須付出行動。

　　在很久很久以前，有兩個朋友，相伴一起去遙遠的地方尋找人生的幸福和快樂。一路上，兩個人風餐露宿，在即將到達目標的時候，遇到了一片風急浪高的大海，而海的彼岸就是幸福和快樂的天堂。關於如何渡過這片海，兩個人產生不同的意見：一個建議採伐附近的樹木造一艘木船渡過海去；另一個則認為無論用什麼辦法都不可能渡得了這片海，與其自尋煩惱和死路，不如等這片海流乾了，再輕輕鬆鬆地走過去。

　　於是，建議造船的人每天砍伐樹木，辛苦而積極地製造木船，並順便學會游泳；而另一個則每天躺下休息睡覺，然後到河邊觀察海水流乾了沒有。直到有一天，已經造好船的朋友準備揚帆出海的時候，另一個朋友還在譏笑他的愚蠢。

　　不過，造船的朋友並不生氣，臨走前只對他的朋友說了一句話：「去做一件事不見得一定能成功，但不去做就一定沒有機會成功！」

　　能想到躺到海水流乾了再過海，這確實是「偉大」的創意，可惜的是，這卻是注定永遠失敗的「偉大」創意。

　　這片大海終究沒有乾枯，而那位造船的朋友經過一番風浪最終到達了彼岸，這倆人後來在這片海洋的兩個岸邊定居下來，也都各自繁衍了許多子孫後代。海的一邊叫幸福和快樂的沃土，生活著一群我們稱為勤奮和勇敢的人；海的另一邊叫失敗和失落的原地，生活著一群我們稱之為懶惰和

懦弱的人。

臨淵羨魚，不如退而結網。與其羨慕幻想，不如馬上行動。有條件卻不做等於沒有條件，沒有條件可以在做的過程中創造條件。想法只有化作行動，才有可能達成願望，否則想法永遠是想法。

想到了就去做，人的潛能是無法預測的。只要有好的想法，然後立即行動，相信誰都可以成功，關鍵端看是否將想法付諸於行動。

從前有兩個和尚，一個很有錢，每天過著舒舒服服的日子，另一個很窮，每天除了唸經時間外，就得到外面去化緣，日子過得非常清苦。

有一天，窮和尚對有錢的和尚說：「我很想去拜佛，求取佛經，你看如何？」

有錢的和尚說：「路途那麼遙遠，你怎麼去？」

窮和尚說：「我只要一個缽、一個水瓶和兩條腿就夠了。」

有錢的和尚聽了哈哈大笑，說：「我想去也想了好幾年，一直沒成行的原因就是旅費不夠。我的條件比你好，我都去不成，你又怎麼去得了？」

然而，過了一年，窮和尚回來，還帶了一本佛經送給有錢的和尚。有錢的和尚看他真的實現了願望，慚愧得面紅耳赤，一句話也說不出來。

我們並不能在行動之前把所有可能遇到的問題通通消除，但是我們可以在行動中克服各種困難。

正因為有不少人總想著等到有100％把握才行動，反而陷入行動前的永久等待中。有的人甚至連一個小小的願望都要等到所有條件都滿足後才開始行動。你不可能等到所有條件都成熟後再行動。如果是那樣，恐怕也就錯過最佳時機了。

第四章　成功前要行動

　　正因為如此，很多人一輩子做不成一件事情，永遠處於等待中。只有那些想到就馬上動起來的人，才是真正能改變現狀的人。

　　「想到就去做」這好像是一句廣告詞。說起來，人人皆知，可又有幾個人能真的「想到就去做」呢？

　　美國成功學家格林（Robert Greene）演講時，曾不止一次對聽眾開玩笑說，全球最大的航空快遞公司——聯邦快遞（FedEx）其實是他構想的。

　　格林沒說假話，他的確曾有過這個主意。1960年代格林剛剛起步，在全美為公司做仲介工作，每天都在為如何將資料在限定時間內送往其他城市而苦惱。

　　當時，格林曾經想到，如果有人創辦一個能夠將重要資料在24小時之內送到任何目的地的服務，該有多好！

　　這想法在他腦海中停留了好幾年，他也一直和人談起這個構想，遺憾的是，他沒有採取行動，直到一個名叫弗列德·史密斯（Frederick Wallace "Fred" Smith）的人（聯邦快遞的創始人）真的把它轉換為實際行動。由此，格林也就與開創事業的大好機會擦身而過了。

　　格林用自己的故事現身說法：成功將一個好主意付諸實行，比在家裡空想出1,000個好主意更有價值。沒有行動，再遠大的目標只是目標，再完美的設想也僅僅是設想，想要使其變為現實，必須付出行動。

　　可見，行動才是最終的決定性力量，無論你的計畫多麼詳盡、言辭多麼動聽，不開始行動，就永遠無法達到目標。在一生中，我們有著種種計畫，若能夠掌握一切憧憬，將一切計畫付諸執行，那麼，事業上所取得的成就將是多麼偉大！

目標是行動的指南

對於一艘盲目航行的船來說,所有的風都是逆風。

很多人隨波逐流,空忙一生,一事無成⋯⋯這一幕幕悲劇的根源,就在於缺乏自己的人生目標。要知道,目標是行動的指南,沒有或迷失了方向,行動就很難成功,更不會有所成就。

1960年,美國哈佛大學對當年的畢業生進行一場關於人生目標的調查,調查結果顯示:27%的人,沒有目標;60%的人,目標模糊;10%的人,有清晰但比較短期的目標;只有3%的人,有清晰而長遠的目標。

1985年,即25年後,哈佛大學再次對這一批畢業生進行追蹤調查,結果如下:3%的人,25年間他們朝著既定的方向努力不懈,現在大都成為社會各界的成功人士,其中不乏行業領袖、社會菁英;10%的人,他們的短期目標不斷實現,成為各個行業、各個領域中的專業人士,大都生活在社會的中上層;60%的人,他們安穩地生活與工作,但沒什麼特別突出的成績,他們大都生活在社會的中下層;剩下27%的人,他們的生活沒有目標,過得很不如意,並且常常在抱怨他人、抱怨社會、抱怨一切,他們掙扎在社會的最底層。其實,他們之間的差別僅僅在於:25年前,有些人知道自己的人生目標,而另一些人不清楚或不是很清楚自己的人生目標。想要獲得成功,最重要的不是我們現在所處的位置,而是我們行動的方向。

古羅馬的小塞內卡(Seneca the Younger)說過:「有些人活著沒有任何目標,他們在世間行走,就像河中的一株小草,他們不是行走,而是隨波逐流。」人生有了目標,好比手裡握有生命之旅的車票,你能確切地知道

第四章　成功前要行動

自己該去哪裡，何時靠站，何時到達。沒有目標，人生也就沒有方向，也就缺乏生活的動力，就如同面對一個看不見的對手，你握緊了拳頭卻不知道該打向哪裡。

《富比士》（Forbes）世界富豪、日籍韓裔富豪孫正義19歲的時候，曾作過一個50年生涯規畫：20多歲時，要向所投身的行業，宣布自己的存在，30多歲時，要有1億美元的種子資金，足夠做一件大事情；40多歲時，要選一個非常重要的行業，然後把重點放在這個行業上，並在這個行業中取得第一，公司擁有10億美元以上的資產用於投資，整個集團擁有1,000家以上的公司；50歲時，完成自己的事業，公司營業額超過100億美元；60歲時，把事業傳給下一代，自己回歸家庭，頤養天年。現在，孫正義正在逐步實現著他的計畫，從一個柏青哥小老闆的兒子，到今天聞名世界的大富豪，孫正義只用了短短的十幾年。

富人與窮人的區別就在於富人有自己明確的奮鬥目標。想要成為富人就必須確立成為富人的目標，然後堅定不移地向你認為正確的方向努力。當確定好人生方向時，才能成為一艘有航行目標的船，任何方向的風都會成為順風。當你達成第一桶金後，便會發現賺第二個100萬比第一個100萬簡單容易得多。

那麼如何確認目標呢？又怎麼實現目標呢？你只要按照下面的要點去做就行了：

1. 目標必須是明確的、可達到的。明確地寫出你的答案。比方說，如果想做個企業家，那麼你想從事哪一行業，主要做什麼業務？一定要盡可能地明確。

2. 把目標寫下來並問自己為什麼要實現這個目標。把目標寫在紙上，

同時列出實現目標的好處和理由。好處和理由越多,你就越能意識到目標的重要性和必要性,從而更有動力和緊迫感。你可以把目標寫在卡片上隨身攜帶,經常作為參考,也可以把目標深埋在心中。

3. 制定實現目標的期限。沒有期限,就等於沒有目標,有期限才會有壓力。

4. 明確了解實現目標過程中的困難和障礙。在一張紙上寫出實現目標的過程中可能會遇到的困難和障礙,然後根據重要性和難度設定優先順序,再仔細考慮解決問題的方法。

5. 找出能提供幫助的人和組織。列出在實現目標的過程中,哪些人或者組織能為你提供幫助。一個人的能力畢竟有限,藉助他人的力量,很多事情就能迎刃而解。

6. 根據目標制定計畫。如果目標過於長遠和虛無,你最好將目標細分為計畫。為目標制定切實可行的計畫,一定要明確詳細,年有年計畫,月有月計畫,週有週計畫。

7. 不斷調整和完善目標。社會和條件是不斷變化的,所以,必須根據實際情況調整和完善目標。

8. 按期評估和考核。沒有評估和考核,缺乏監督和調整,一切目標都沒有意義。

9. 馬上行動,放手去做。沒有行動,再好的計畫也只是夢想。

心理學家經過調查發現,成功人士大都有兩個共同點:第一,明確知道自己的目標;第二,能夠朝著目標堅持行動。目標是人生的核心動力,是效率的加速器,是戰勝困難的自信心。所以,從現在就開始,向著你的目標行動吧!

第四章　成功前要行動

▌成功其實很簡單

　　成功真的很簡單。因為在我們身邊，許多偶然的事件之中蘊含著巨大的機遇。只要細心觀察，發現機遇，積極行動，你就有可能改變人生。

　　香莢蘭（Vanilla）是一種豆科植物，它在花落後會結出豆莢形的果實。成熟的香莢蘭果實晒乾變黑後，就會成為散發濃郁香味的香料，這種香料，被廣泛用於食品和化妝品。由於產量低，其價格僅次於番紅花，是世界第二昂貴的調味料「香料之王」。最初，香莢蘭只生長在墨西哥，這是因為只有墨西哥特有的長鼻蜂才能使其授粉結果。因為香莢蘭果實珍稀且貴重，當地的印第安人部落經常為了爭奪它而發生武力衝突。

　　1793 年，南印度洋留尼旺火山島上的居民，引進了香莢蘭和為之授粉的長鼻蜂。那年春天，香莢蘭在島上生長茂盛，並開出淡黃色的花朵，這令留尼旺人很高興。但令人們想不到的是，那些長鼻蜂竟然出了問題：它們無法適應火山島上的生活，最後全數死去，而當地蜜蜂對這種外來植物毫無興趣。

　　香莢蘭的花期短暫，每朵花只開一天，沒有授粉者，就代表著這些花朵將全部凋謝卻結不出一顆果實！人們心急如焚，只能眼看著花謝而絕望。

　　有一天，一個心有不甘的留尼旺人偶然用手捻了一下香莢蘭花的花蕊，沒想到這一捻竟捻出奇蹟，不久以後，這株香莢蘭結出香氣四溢的果實。如此這般，島上的人們才發現，香莢蘭是雌雄同體的植物，沒有長鼻蜂，人工也可以為它授粉。這個發現，使得香莢蘭的足跡開始遍及世界。

　　如今，每當香莢蘭花開時，人們只要隨身攜帶一根長長的針，刺一下花蕊，就完成了授粉任務。

香萊蘭的故事告訴我們：有時，奇蹟與我們只相隔一朵花的距離，有些人因為無動於衷、消極等待而失之交臂，而有些人只是動了一下手指，奇蹟就出現在眼前。所以，只要積極行動，努力嘗試，成功其實也可以很簡單。

　　與海水相比，空氣到處都有，呼吸即得，那麼，你有想過要販售空氣嗎？大都市裡的人們往往生活在汙濁的空氣中，早已有人打起空氣的主意，比如冷氣、加溼氣、負離子產生器，等等。然而，這些玩意兒雖然有一定的效果，但仍不能使人有如置身於大自然的感覺。

　　有一位日本人機敏地抓住了這個機會，把山林、田野、草地間的清新空氣收集起來，生產出不可思議的產品──只有一股氣的「空氣罐頭」。

　　對那些日夜飽受汙濁大氣之苦的大都市有錢人來說，一打開空氣罐頭，迎面而來的是一股股真實清新的大自然氣息，閉上眼睛便可以體會到置身山林、田野、草地的感覺，那可真是心曠神怡的享受啊！結果，空氣罐頭銷路出奇地好，那個日本人也發了大財。

　　看來，成功真的很簡單。因為在我們身邊，許多偶然的事件之中蘊含著巨大的機遇。只要細心觀察，發現機遇，積極行動，你就有可能改變人生。

▍絕不為自己找藉口

　　沒有人與生俱來就會表現出能與不能，是你自己決定要以何種態度去面對問題。保持一顆正向、絕不輕易放棄的心去面臨各種困境，而不要讓藉口成為工作中的絆腳石。

　　世界上最容易辦到的事是什麼？很簡單，就是找藉口。狐狸吃不到葡

第四章　成功前要行動

萄，就找個藉口：葡萄是酸的。我們都譏笑狐狸的可憐，但又不自覺地為自己找藉口。

在我們日常生活中，常聽到這些藉口：上班晚了，會有「路上塞車」、「鬧鐘壞了」的藉口；考試不及格，會有「出題太偏」、「題目太難」的藉口；做生意賠本有藉口；工作、學習落後也有藉口……只要有心去找，藉口總是有的。

久而久之，就會形成這樣一種局面：每個人都努力尋找藉口來掩蓋自己的過失，推卸自己本應承擔的責任。於是，所有的過錯，都能找到藉口來承擔，藉口讓你喪失責任感和進取心，這對於生活和工作都極其不利。

年輕的亞歷山大繼承馬其頓的王位後，擁有廣闊的土地和無數的臣民，可是這並不能滿足他的野心。有一次，亞歷山大因一場小型戰爭離開故鄉，他的目光被一片肥沃的土地吸引，那裡是波斯王國。於是，他指揮士兵向波斯大軍發起進攻，並在一場又一場戰鬥中打敗了對手。隨後陷落的是埃及。埃及人將亞歷山大視為神一般的人物。盧克索神廟中的雕刻顯示，亞歷山大是埃及歷史上第一位歐洲法老。為了抵達世界的盡頭，他率領部隊向東，進入一片未知的土地。二十多歲的時候，他就已經擊敗阿富汗地區的領袖。接著，他又馬上對印度半島上的王侯展開猛烈進攻……

在僅僅十多年的時間裡，亞歷山大就建立起面積超過 200 萬平方英哩的帝國。因為他在任何情況下都不找藉口，即使條件不足，他也毫不猶豫地去創造條件。

做事沒有任何藉口。條件不足，創造條件也要實行。美國成功學家拿破崙·希爾（Oliver Napoleon Hill）曾言：「如果有自己繫鞋帶的能力，就有上天摘星的機會！」讓我們改變對藉口的態度，把尋找藉口的時間和精

力用到努力工作中。因為工作中沒有藉口，失敗沒有藉口，成功也不屬於那些找藉口的人！

第二次世界大戰時期的著名將領蒙哥馬利元帥（Bernard Law Montgomery）在回憶錄《我所知道的二戰》（The Memoirs of Field-Marshal Montgomery）中提到一則故事：

「我要提拔人的時候，常常把所有符合條件的候選人集合在一起，向他們提出希望他們解決的問題。我說：『夥伴們，我要在倉庫後面挖一條戰壕，8英呎長、3英呎寬、6英寸深。』說完就宣布解散。我走進倉庫，透過窗戶觀察他們。

「我看到軍官們把鍬和鎬都放到倉庫後面的地上，開始議論為什麼要他們挖這麼淺的戰壕。有的人說6英寸還不夠當火炮掩體。其他人爭論說，這樣的戰壕太熱或太冷。還有一些人抱怨他們是軍官，這樣的體力勞動應該是普通士兵的事。最後，有個人大聲說道：『我們把戰壕挖好後離開這裡，那個老傢伙想用它做什麼，隨他去吧！』」

最後，蒙哥馬利寫道：「那個傢伙得到了提拔，我必須挑選不找任何藉口完成任務的人。」

一萬個嘆息比不上一個真正的開始。不怕晚開始，就怕不開始。沒有第一步，就不會有萬里長征；沒有播種，就不會有收穫；沒有開始，就不會有進步。因此，千萬不要找藉口，再困難的事只要嘗試去做，也比推辭不做更好。

第四章　成功前要行動

▍懶惰是精神腐蝕劑

懶惰是精神腐蝕劑。因為懶惰，人們不願意爬過一個小山崗；因為懶惰，人們不願意戰勝那些完全可以戰勝的困難。

有位哲人說過：「懶惰，像生鏽一樣，比操勞更能消耗身體——經常使用的鑰匙總是閃閃發亮。」懶惰，不但讓你一事無成，還會貽害無窮。

誰都知道，深海裡氧氣稀薄，但為了生存，很多動物不得不配合深海裡的環境來進化自己：它們盡量減少活動或者乾脆不動，長期蟄伏在一處，以減少身體對氧氣的需求。所以，儘管深海裡環境惡劣，還是有不少動物頑強地生存下來。最近，在美國一間海灣水族館研究所，由克雷格‧麥克萊恩（Craig McLean）主導的研究發現，生活在深海裡的動物漸漸減少的原因，居然不是因為氧氣減少，而是因為氧氣增多。

在南加州海域，就因為移植了大量含氧海藻，而導致許多深海動物消失。人們以為含氧海藻能夠改善深海動物的生存環境，沒想到反而害了那些動物。因為含氧海藻是能夠製造氧氣的深海植物，是普通海藻造氧量的100倍。

照理來說，增加氧氣對深海對魚類而言應該是有益的事，可是因為千百年來，那些長期蟄伏於一處不動的深海動物已經適應了缺氧的環境，突然有新鮮的氧氣注入，便容易產生氧氣中毒。不會氧氣中毒的方法只有一個，那就是迅速改變原有的生活習慣，改靜止為動態。只有不停游動，才能夠加速呼吸，讓過量的氧氣排出體外，如此一來，過量的氧氣不但對牠們構成不了威脅，反而會讓牠們更加具有活力。

所以，生活在深海中的動物很快便會分為兩種：一種因為無法改變自

己原有的「懶散」生活習性而變得無所適從，甚至被「淘汰」；而另一種則一改往日的靜止而變得快速行動，因為適應有大量氧氣注入的新環境而變得「如魚得水」。

克雷格・麥克萊恩最後得出結論：不是氧氣害了那些深海動物，而是牠們自己的懶惰習性。

對從事任何種類工作的人而言，懶惰都是墮落、具有毀滅性的東西。懶惰、懈怠從來沒有在世界歷史上留下好名聲，也永遠不會留下好名聲。只有多行動，依靠自己的辛勤勞動，才能創造美好未來。

20世紀初葉，一個泥水匠在美國洛杉磯北部一條鐵路附近建了一座很漂亮的塔。他在那裡打工時認識了一個比他小20歲的少女。他天天買甜餅給她吃，後來二人漸漸產生感情，少女就嫁給了他。他為她而買下一塊空蕩蕩的荒地，住處像工舍、很簡陋，但後院卻很大。妻子堅持要在後院修建一個游泳池，起初他聽從了她的想法，但後來還是不顧她的阻攔把游泳池拆掉，要改建成一座塔。修塔的時候，他也說不上有什麼目的。他讓自己的孩子和鄰近的兒童去撿碎酒瓶和破瓷片，並將收集來的碎片黏貼在塔上。妻子認為建塔沒有什麼用，他不聽，妻子就帶著孩子們走了。他一個人每天一點一點地建，總共花費34年的時間，終於把塔建成了。

但最後他卻走了，把房子、院子和塔都交給鄰居老爺爺看管。當地警長要拆毀這個塔，說它不安全，倒下來會砸傷人。可一位大學教授呼籲社會全體保護那座塔，並請來力學專家鑑定塔的安全性。專家用10,000磅的拉力也無法拉倒，證明塔是堅固的，於是作為重點文物保存下來，那位大學教授也因保護那座塔而聲名遠播。

世界上有很多事情最初是看不出它的端倪的，就像是那個泥水匠建的

第四章　成功前要行動

塔，他隨意而建，毫無目的，當日積月累地建成後，就成為建築藝術珍品，就成為珍貴的文化遺產。那位支持他的大學教授對那座塔進行過多年研究，並在舊金山找到了已 78 歲的建塔老人。大學教授把他請上講臺，請他向大學生進行學術報告，談論當年建塔的原始衝動。他說：「我當初建塔就像咳嗽一樣地忍不住。」大學生們笑了，教授補充說：這是老先生的幽默，而我們應該領會到他所表達的真理，那就是藝術家都有最原始的創作衝動。

　　大多數靈感都像咳嗽一樣忍不住，會產生一種原始的衝動，而將那種原始衝動付諸實施，就會成就一件藝術珍品或者某種發明創造。當然，原始衝動也是厚積薄發的，它源自於勤思與實踐。一個懶惰的人，靈感是不會造訪他的。

　　懶惰是精神腐蝕劑。因為懶惰，人們不願意爬過一個小山崗；因為懶惰，人們不願意去挑戰那些可以戰勝的困難。因此，生性懶惰的人不可能在社會生活中成為成功者，永遠是失敗者。成功只會造訪辛勤勞動的人們。

在行動中完善自己

　　只有付出行動，親身實踐體會，得到的才是真正屬於自己的見識和智慧。

　　有座倉庫裡放了兩把犁，其中一把滿是鐵鏽，另一把卻無比光亮。生鏽的犁嫉妒地看著它熠熠生輝的鄰居說：「為什麼你這麼光滑帥氣，我卻全身烏黑，毫無光彩。不公平，我要求平等！」光滑的犁說：「我的光彩來

自於我的艱辛勞動。」

　　同樣是犁，為什麼一把鏽跡斑斑，另一把光亮如新？很簡單，差別就在於行動。勤於行動，才能讓自己保持光亮。同樣的道理，只有在行動中，人才能夠完善自己。

　　一個年輕人因為失業生活漸入窘境，走到海邊準備自盡。一個老者對他說：假如手中有一粒沙子，扔向沙灘，很難在沙灘中找回這粒沙子；但假如是一顆閃閃發光的珍珠，扔向沙灘，就能飛快地從沙灘中找回珍珠。

　　我們都在同一個起跑點上，要使自己脫穎而出，首先得讓自己變得不同尋常，使自己比其他人更加優秀！

　　那麼，要怎麼變得優秀呢？如何才算優秀呢？優秀是一種習慣，生命更是個過程。因此，我們要從行動中完善自己，因為行動決定習慣，習慣決定性格，性格決定命運！因此可以說，行動決定一個人今後的命運！

　　英國劇作家蕭伯納（George Bernard Shaw）說過：行動是通往知識的唯一道路。只有把理論和實踐結合起來，在行動中完善自己，才能真正得到屬於你自己的知識。否則，即使滿腹經綸，學貫中西，那也都是別人的知識和理論，並不能轉化為自己的智慧和能力。

　　戰國時期，王子期駕馭車馬的技術非常高超，世人皆知。趙襄子來向王子期學習駕車。可是，學了很久，與王子期駕車比賽時，他總是落後。趙襄子認為王子期沒有把最好的技術教給他。王子期解釋說：「主公，我怎敢不把駕車的所有技術都教給您呢？您在幾次比賽中失敗，主要原因是只懂駕車理論卻不會運用呀！我在比賽時，不會太在意輸贏，而是想盡一切辦法讓馬跑得舒適流暢些；您卻一心一意想爭先，根本不顧馬的死活，因此總是不能爭得第一。」

第四章　成功前要行動

　　趙襄子向王子期學習駕車很久，比賽時卻總是落後，原因在於他不會在實踐中運用學到的知識。想要知識轉化為實踐能力，需要在社會生活中反覆實踐、反覆運用。課本上學到的東西，不在實踐中廣泛運用，並在實踐中不斷總結經驗，就不會轉化成自己真正的才能。

　　「讀萬卷書，行萬里路」，就是提倡深入實際、深入生活、深入實踐，有好多知識非得在實踐中才能學得到。從現代科學的角度來看，人的能力有30多種，能透過書本學到的只有那麼幾種，更多能力需要師法自然，在實踐中鍛鍊提升。這就是多數好動、愛實踐的學生日後成才的原因。

　　在科技進步一日千里的今天，人們不出門就可以知道天下事。但是傳聞和簡單的介紹具有局限性，自己親身經歷的才真正可靠。有段順口溜說得好：

　　「不到印度不知道人還得給牛讓道；不到新加坡不知道四周都是水還得向別人要；不到西班牙不知道被牛拱到天上還能哈哈大笑；不到奧地利不知道連乞丐都可以彈個小調；不到丹麥不知道寫個童話可以不打草稿；不到斯堪地那維亞不知道太陽也會睡懶覺；不到巴西不知道衣服穿得很少也不會害臊；不到智利不知道火車在境內轉個彎都很難辦到……」

　　美國作家馬克・吐溫（Mark Twain）說過：「只有透過實踐，別人的智慧才能成為你的經驗！否則你和藏書櫃有什麼區別呢？」所以，在行動中完善自己這個道理適用於任何時候、任何階段，只有自己付出行動，親身實踐體會，得到的才是真正屬於自己的見識和智慧。

　　「讀萬卷書，行萬里路」，就是知行合一，這對於人生很有意義。

儀表是人的門面

人們在不了解一本書之前，通常都是看書的封面來判斷書的好壞。同樣地，在不了解另一個人之前，都是看他的穿著。

著名寓言家克雷洛夫（Ivan Andreyevich Krylov）寫過一篇寓言：有個聰明人去參加朋友的聚會。朋友家養了一隻非常乖巧的狗，看到有客人進門就走過去，搖頭擺尾，好不殷勤。客人們紛紛誇獎狗聰明，主人被誇獎得飄飄然：「只要外人一進門，牠就會大聲吠叫。」

聰明人這時候剛好趕到，朋友的狗猛烈地吠叫起來。聰明人笑著對朋友說：「難道我是外人？我又不是第一次來，為什麼總是對我叫呢？」朋友只好尷尬地辯解：「可能牠還沒熟悉你的氣味吧。」

聰明人笑了笑，說要玩個遊戲。眾人被引發興致，紛紛表示支持。

聰明人找來一套做工精良的衣服，給外面一個流浪漢穿上。流浪漢穿上衣服後，大搖大擺地進這位朋友的家門，狗跑上去搖頭擺尾。這時候，聰明人笑著對大家說：「從某種程度上來說，這是隻聰明的狗，牠能辨別衣服的好壞。看來我下次不穿好一點，是進不了這個門了！」

眾人恍然大悟，原來這隻狗只認衣服不認人啊！

通常人們在不了解一本書之前，都是看書的封面來判斷書的好壞。而在不了解另一個人之前，則是看他的穿著。根據科學家研究，人其實是很感性的動物，人們往往會不由自主地根據第一印象來判斷一個人，而且一旦形成一種判斷就很難消除。人們給他人的第一印象中，有95%是來自儀表，因為人的表面有95%被衣服所包裹著。

第四章　成功前要行動

所以，第一印象中，穿著是決定性因素之一。海倫仙度絲廣告中有句話，「你沒有第二次機會給人留下第一印象」，非常經典，也非常正確。

衣冠楚楚的儀表能告訴別人：「這裡站著一個精明能幹、很有前途，並且能擔當重任的人，值得受人器重與信任。由於他很尊重自己，因此我也要尊重他。」

而衣著邋遢者就令人不敢恭維了。他們的儀表就告訴別人：「這是個落魄的人，不修邊幅，毫無效率，是可有可無的小人物。他根本不值得認真重視。」

美國知名業務員透納在擔任印刷廠業務員時，是一位善於著裝的人，登門推銷時，第一次他可能穿著寬鬆套頭毛衣；第二次來訪就會換上白襯衫、紅領帶、西裝革履；第三次則會是牛仔褲、T恤……總之他的服裝色彩、樣式搭配非常和諧，簡直像在做時裝秀。也正因為如此，他使顧客留下很好的印象。

透納主要推銷印刷業務，一般公司的廣告設計、圖表、檔案配色、配圖、剪接、圖案、選定字型等都要求印刷廠具有敏銳的感官，而這位業務員的著裝變化，正顯示出這方面的能力，從而贏得顧客的信任，進而擴展產品的銷售。

注重自己的衣著，的確是個良好習慣。整潔、乾淨、得體的衣著，既給自己自信的感覺，也是對他人的尊敬，它展現出良好的個人修養。一個人的穿著打扮也顯示一個人的偏好、價值觀、審美觀、人生觀和個性，你正是以穿著向世界展示著你是一個什麼樣的人。

勤奮天下無難事

勤奮能塑造卓越的偉人，也能創造最好的自己。大多數有作為的人，無一不與勤奮有著深厚的緣分。

古人說得好：一勤天下無難事。勤奮能塑造卓越的偉人，也能創造最好的自己。愛因斯坦（Albert Einstein）曾說：「在天才和勤奮之間，我會毫不遲疑地選擇勤奮，她幾乎是世界上一切成就的催化劑。」高爾基（Maxim Gorky）也曾說：「天才出於勤奮。」卡萊爾（Thomas Carlyle）更激勵我們說：「天才就是無止境地刻苦勤奮的能力。」

大多數有作為的人，無一不與勤奮有著深厚的緣分。古今中外著名的思想家、科學家、藝術家，無不是以勤奮耕作走向成功的典型。

西元 1601 年的一個傍晚，丹麥天文學家第谷・布拉赫（Tycho Brahe）躺在床上，生命垂危。他的學生德國天文學家克卜勒（Johannes Kepler）坐在一張矮凳上，傾聽著老師臨終的話：「我一生以觀察星辰為工作，我的目標是 1,000 顆星，現在我只觀察到 750 顆星。我把我所有的底稿都交給你，你把我的觀察結果出版出來⋯⋯你不會讓我失望吧？」

克卜勒靜靜地坐著，點了點頭，眼淚從臉頰上流下來。

為了不辜負老師的囑託，克卜勒開始勤奮工作。但是他的繼承引起布拉赫親戚們的妒嫉，不久後，他們合夥把作為遺產的底稿全部收了回去。無情的挫折沒有使克卜勒屈服，他日夜牢記著老師的託付「我的目標是 1,000 顆星」。克卜勒頑強地進行觀測，每天只睡幾個小時，吃住都在望遠鏡旁邊，開始了枯燥單調的天文工作。751、752、753⋯⋯20 多年過去了，終於在西元 1627 年，克卜勒實現了老師的遺願。

第四章　成功前要行動

　　天才出自於勤奮，偉大來自於平凡的努力，沒有人能隨隨便便成功。沒有細緻耐心地勤奮工作，也不會有巨大成就。

　　所謂勤，就是要人們善於珍惜時間，勤於學習，勤於思考，勤於探索，勤於實踐，勤於總結。看古今中外，凡有建樹者，在其歷史的每一頁上，無不用辛勤的汗水寫著一個閃亮的大字——「勤」。

　　德國偉大詩人、小說家和戲劇家歌德，前後花了58年的時間，收集大量資料，寫出對世界文學和思想界產生巨大影響的詩劇《浮士德》；馬克思寫《資本論》，辛勤勞動、艱苦奮鬥了40年，為此閱讀數量驚人的書籍和刊物，其中做過筆記的就有1,500種以上。

　　記得有人說過：「天才之所以能成為天才，只不過是因為他們比一般人更專注、更勤奮罷了。」的確，沒有人能只依靠天分成功。上天只能給人天分，只有勤奮才能將天分變為天才。

　　曾國藩是中國歷史上最有影響力的人物之一，然而他小時候的天賦卻不高。有一天在家讀書，他把一篇文章反反覆覆地朗讀了不知道多少遍，還是無法背下來。這時候有小偷來到他家，潛伏在屋簷下，希望等曾國藩就寢之後撈點好處。

　　可是等啊等，就是不見他睡覺，一直反覆讀那篇文章。賊人大怒，跳出來說：「這種水準讀什麼書？」然後將那文章背誦一遍，揚長而去！

　　賊人是很聰明，至少比曾先生還要聰明，但是他只能成為賊，而曾先生卻成為近代史上的風雲人物。其中奧妙何在？無非一個勤字。「勤能補拙是良訓，一分辛苦一分才。」

　　可見，取得任何一項成就，都與勤奮密切相關，古今中外，概莫能外。偉大的成功和辛勤的勞動是成正比的，有一分勞動就有一分收穫，日

積月累，從少到多，奇蹟就可以創造出來。

無論多麼美好的東西，人們只有付出相應的勞動和汗水，才能懂得這美好的東西是多麼得來不易，因而愈加珍惜它。如此一來，人們才能從這種「擁有」中享受到快樂和幸福。

如果能試著按下面的方法去做，就能變得勤奮，你的努力也會更加有效：

1. 要做一些自己喜歡的事情；學會自己作決定，哪怕是已定的事情也要學著自己決定一下；從小事開始，先做一些有把握成功的事情；把激發自己熱情的事情記錄下來；珍惜生命；鼓勵自己，和熱情的人相處。

2. 會休息的人才會工作。充分休息，自我放鬆，培養愉快的心情。在正向的心態下行動，才能事半功倍。

3. 做詳細具體的計畫，讓自己的工作有計畫、有規律，然後努力把眼前的事情做好。

4. 只顧忙碌而不注重效率也不行，所以要做好時間管理，讓自己的努力更有效率。

5. 絕不拖延，只有這樣，才能養成今日事今日畢的好習慣。長此以往，便可擁有可貴的特質——勤奮。

要學會提升效率

在生活中，只知道工作而不講求效率的大有人在。如果你努力去做了，還是得不到相應的結果，就應該考慮自己是否要改進方法、提升效率。

有個工人找到一份伐木廠的工作，待遇不錯，他很滿意。上班第一

第四章　成功前要行動

　　天，工人接過老闆給的斧頭就開始賣力地工作。一天下來，工人砍了 22 棵樹，老闆知道後很高興，誇獎他做得不錯。

　　工人聽到很開心，第二天工作更有幹勁，但卻只砍了 19 棵樹。工人很鬱悶，第三天更加努力工作，還讓自己加班，結果居然只砍了 13 棵樹。

　　工人很沮喪，覺得自己沒用，於是準備向老闆道歉。老闆聽了情況後，問道：「那麼，你多久磨一次斧頭呢？」

　　工人有點摸不著頭緒，說：「我砍樹都來不及了，哪有時間磨斧頭啊？」

　　不要覺得這個伐木工人好笑，其實在生活中，這樣只知道埋頭苦幹而不講求效率的大有人在。如果已經努力去做，還是得不到相應的結果，就應該考慮自己是否需要改進方法、提升效率。

　　效率是生活和工作中的重要要點，效率能不斷改善績效，讓你事半功倍，從而走向成功。伯利恆鋼鐵公司就是透過改進效率從而創造奇蹟的範例。

　　伯利恆鋼鐵公司領導人查理斯・舒瓦普（Charles M. Schwab）曾會見效率專家艾維利（Ivy Lee）。會見時，艾維利說可以在 10 分鐘內給舒瓦普一樣東西，這東西能使他的公司業績至少提升 50%。然後他遞給舒瓦普一張白紙，說：「在這張紙上寫下你明天要做的最重要的六件事。」

　　過沒多久，他又說：「現在用數字標明每件事情對於你和公司的重要性次序。」這花了大約五分鐘。艾維利接著說：「現在把這張紙放進口袋。明天早上第一件事情就是把這張字條拿出來，做第一項。不要看其他的，只看第一項。著手辦第一件事，直至完成為止。然後用同樣方法對待第二件事、第三件事⋯⋯直到你下班為止。如果你只做完第一件事情，那不要緊。你總是在做最重要的事情。」艾維利繼續說道：「每一天都要這樣做。

要學會提升效率

你對這種方法的價值深信不疑之後，請你公司的人也這樣做。這個實驗你想做多久就做多久，然後將支票寄給我，你認為值多少就給我多少。」整個會面持續不到半個鐘頭。幾個星期之後，舒瓦普寄給艾維利一張25萬美元的支票，還有一封信。信上說從錢的觀點來看，那是他一生中最有價值的一課。五年之後，這個當年不為人知的小鋼鐵廠一躍成為世界上最大的獨立鋼鐵廠，有人說，艾維利提出的方法功不可沒。這個方法為舒瓦普賺得一億美元。從這個故事裡我們可以知道，注重效率往往能事半功倍，發揮出意想不到的威力。畢竟，磨刀不誤砍柴工。正因為如此，許多企業才會捨得下工夫來改進設備和技術以提升效率。

傑出的管理專家威爾許（Jack Welch）認為，低效率主要是由時間管理不科學、做事缺乏安排和秩序以及缺乏自我肯定心態造成的。所以，要提升效率，當務之急就是要做好三件事：改善時間管理、妥善安排、正向地自我肯定。

作好時間管理，能大幅度提升你的工作生活效率。高效率的成功者一定善於管理他的時間，能夠妥善安排自己的工作和生活。在時間管理方面，下面這些方法可以大大提升你的效率：

1. 事有輕重緩急之分，所以我們應該養成這樣的工作生活習慣：在開始每一項工作時，必須首先讓自己明白什麼是最重要的事、什麼是我們最應該花最多精力重點執行的事。

2. 工作中使用「日常備忘錄」，做最重要的事情。把一整天必須要做的最重要的工作寫在備忘錄上，按重要程度編上號碼。早上一上班，馬上從第一項工作開始做，一直到完成為止。再次查看你的次序安排，然後開始做第二項。

第四章　成功前要行動

3. 每天定時完成日常工作，為要做的事情設定最後期限，並且讓你的工作生活環境井然有序。

4. 安排好隨時可進行的備用工作，以不浪費你的時間；要學會利用零碎的時間。

5. 運用統籌法，不要猶豫和等待，杜絕拖延，立即行動。

6. 注重團隊合作，積極尋求別人幫助。

做到有效說話

釣具是形式，釣魚才是真正的內容，也就是目的。釣具應圍繞釣魚這個中心，否則一味追求形式，再漂亮的釣竿也釣不到魚。同樣的道理，言語再漂亮，如果空洞無物，那就是沒有意義的廢話。

青蛙和雄雞有什麼不同？生活在水邊的青蛙，牠們不分白晝黑夜，總是叫個不停，以此來顯示自己的存在。可是，即使叫得口乾舌燥、疲憊不堪，也沒有誰會去注意牠們到底在叫些什麼。司晨的雄雞，它只在每天黎明到來的時候按時啼叫，然而，「雄雞一聲天下白」，天地都要為之震動，人們紛紛開始全新一天的勞動。兩者比較起來，說那麼多話又有什麼好處呢？只有準確掌握說話的時機和火候，努力把話說到重點上，才能引起人們的注意，收到預想的效果。

其實，在我們的現實生活中，那些像青蛙一樣，不顧時間、地點與場合，整天廢話連篇的人還真不少。誇誇其談而不注重行動的人最令人反感，成功也永遠不會造訪這些華而不實、光說不做的人。他們應當從這篇寓言中吸取教訓，改掉誇誇其談的壞毛病，向司晨的雄雞學習，恪盡職

守，多做實事，少說空話。廢話不能改變什麼，務實簡潔、有效說話才是應有的說話方法。

在美國西點軍校，有一項廣為傳誦的悠久傳統，學員遇到軍官問話時，只能有四種回答：「報告長官，是！」、「報告長官，不是！」、「報告長官，不知道！」、「報告長官，我沒有任何藉口！」除此以外，不能多說一個字。久而久之，西點軍校就養成雷厲風行、簡潔有效的說話方式。正是憑藉這種說話方式，無數西點畢業生在人生的各個領域取得了非凡成就。

你也許會反駁：「既然人人都要學少說話，那麼乾脆不說話好了。」其實不然，少說話固然是美德，但人們既然生活在現實社會中，只能少說而不可完全不說。既要說話，又要說得少，且說得好，能夠言辭務實，有效說話，這才是好口才。

蘇秦是戰國時期的政治家、外交家，滿腹經綸，智慧超人。他縱橫六國，名揚天下，向他求教的人越來越多。他有個叫蘇晉的姪子，特別崇尚他的辯論技巧，便向他求教。蘇秦指點了他很多次，效果總是不明顯。

於是，蘇秦便告訴姪子一則小故事：「從前有個有錢人，非常喜歡釣魚，為了顯示他釣魚的技巧，刻意裝飾了他的釣具：用金子做魚鉤，用香木做魚餌，用翡翠做垂子，在釣竿上還包上了綢緞，特別好看。可是，這麼昂貴而又美麗的釣具竟然釣不上來一條魚，你知道這是為什麼嗎？」

姪子恍然大悟，說：「我明白您的寓意了，言語務實最為重要。」

釣具是形式，釣魚才是真正的內容，也就是目的。釣具應圍繞釣魚這個中心，否則一味追求形式，再漂亮的釣竿也釣不到魚。同樣的道理，言語再漂亮，如果空洞無物，那就是沒有意義的廢話。

第四章　成功前要行動

魯迅說過：「空談之類，是談不久，也談不出什麼來的，它最終會被事實的鏡子照出原形，露出尾巴而去。」所以，我們要小心發言，而且要「說好話、會說話、有效說話」，話說出口之前先思考一下，不要莽莽撞撞地脫口而出，更不要漫無邊際、侃侃而談，要說實話，說有效的話，把話說到重點上。想要走向成功，有效說話也是關鍵！

▌總有一天會輪到你

人生道路上有很多事情都是這樣──只要不斷努力，堅持下去，成功總有一天會降臨。

香港知名演員陳小春在接受記者採訪的時候說過一段很有道理的話：「我的師傅是袁信義，他和八爺袁和平都是袁小田的兒子。我第一天進電影圈的時候師傅就和我說，在這個圈子，你不放棄的話，總有一天會輪到你。我問為什麼。他說你看看我爸爸袁小田，他拍了很多電影，直到80歲，和成龍大哥拍《醉拳》才紅起來。這句話到今天我都記得：只要你不放棄，總有一天會輪到你。」

的確，人生道路上有很多事情都是這樣──只要你不斷努力，堅持下去，成功總有一天會降臨到你身上。

埃迪・阿卡羅（Eddie Arcaro）夢想成為世上最偉大的騎師，但只要看他騎5分鐘的馬，就能發現他相當笨拙。這現實對他來說有點殘酷。他總是一出發就落在後面，之後不是陷入重圍無法衝到前面，就是磕磕絆絆出事故。他在最早參加的100場比賽中，從未有過半點獲勝的機會，但是他從不氣餒。

阿卡羅的人生軌道從小學時就注定了。因為他又矮又瘦，同學們都瞧不起他。所以，總是逃學去附近的賽馬場，那裡有個馴馬師允許他騎馬玩。

他父親勉強同意他以賽馬為業，儘管他父親很清楚，他成功的可能性非常渺茫。那位馴馬師曾告訴他父親：「送他回學校吧，他永遠無法成為騎師。」

沒有人對小埃迪‧阿卡羅抱有希望，除了阿卡羅自己。他決心不但要成為騎師，而且要成為世上最偉大的騎師。但是前提是有人願意給他機會。

他堅持不懈地爭取，終於得以參加一場真正的賽馬。比賽還沒結束，他的馬鞭和帽子都丟了，連他自己也差點從馬鞍上墜落。等跑完賽程，其他的騎師已經在返回馬廄的路上了——他被遠遠地拋在最後。

此後，阿卡羅四處尋找參加賽馬的機會。最後，一位馬主出於憐憫，給予阿卡羅機會。他堅定不移地支持阿卡羅，儘管阿卡羅參加了上百次比賽也從未獲獎。他仍在這個不走運的騎師身上看到一種東西，一種難以名狀的東西。也許是潛力，也許是堅韌，也許只是固執。不管怎樣，再也沒有人提出要打發他回家。當然，阿卡羅也絕不肯半途而廢。

漫長的歲月裡，他始終一文不名、四處漂泊，幾乎沒有朋友。他斷過幾根骨頭，多次死裡逃生。許多次他不足160公分的瘦弱身軀被馬蹄踐踏，但他總是重整旗鼓回到馬鞍上。

不知何時轉機出現了。阿卡羅開始取勝，一場勝利接著另一個場。失敗不再是他的專利，相反地，每次他都把失敗拋給了對手。

在30年的賽馬生涯中，他共贏得4,779場比賽，成為歷史上唯一在肯塔基賽馬會上獲勝五次的騎師。1962年他退休時已經成為百萬富翁，有

生之年一直是個傳奇人物。

從離開學校踏上賽道那一刻，埃迪・阿卡羅已經為自己的生命設定了終點線。儘管這場比賽持續了 30 年，但他從未放棄，直至衝過終點線。

邱吉爾在演講中一段話，讓世人一直牢記於心。這段話就是：「我的成功祕訣有三個，第一是決不放棄；第二是決不、決不放棄；第三是決不、決不、決不能放棄。」邱吉爾正是憑藉這種信念帶領英國度過難關，取得第二次世界大戰的勝利。其實，人生何嘗不是如此呢？只要不放棄，勝利和成功總會屬於你。

■ 成功存在於行動中

付出行動，不一定就能成功，但是不去做，就一定不會有機會成功。

世界上最遠的距離是什麼？是嘴和手之間的距離。當代人最缺的不是好的創意和構想，也不是能言善辯的雄辯口才，而是行動力。一個人能否取得成功，不在於學了多少、說了多少、想了多少，而在於做了多少。因此，說到和做到之間的距離確實可以算是最遙遠的距離，當然也可以算是最近的距離。關鍵在於，能不能「現在行動，馬上去做」。

貓是老鼠的天敵，老鼠們因深受貓的襲擊而感到十分苦惱。有一天，為了共同的利益，牠們聚在一起開會，商量用什麼辦法對付貓的騷擾，以求平安。會議上，提出了多種方案，但都被否決，最後一隻小老鼠站起來提議，牠說在貓的脖子上掛個鈴鐺，只要聽到鈴鐺響，我們就知道貓來了，便可以馬上逃跑。這真是個絕妙的辦法，大家對這個建議報以熱烈的掌聲。

> 成功存在於行動中

　　終於，這一決議全票通過，但始終產生不出計畫的執行者，高薪獎勵、頒發榮譽證書等等辦法一個又一個地提出來，但無論什麼高招，好像都無法執行這一計畫。至今，老鼠還在自己的各種媒體上爭辯不休，也經常舉行會議⋯⋯。

　　這則寓言說明，僅有想法是無濟於事的，必須找到有效的執行方法。成功只存在於行動中，無論心中所想像什麼偉大的成就，沒有行動，就不可能成功。所以，想做的事，就立刻去做！

　　很多人抱怨自己有決心，有計畫，就是無法成功。其實，這些人非常愚蠢，只守著成功的欲望，不行動，成功怎能垂青於你？好好想一想，自己是否每天都在下決心，然而每天都無所事事？自己是否胸懷大志，慷慨激昂，但是從來沒有付諸行動？記住，有了夢想和計畫，就一定要動手去做，哪怕只是從一件很小的事情開始。做完一件事，就會覺得向希望靠近一步，信心也能由此增加。否則，夢想將會永遠遙遙無期。因為，成功只存在於行動中。

　　羅伯特・嬌生（Robert Wood Johnson）是西伯里和嬌生公司的合夥人之一，有一天他無意中得知生物學家約瑟夫・李斯特（Joseph Lister）關於細菌的研究成果，覺得大有可為。1886 年，他們幾位兄弟成立了自己的公司──嬌生公司，並且開始推銷滅菌紗布。隨著醫學界逐漸意識到細菌感染的威脅，形勢開始對嬌生兄弟有利。到 1910 年，公司發展到需要 40 棟工廠來生產醫療設備。1920 年的一天，公司一位名叫厄爾・E・迪克森（Earle Dickson）的職員向同事展示他在家裡使用的自黏繃帶。厄爾用一小塊紗墊黏在膠帶上，從而把一些繃帶黏在一起，用以保護家人的割傷或擦傷傷口。公司立即意識到這項小發明的潛能，不久「邦迪OK繃」就進入了千家萬戶。

第四章　成功前要行動

　　從這個故事裡我們可以得知，成功只存在於行動中，沒有行動，再好的想法也是空談，就好比99°C的水少了1°C就不能沸騰。溫水和開水的差別就在於這微不足道的1°C。然而，這一步之遙、一度之差又總是艱難和智慧的一躍，是成功與失敗的分水嶺。這一步，歸根結柢，就是行動。

　　一個好的主意，縱使有成百上千人聽到，但真正會採取行動將其付諸實踐的卻往往寥寥無幾。你付出行動，說不定就能成功，但是不去做，就一定沒有機會成功。英國前首相邱吉爾曾指出，雖然行動不一定會帶來滿意的結果，但不採取行動就絕無滿意的結果可言。所以，如果你想獲得成功，就必須從行動開始，成功存在於行動之中。

　　萬事為之則易，不為則難。凡事都可以在行動中出現轉機。目標有難有易，但只要付諸行動，難的也會變得容易。不行動的話，容易的也會變得困難。所以，從現在開始，行動吧！

■ 好口才不如馬上行動

　　判斷一個人，不是根據他自己的表術或對自己的看法，而是根據他的行動。

　　真正偉大的人，都是透過行動讓人感受到其偉大之處。行動是通往成功的唯一途徑。「世界足球先生」席丹（Zinedine Zidane），與巴西的羅納度（Ronaldo Nazario）同為多次獲得「世界足球先生」稱號的球員。席丹性格比較內向，一直是少說話、多做事的人，因為他深信行動比只說話有用得多，「用球場上的表現說話」也是他的基本職業準則。

　　現實生活中，總有一些只說不做的人。如果仔細觀察他們，也都是一

些不能成大事的人。因為做什麼事,只停留在嘴上是不夠的,關鍵在於落實在行動上,因為只有行動才最具說服力!誇誇其談的人永遠不會有重大作為,只有真正去做的人才會成功。

作家甘納有位女性朋友,有一天這個朋友請求甘納說服她的小兒子不要吃太多糖,她認為大作家說的話更有分量。於是,甘納先生請求那個朋友給他三個月的時間作準備。

三個月後,朋友帶著她的兒子出現在甘納面前。甘納用最簡單的話告訴那個小男孩最好不要吃太多糖,因為會損害健康。如果他能少吃糖,身體會越來越強壯。小男孩馬上就接受了他的勸告。

事後,朋友問甘納:「為什麼這麼簡單的事情你也要準備三個多月?」

甘納笑了笑說:「為了讓說的話更有說服力,我自己必須放棄吃糖三個月。必須以身作則,以行動說話。這樣的話,要說服妳的孩子,就不用費太多口舌了。」

同樣地,著名的科學家富蘭克林(Benjamin Franklin)也是個少說多做的優秀代表。富蘭克林住在費城時,覺得這個城市需要街燈。他清楚地知道,與其費盡唇舌去與反對者爭辯,還不如用實際行動去說服他們。於是他在自家門口掛了一盞很漂亮的燈籠,吸引來來往往的行人目光。

沒過多久,富蘭克林的鄰居也開始在家門口懸掛燈籠。又過沒多久,費城的市民開始準備裝設街燈了。可見,富蘭克林的口才再好,也比不上他的行動更有說服力。

行動比說話有效,再好的口才也比不上行動的力量。行動是成功的階梯,行動越多,登得越高。只有在實踐中鍛鍊,才會得到真才實學。

行動勝於言論,判斷一個人是否有能力,要看他的行動而非言談。戰

第四章　成功前要行動

國時候的趙王就因沒有意識到這一點，錯用只會紙上談兵的趙括為將，從而導致趙國滅亡，重言而輕行的危害由此可見一斑。

有一次，為了談成一宗出口生意，日本本田公司總裁本田宗一郎在濱松一家餐廳招待外國商人。剛出餐廳的門，客人竟不小心讓自己的假牙掉進下水道裡。

本田宗一郎聽說後，二話不說，立即脫了外衣進下水道撈了好一陣子，才找到假牙。

本田宗一郎將假牙撈起來，沖洗乾淨，並消毒處理後，才將它交給客人。完全不抱希望的外國客人深受感動並為之震驚，宴會廳又熱鬧起來，生意當然也做成了。

本田宗一郎這種無聲的行動，一方面在告訴員工：你們也要這樣對待客戶；另一方面也在告訴客戶：我們是最值得信賴的合作夥伴。正是憑藉著這種無聲的行動，本田宗一郎贏得了員工和客戶的心，迅速將本田公司發展壯大。

所以，面對任何一件該做的事，要立即行動。試一試，才知道結果。做，也許會失敗；不做，只有失敗。為此，請記住以下忠告：不要相信那些只會誇誇其談的人，多談不如多做，說得好不如做得好。

第五章

說服技巧

在推銷實戰中,業務員要善於用利益去誘導客戶改變態度,用利益打動客戶的心,激發客戶的購買欲望。

第五章　說服技巧

利益誘導說服法

掌握客戶需求

客戶是業務員的衣食父母，是一切業績與收入的來源。想要讓客戶接受你的推銷，並購買你的產品或服務，就必須了解客戶的需求，然後根據需求介紹和銷售產品。不了解客戶需求就推銷是盲目的行為，也注定無法獲得客戶的接受和歡迎。

在某間電腦專賣店，業務員王磊經過一番交談和詢問，大致了解了張先生的需求。交談告一段落時，張先生沉默了幾秒鐘，這時王磊立刻總結說：「張先生，您要購買的筆記型電腦配置，要求是速度快、硬碟大，主要用來處理圖片，而且要適合戶外辦公，是這樣的嗎？」

張先生抬眼望著王磊說：「是呀！我就需要一臺這樣的電腦，你這裡有嗎？」

由於王磊對客戶的需求掌握得非常準確，所以張先生和王磊很快就達成交易。

把產品特點轉化為客戶利益

業務員在闡述產品的特徵時，要善於把產品的特點轉化為客戶的利益，為客戶指出產品可以為他提供什麼樣的價值。比較標準的介紹方式是：「由於這項……（產品功能），您就可以……（產品效益），也就是說您……（好處）。」

展示產品之後，業務員一定要重點強調產品能帶給客戶什麼好處，以此來誘導客戶的購買動機。最好能在誘導顧客時設計一個場景，以便讓客

戶想像擁有產品的情景。因此，這時一定要掌握好「也就是說……」這句話的內容。

客戶感興趣的手機是 300 萬像素，你要誘導他成交，可以說：

「300 萬像素的手機，相當於數位相機，拍照效果非常清楚，可以用印表機影印出來。現在天氣好，可以拍點自己喜歡的景物，或春遊時拍點照片，為自己留個紀念。」

清楚分析客戶所得利益

使客戶了解促銷活動中能夠得到的利益，是刺激客戶購買欲望的最直接方式。業務員要用適當的方法，讓客戶感覺到最大利益。

業務員可以透過以下方式，讓客戶清楚自己所得的利益。

1. 與促銷活動前對比。業務員可以透過與促銷活動之前的對比，使客戶了解得到的利益。例如：「這個產品原價是 1,000 元，現在促銷，打 9 折，只要 900 元。」

2. 與競爭產品對比。在產品同質化嚴重、競爭激烈，客戶對產品價格非常熟悉的情況下，業務員可以透過與競爭產品的比較，突出促銷活動中客戶能夠得到的利益。例如：「相比那個品牌，現在購買我們這款產品，還可以得到價值 99 元的贈品，多划算啊！」

3. 直接說明降價金額。在推銷活動中，業務員應該盡量說明降價的實際金額。在一場電腦降價活動中，原價 10,000 元的電腦打 9 折銷售。如果業務員對客戶說 9 折銷售，客戶所感覺到推銷力度並不大。而若對客戶說比平時便宜 1,000 元的話，客戶就會覺得很實惠。

4. 抵扣贈品價值。抵扣贈品價值，即將產品推售價格減去贈品價格，

這個價格是客戶購買產品實際花費的金額。透過抵扣贈品價值，可以直觀顯示客戶所得利益。

客戶：「這臺冰箱 2,000 元有點貴，能不能便宜一點？」

業務員：「我們正在舉辦活動，如果您現在購買的話，還另外贈送一個價值 200 元的紫砂鍋，相當於您購買這臺冰箱只用了 1,800 元。」

▌巧用「證明」說服客戶法

客戶為何會有疑問

當業務員向客戶介紹產品時或之後，客戶往往會提出一些疑問、質詢或異議。客戶提出疑問和異議，往往有以下幾個原因。

1. 客戶有誠意購買。調查顯示，提出疑問和異議的人，往往是有誠意的購買者。如果業務員能有效解答疑問，處理異議，就有可能爭取到這一客戶。

2. 客戶對業務員缺乏信任。客戶與業務員初次交往，還難以完全信任業務員或業務員的介紹。

3. 客戶對自己沒有自信。客戶擔心自己產品知識太少，或一時無法完全接受業務員的介紹，需要進一步詢問來證實。

4. 客戶不夠滿意。客戶感到不滿，或從以前就帶有不滿。

5. 客戶的期望沒有得到滿足。客戶抱有不同的期望，若產品達不到其期望值，就會產生不滿，並希望透過提出疑問和異議來達到目的。

6. 業務員沒有提供足夠的資訊。對於客戶關心的問題，業務員沒有提

供滿意的答覆或足夠的資訊，客戶想要進一步了解產品資訊。

用「證明」說服客戶

事實勝於雄辯。向準客戶證實您的銷售重點，是銷售行動中不可或缺的一個環節。只有贏得準客戶的信賴，他才會信任您的說詞。

如何讓客戶相信您說的都是事實呢？證明的方法有很多，下面的方法可供參考。

◆ 實物展示。透過展示實物，以資證明。

◆ 推薦信函。其他知名客戶的推薦信函，也是極具說服力的證據。

◆ 專家證言。用專家發表的言論，證明自己的說詞。

◆ 視覺證明。照片、圖片、產品目錄等，都具有視覺證明的效果。

◆ 檢驗報告。用權威檢測機構的檢驗報告等資料，證明優勢的可信度。

◆ 客戶感謝信。有些客戶會對公司的產品、服務或協助解決特殊問題表示感謝，如致函表達謝意。這些感謝信是有效的證明方式。

◆ 保證書。保證書可分為兩類，一是公司提供給客戶的保證，如一年免費保養維修；一是品質保證，如獲得品質、安全、節能等方面的認證。

◆ 成功案例。可以向客戶提供成功的推銷案例，證明產品受到別人的歡迎，同時也提供客戶想求證的情報。

◆ 公開報導。出示關於產品或服務的公開報導。

一位果汁機業務員在向客戶推銷自己的產品：「我們的果汁機使用方便，價格實惠，您買一個吧！」

客戶：「這個東西看起來不是很結實，會不會很容易就壞了啊？」

第五章　說服技巧

業務員從展示臺上拿起一張報紙交給客戶，對客戶說：「您看一下這篇報導，上面說我們的產品是第一批通過國家品質檢驗機構檢驗的，品質方面您就放心吧。」

利用各種資料進行證明，可以增加客戶對業務員產品說明的信任程度。工欲善其事，必先利其器。業務員在平時就要留意收集各種證明資料。

運用第三方影響力

在推銷過程中，運用第三方的影響力，可以使客戶獲得間接的使用經驗，從而引起相應的心理效應，快速認可產品及其功效，刺激購買欲望。如果能夠運用名人和專家等充當第三方角色，說服力更強。

引證知名公司。人的購買行為多少會受到其他人的影響，若能掌握這個心理因素，在推銷過程中好好地運用，一定會收到很好的效果。

「這種車子稅金低，又省油，××大公司一次就訂購了10臺。」

「李先生，您有沒有看到王經理採用了專家的建議之後，公司的營運狀況就大有起色？」

「××公司就是採用這種訓練方法，成效很好。貴公司要不要參考他們的方法呢？」

舉知名公司或人為例，可以壯大自己的聲勢。如果引證的公司正好是準客戶所景仰的公司，效果就會更顯著。

名人。業務員可以將名人作為推銷過程中的第三方，以名人的購買行為作為證據，這樣做可以使客戶在心理上更加信賴商品的品質和品味。要做到這一點，平時需要留心收集名人購買和使用商品的資訊。在激發客戶

的購買欲望時，業務員可以提供相應的資料和眾所周知的事實，從而說服客戶購買。

專家。專家在專業領域具有較強的權威性，因此以專家作為第三方，可以增加客戶對商品品質的信任感。若要以專家作為第三方影響力，就必須提出有關的專家言論證據（例如報紙）、證書或相關實驗數據。

引起顧客購買欲望

強烈的購買欲望，是客戶購買產品的前提。如果客戶沒有興趣，沒有購買欲望，那麼推銷便難以實現。

在產品推銷中，如果客戶對產品表現出一些興趣，業務員應該透過對產品作進一步的說明和演示，強化客戶的興趣，激發客戶對產品的購買欲望。

明示法

身為業務員，最重要的事情就是吸引客戶的注意力，然後充分激發起他們的購買欲望。明示是指直接建議客戶採取購買行動，來滿足自己的需求。明示時，可以針對商品特點以及購買會帶給客戶的好處進行說明，也可直接指出客戶的需要和問題，並提出解決問題的辦法。

當然，明示法要注意對方的反應，明示要有針對性。如看到客戶稍感滿意，用手接觸產品，可以說：「劉廠長，無論怎樣去比較，還是這臺機器對你們更合適。」

明示法可以幫助客戶下定購買的決心，對於缺乏主見和猶豫不決的客戶非常有效。當客戶表情不大痛快時，可以告訴對方：「這個機種油耗低，品質可靠，可退換貨並附保固，大可放心購買。」

此外，像「買一臺吧，價格還可以再商量」、「購買這種產品，我們負責終身保固」等，都是明示的典型例子。

暗示法

暗示是指不直接建議客戶購買，而是間接地啟發客戶，讓客戶在沒有任何外在壓力的前提下，自己作出購買的決定。暗示法可用言語，亦可用手勢、表情，含蓄地向客戶施加心理影響。暗示的好處在於減輕客戶心理壓力，利於保持良好的洽談氣氛。

暗示要根據產品特點，針對不同的消費心理，並且語氣要溫和委婉。如「這是清倉處理的產品，價格相當優惠」、「這是經認證的優質產品」等。

暗示時，雖並不直接勸說客戶購買，但一定要讓對方接收到「應該買」的意思。另外，要盡可能用說明書、剪報、廣告、圖片等作為刺激物，顯示產品的特殊功效或新奇功能。

說理法

即透過說理，使客戶意識到購買產品帶給自己的利益，從而產生購買動機。說理時可以藉助邏輯的力量，沖垮客戶的理智。

一個新材料業務員對客戶說：「生產單位總是希望降低原料成本，提升經濟效益。這種新材料加工簡便，費用低廉，你們想提升經濟效益，應改用這種材料。」客戶考量到生產成本，恐怕就會考慮購買問題了。

使用說理這種方法，要曉之以理，動之以情，才能使客戶心悅誠服。使用說理法，業務員要掌握一定的邏輯知識和相關科學知識，並注意選擇適當的說理方式。

誘發衝動法

誘發衝動法是指業務員透過強而有力的說服和演示，使客戶憑藉一時衝動完成交易的方法。

有不少容易引起聯想的產品。如玩具，會使父母聯想到孩子的智力開發；數位印表機會使人聯想到辦公自動化；沙發則會讓人聯想到舒適等。利用這些聯想，都可以設法誘發客戶衝動，力爭在短時間內成交。

一些產品的外觀色彩、設計構思、寓意、象徵性等，都可以加以利用，引發客戶某種興趣，從而誘發購買動機。

鋼琴最初發明的時候，樂器商很渴望盡快打開市場。他們讓業務員對客戶說：「世界上最好的木材，首先拿來做菸斗，然後再選擇做鋼琴。」樂器商們希望從木材品質方面來推銷鋼琴，但是並沒有引起客戶的興趣。

過了一段時間，樂器商發現沒有多大的效果，就改變推銷策略。他們讓業務員向客戶解釋說，鋼琴雖貴，但物超所值，同時推出分期付款的辦法。客戶分析了分期付款的辦法後，發現的確很便宜，但是客戶還是沒有購買的欲望。

後來，樂器商找到一個行銷高手，在賣場做了一則廣告。廣告詞很簡單：「將您的女兒培養成貴婦人吧！」這則廣告語一出，立即引起轟動效應。

這位行銷高手充分洞悉客戶的心理，刺激了客戶的購買欲望，從而開啟鋼琴熱賣的局面。

第五章　說服技巧

激將法

有時巧妙地刺激一下客戶的自尊心，會產生意想不到的效果。例如：

「向您介紹了這些情況，不過，您能做主嗎？」

「這種產品有不少公司訂購，但價格貴一些，你們買得起嗎？」

用這種激將的方法，要注意掌握分寸，要在尊重同理客戶的前提下，進行善意的刺激，不要冒犯、戲弄客戶，否則會事與願違。

有一次，原一平去拜訪一位個性孤傲的保險客戶。

由於客戶性情古怪，儘管原一平已拜訪了三次，並不斷轉換話題，對方仍然興趣不大，反應冷淡。

第四次拜訪時，原一平有點沉不住氣，講話速度快了起來，客戶因為語速太快，沒有聽清楚。

他問道：「你說什麼？」

原一平回一句：「你好粗心。」

客戶本來臉對著牆，聽到這一句之後，立刻轉過來，面對原一平。

「什麼！你說我粗心，那你來拜訪我這位粗心的人做什麼呢？」

「別生氣，我只不過跟你開個玩笑罷了，千萬不能當真啊！」

「我並沒有生氣，但你竟然罵我是個傻瓜。」

「唉，我怎麼敢罵你是傻瓜呢？只因為你一直不理我。所以才跟你開一個玩笑，說你粗心而已。」

「伶牙俐齒，夠缺德的。」

「哈哈哈⋯⋯」

⋯⋯

在推銷過程中，要慎用激將法。使用激將法時，說話一定要半真半假，否則，激將不成，反而傷到客戶感情和自尊心，到時就麻煩了。

不要陷入價格爭議失誤

推銷過程中，最常見的客戶異議就是價格異議。客戶希望「物美價廉」，花最少的錢購買到很好的產品。如果價格遠遠高出客戶的期望值，客戶是絕對不會與你成交的。客戶針對價格問題提出異議，如果業務員處理不當，就會影響交易的進行。

不要太早進入價格談判

業務員需要多利用時間刺激客戶的購買欲望，將價格問題留在最後。當產品的價值充分表現出來時，就會減弱價格問題的壓力。

如果客戶很早提及價格問題，業務員可以說：「沒關係，價格一定會讓您滿意。我們先看看喜不喜歡。如果喜歡的話，它就很有價值；如果不喜歡的話，再便宜您也不會購買。是不是？」透過這一戰術，業務員可以繼續為客戶介紹產品，刺激客戶的購買欲望。

多談價值，少談價格

業務員應該盡力多與客戶談論產品的價值，即產品的優勢，以及產品能帶給客戶的利益及好處，這樣做可以在相當程度上削弱客戶對價格的關注。在介紹產品的過程中，業務員要盡量掌握出價的主動權，絕不主動談

及價格。假使客戶問起，也要盡量拖延。如果客戶迫切希望知道價格，那麼，業務員也要採用靈活的方式回答，然後盡快將話題轉換到其他方面。

客戶：「你們公司的這款傳真機比××公司的價格高一些，我還是考慮考慮吧。」

業務員：「您說的那家公司我知道，那麼您能告訴我在產品的品質和功能方面，我們公司的產品和那家公司的產品，哪一個更好嗎？」

客戶：「這個嘛，好像他們公司的傳真機功能更齊全吧。」

業務員：「其實，我們公司的另外一款產品也具備剛才您說的那幾種功能。但是您看您公司工作人員這麼多，而且每天接發傳真的量也相當多，功能多反而會使操作難度增加。所以我覺得您的公司還是選擇一臺操作簡便、快捷的傳真機比較適合……」

上面這則案例中，業務員有意將客戶提出的價格問題轉移到品質和功能上，從而有效地避免對方過度關注價格問題。

假如業務員未能將客戶的價格異議消除，使客戶對價格產生疑慮，並提出了非常具有針對性的異議，業務員該怎樣處理呢？下面介紹一些處理價格異議的小技巧。

分解價格

面對8元4罐牛奶和2元一罐牛奶的時候，我們常常會產生這種錯覺，總是覺得2元一罐的牛奶比較便宜，這就是所謂的單價效應。

業務員可以採用各種方法，將價格分解到最小，使客戶覺得產品價格並沒有很昂貴，從而達到消除價格異議的目的。

客戶：「可是它多少錢呢？」

業務員：「每瓶 3.5 元，每箱 25 瓶。」

客戶：「那真的沒有很貴嘛……」

善用比較法

所謂比較法，就是將自己產品的特點和優勢，與其他不同等級的產品進行對比，使自己的產品優勢更突出，讓客戶認為這就是最物美價廉的選項，從而消除價格異議。

客戶：「為什麼你們的包包這麼貴呀？」

業務員：「假如您覺得價格比較高的話，可以看看另外一款。」

客戶：「我在另外一家店看到同樣一款，才賣 30 元。」

業務員：「30 元都不便宜呢，那是合成皮的。皮包分為真皮和合成皮革的，光從表面上是看不出差異的。但您用手摸一摸，合成皮怎麼能和真皮比較呢？」

有時，客戶抓住產品的缺點不放，甚至肆意誇大，想以此要求業務員降價。針對客戶的這種心理，業務員應將產品優勢與客戶的利益靈活地結合在一起，並準確無誤地向對方傳達。簡單地說，就是要讓客戶知道雖然購買價格稍高，但絕對是物超所值的好產品。

▍巧用反對意見轉換成購買理由

在推銷實踐活動中，客戶提出反對意見後，業務員可以從客戶的反對意見中尋找突破口，再採用恰當的說服技巧，把客戶的反對意見轉換成購買的理由。

第五章　說服技巧

軟化反對意見

當客戶對產品提出反對意見時，業務員可以用適當的方式軟化客戶的反對意見。

客戶：「你的產品品質大有問題，我不相信它能用上 3 個星期，更別說是你保證的 3 年！」

業務員：「如果我理解得沒錯的話，您是要確定這產品的耐用性，花一塊錢要得到一塊錢的價值。您的問題在這裡是吧？」

面對這樣的提問，客戶很可能會改變談話方式，以較緩和、友善的態度提出他的反對意見，使業務員可以更積極地推銷產品。

某人利用銀行信用貸款，想在郊外買一棟房子。最初他對 A 公司業務員提供的售房、租房相關數據，以及該業務員的草率解說都深感不滿，所以次日又請 B 公司的業務員為他介紹理想的房屋。令他驚訝的是，這兩家房屋仲介公司推銷的房屋竟一模一樣，因此他對 B 公司的業務員提出與昨天對 A 公司業務員相同的質疑，然而 B 公司業務員卻回答說：

「先生，您說的沒錯，這裡確實離車站稍微遠了一點，但是如果您騎腳踏車，不過是七、八分鐘的時間，而且每天騎腳踏車可以鍛鍊身體，對身體健康大有好處。」

「是的，這是住宅區，規劃不准在此建工廠。您看看這裡的空氣多麼新鮮！我認為新鮮的空氣才能確保家人的健康。」

「您說得不錯，這裡尚未成『市』，不夠繁榮熱鬧，但是您想想，現在有多少人能擁有這種綠葉扶疏的居住環境，而且您可以利用假日與家人團聚，這樣不是很好嗎？」

客戶聽了這番話後，覺得房子還不錯，於是與 B 公司簽訂了購房合約。

巧用反對意見轉換成購買理由

雖然兩家公司推銷的是同一個產品，但是業務員的言辭卻能決定推銷成功與否，因此，掌握多種推銷交談技巧，可以獲得更多成交機會。

採取柔和攻勢

推銷培訓專家約翰說，自從他開始採用這種方法以來，只有兩個客戶不肯告訴他不感興趣的原因。約翰說，這可以節省你猜測客戶為什麼不感興趣的時間，讓你能夠直接處理真正的反對意見。

如果客戶說不感興趣的語氣刺耳而且獨斷，你可以置若罔聞。然後變換語氣和聲音，再次提出問題，這樣你就能夠有效地迫使客戶面對問題。

客戶：「我不感興趣。」

業務員：「聽到您說不感興趣有點意外。然而，我知道您不感興趣一定有原因，您願意告訴我為什麼嗎？」

適當轉化產品缺點

面對客戶的直接詢問，業務員應該採用適當的方法轉化客戶對產品的不良印象。此時，業務員可以多採用「是，但是……」這種交流方法，先用「是」對客戶的意見表示贊同，然後使用「但是」轉移客戶對產品缺點的關注。這樣可以讓客戶心情愉快地繼續交談下去，慢慢改變對產品的看法。

一位客戶在購買羊毛衫時，直接向業務員提出了產品的缺點：「你們的羊毛衫洗了也會縮水吧？」

業務員：「對，您說的沒錯。縮水是所有羊毛衫都具有的問題。但是我們的產品採用先進技術處理原料，保證洗過的羊毛衫縮水率低於X%，穿上以後差異不會很大。」

165

第五章　說服技巧

透過這樣的語題轉換，可以使客戶對羊毛衫「有沒有縮水」的質疑，轉移到對「縮水比例」的關注。

化解異議的方法與技巧

「沒有時間」

當客戶以「沒有時間」、「我現在很忙」、「不願意在這種事情上浪費時間」等理由作為拒絕推銷的反對意見時，多半是對推銷活動進行敷衍。面對這種回答，業務員應積極、巧妙地將這類反對意見轉換為促進成交的理由。

客戶：「對不起，我現在根本就沒有時間與你談購買產品的事情⋯⋯」

業務員：「我知道您工作很忙，沒有太多的時間了解這些產品的資訊，所以我今天特地把您需要的這類產品資訊進行彙整和分類，這樣您就可以對所有這類產品的資訊一目了然。而且為您這樣的成功人士提供最好的產品和服務，也是我們公司一貫的宗旨，我今天是主動送產品上門、服務上門的，如果您今天就決定購買的話，那麼以後也不用花更多時間去做這件事情了，而且我們馬上就可以把您要的產品送到指定的地點⋯⋯」

客戶：「對不起，我的工作一向很忙，以後有時間的話，我會與你聯繫的⋯⋯」

業務員：「實在不好意思，其實您現在只要抽出五分鐘的時間，就可以為以後省下很多時間了。我們公司的產品正是專門為工作忙、壓力大的客戶所設計，如果購買了我們公司的產品，並經常使用，那麼您的精神就會煥然一新，這樣工作效率自然會大大提升，節省很多時間，這樣不是很好嗎⋯⋯」

「錢不夠」或「預算不夠」

客戶經常用來拒絕業務員的理由是「沒錢」、「沒有這方面的預算」、「公司最近預算比較吃緊」等。面對這樣的拒絕理由，業務員可以根據當時的實際情形進行相應的話題轉換，使之轉換為促進成交的有利條件。

客戶：「你來得真不是時候，我們公司最近資金比較吃緊……」

業務員：「我知道，此時正值銷售淡季，很多公司因為預算問題，擱置了原料的訂購。但是一旦旺季來臨，需求突然增長，價格就會上漲，貨源也會變得緊缺。您也知道，現在購買有現在購買的好處，其實現在是最好的購買時機，不僅供貨快，而且價格也便宜……我們也考慮到很多客戶的預算問題，所以我們公司進一步放寬了收款期限，您只要先支付30%的預付款，剩下的貨款在到貨以後的3個月以內結清就可以了……」

客戶：「我的收入這麼低，哪裡還有閒錢購買保險？」

業務員：「就是因為收入低，所以才更需要購買保險呀！您如果把每個月結餘的一點錢都存到銀行裡，只能得到極其微薄的利息。可是，如果用來購買保險的話，您不僅可以獲得相應的利息，而且還可以獲得更多的保障。比如說我吧，如果我把錢存在銀行，然後又生病了，銀行的那一丁點利息，實際上根本就於事無補，可是保險卻可以使我完全免除這方面的後顧之憂……」

擔心產品（或服務）品質不好

在客戶的諸多反對意見中，擔心產品（或服務）品質不好是常見的反對意見。客戶的這種疑慮，也許是由於對產品或服務的不了解所引起，但也可能是客戶的一種藉口。如果客戶真的是因為對公司的產品或服務資訊

第五章　說服技巧

不了解而提出此類反對意見，業務員需要對客戶介紹有關公司產品或服務的資訊，尤其要重點介紹產品和公司的優勢，同時巧妙說服客戶以促進成交。

客戶：「我以前都是與另外一家公司合作，我們一直合作得很不錯。」

業務員：「是啊，您以前總是用同一家公司的產品，所以沒有機會對我們公司和產品進行相應的了解，更沒辦法從中進行全面性比較。其實，如果您對我們公司有所了解的話，就會發現我們公司無論是出色的產品品質還是優秀的服務品質，都會讓您更加放心。這是我們公司的產品資料……這是相關的客戶服務資訊……具有如此可靠的品質保證，您還有什麼不放心的呢？」

如果客戶急於擺脫業務員而找藉口拒絕，那麼業務員同樣也可以消除客戶提出的這種反對意見，然後再透過其他方式找出客戶拒絕購買的真正原因。

客戶：「聽說現在生產這種產品的技術普遍不夠先進，我擔心會花錢買不到合適的產品。」

業務員：「我理解您的想法。其實正是因為擔心買不到高品質的產品，所以才要與我們公司進行合作呀！我們公司在業界具有很高的品牌信譽和影響力……在產品品質和服務水準方面您大可放心！您還有什麼其他擔心的呢？請說來聽聽。」

「不要，已經有了」

在推銷過程中，業務員經常會遇到客戶說，「我們已經有這種東西了」或「不要，不要，我們不需要這種東西」。遇到這種情況，業務員不必灰

心，而應探詢客戶拒絕的理由。一般來說，客戶拒絕是因為客戶不願購買作出的表態，或是客戶為避免麻煩，首先告誡業務員，使其知難而退。客戶之所以會這樣做，大多是對業務員產生不信任感、對產品本身有不安感、有購買其他產品的意向，或者是顧忌同事及上司的批評等原因。此時，業務員最好先聽聽對方的理由，了解客戶拒絕的原因，待對方說明原因後，再用有效的說辭打動對方。

詢問對方主要有以下幾種方式：

「您剛才說總感到不安，那是為什麼呢？」

「您不信任我？這也難怪，但……？」

「您說突然間起了購買其他產品的念頭，您到底想買什麼東西呢？」

「哦！原來如此，您與××先生早有生意上的往來關係，這也難怪。但這一次我希望您能給我們一次機會，這樣做可能對您的客戶們更有利呢？因為有這種例子……」

「您不必擔心啦！您的上司及同事們一定會誇讚您的，您看看這些資料就會放心……」

「我得考慮一下」

有時，客戶會用「我得考慮一下！」來搪塞業務員。當客戶說「我得考慮一下」時，你可以回答說：「好的，先生，顯然您是對此產品有興趣，才會考慮。我想請問一下，您是想明白什麼事，所以才必須考慮？」

如果客戶沒有告訴你任何事，那麼建議可以開始詢問：「是不是這個？……或那個……」他可能會說：「是，就是。」那麼你便可嘗試澄清和提供更多資料，鼓勵客戶購買。

第五章　說服技巧

巧妙施壓法

業務員要讓客戶果斷作出決定，快速成交，於適當時機向客戶施加一點壓力，也是不錯的攻心術。當然，根據推銷環境差異，施壓的具體方法和策略也不一樣。

製造困境

客戶經過長期的選擇比較，已投入了大量的前期採購成本，選擇範圍也已經縮小。但是，這時客戶對購買還有一些擔憂。此時，業務員不妨委婉地指明客戶的處境，說明不簽約的損失，告訴他接受你的交易條件是最為明智的選擇，這樣可以誘導他採取成交行動。

比如：「我能讓的都讓了，我連佣金都貼上了。胡總，你不至於讓我做了三個月，還得倒貼差旅費吧。與其為了這一萬元拖著，合約簽不了，你不如爽快地簽下合約。預付款一入帳，我就發貨，你抓緊時間生產，產品早點投入市場，趕上好時機，早點把錢到手。這一拖再拖，時間耽誤了，使用者要貨你沒有，損失就大了。以後我們再合作，該給你的優惠，我仍然都給你，量足夠多，再優惠點也沒關係。」

讓客戶覺得機會難得

有時，客戶覺得現在是買方市場，競爭很激烈，總希望再等等看，以便得到更實惠的價格。這時，給客戶施加一點壓力，將客戶頭腦中的「還有機會」變成「只有這一次機會」。給他一種就要失去機會的壓力，可以促使他們儘早做出購買決定。

業務員:「我們已經為了你這單生意花費這麼多時間。為了拿到你這筆訂單,我們也破例降了 5,000 元,再降,我就得捲起鋪蓋回家了。」

客戶:「正因為花了這麼多時間,我也覺得你們的產品品質不錯,價格比較合理,才誠心誠意跟你談的。你不降,我還可以去聯繫那個飛龍禮品公司。」

(客戶結結巴巴地說出飛龍公司的名字,說明他和飛龍公司聯繫並不多,且客戶的促銷活動還有 5 天就要開始了,他根本沒有足夠的時間再與別的公司洽談一樁成功的生意。)

業務員:「大哥,我知道你人脈廣。但飛龍再給你面子,他也不可能不吃飯,賠本賣給你。我們公司怎麼說也比飛龍有實力,這個價格又是破例為你爭取的。你不要,我也就不再多說。過了今天,你要我也不賣了。」

恰當提出合理建議

「建議」可能是人際關係中最有影響力的方式。心理學家告訴我們,70%的人會對以正確方式提出的建議作出正向反應。許多業務員都會採用這種間接方法來提升銷售額。

幫客戶分析利弊

在對客戶推銷時,業務員可以拿出一張紙,兩邊分開,左邊表示肯定,將一切有利因素寫下來;右邊表示否定,寫出一切不利的理由。這樣就可以針對客戶的反對意見進行分析,讓客戶權衡利弊,然後決定是否購買。

第五章　說服技巧

　　運用此種方法進行推銷時，也可並用暗示法。客戶在填寫肯定欄時，你可以多提一些建議；在他填否定欄時，你不可多做「引導」，或者最好是緘口不言。這樣一來，對你有利的肯定因素大大增加，推銷成功的可能性也隨之增加。

真誠為顧客提供建議

　　有時，顧客對所需商品或服務不太了解，或者顧客並不完全了解自己的真實需求，希望直接從業務人員那裡得到有效的建議或意見。遇到這樣的情況，業務員應該敏銳洞察和分析顧客的實際需求，然後提出最符合顧客需求的建議。

　　顧客：「我覺得那套棕色木質家具看起來比較大方，而且我一直比較喜歡木質的東西……」

　　業務員：「請問您家的客廳有多少平方公尺？如果房間太小的話，您不妨考慮旁邊那套比較小巧的家具……」

　　顧客：「我家客廳有30平方公尺左右，應該放得下……」

　　業務員：「您看一下這套家具的寬度，放在30平方公尺左右的客廳裡是不是會使空間顯得太狹窄？其實主要是因為這個廳比較大，所以很多人一進來就看中了這套家具。實際上這套小巧玲瓏的家具更適合年輕人，而且價格也比剛才那套低得多……」

　　在為顧客提供建議時，業務員切忌以自己的專業能力自居，在顧客面前誇誇其談。業務員富有自信的同時，應保持謙虛的態度，適當詢問了解顧客最實際的需求，把最終的判斷和選擇權留給顧客。

　　顧客：「我要送給男朋友一條皮帶，但是又不太懂，您可以幫我挑選

一下嗎？」

業務員：「很高興為您服務！請問，您男朋友平時喜歡穿休閒裝還是西裝？」

顧客：「他平時喜歡穿⋯⋯」

業務員：「那您看看這款怎麼樣？這款皮帶是⋯⋯」

顧客：「這條不太好看，還有其他的嗎？」

業務員：「當然有了，您看這邊⋯⋯」

顧客：「這邊的不錯，但是我不知道哪一條更合適，您覺得呢？」

業務員：「我覺得這幾款皮帶不錯，主要看您最喜歡哪一種，相信您看中的，男朋友也不會有多大意見。況且，如果感覺與衣服搭配不合適的話，您還可以帶他本人來退換⋯⋯」

還有一些顧客戒心比較強，出於某些疑慮，不願意請業務員幫忙。這就需要業務員透過巧妙詢問和認真分析，了解顧客需求後，以自己的真誠讓顧客消除戒心，不知不覺地接受業務員的幫助。

業務員：「您覺得哪種款式更好？」

顧客：「我還要再想一想⋯⋯」

業務員：「您一定看過很多家產品了吧？坐在這裡，邊休息邊看如何？」

顧客：「好吧⋯⋯」

業務員：「您是要放在家裡還是辦公室裡？喜歡哪種顏色⋯⋯」

顧客：「我自己家裡用的，我比較喜歡⋯⋯」

業務員：「根據您的描述，看來某某型和某某型的都很適合您，您可以過去試用一下。這兩種款式的產品放在您家裡一定很溫馨，以後就再也不用擔心⋯⋯」

第五章　說服技巧

推銷成交的 10 個方法

業務員要根據具體的情況，採用適當的方法促成交易，完成最後的「臨門一腳」，從而順利地完成推銷任務。

直接成交法

直接成交法又稱請求成交法，顧名思義，就是業務員用一句簡單的陳述或提問，請求客戶購買產品。例如：

「先生，那我就幫您下單了。」

「小姐，我們到那邊結帳，好嗎？」

直接成交法有以下一些優點。

可以快速地促成交易；

充分利用了各種成交機會；

可以節省推銷時間，提升工作效率；

可以展現業務員靈活、機動、主動進取的推銷精神。

直接成交法可能會使顧客產生牴觸情緒，特別是在客戶對產品還沒有完全了解時，因此，業務員在使用直接成交法時，要為自己留下周旋餘地，以便再次提醒客戶成交。

下面這個例子中，業務員利用直接成交法要求客戶成交被拒絕，之後業務員巧妙地利用其他成交方法，重新掌握了交易的主動權。

業務員：「先生，沒問題的話，我就幫您下單了？」

客戶：「等我再看看。」

業務員：「哦，您還有什麼問題嗎？」

客戶：「價格能不能再便宜一點？」

業務員：「我保證，這是您在本市買到這個產品的最低價格了。」

客戶：「是嗎？那好吧。」

試用成交法

如果客戶對產品感到滿意，但一時又拿不定主意，業務員可以主動讓客戶試用。採用這種方法的時候，業務員要掌握自己產品的品質、試用期長短以及可能出現的意外情況，採取必要的風險防護措施。

疑慮探討法

疑慮探討法是業務員在提出成交請求後，對於猶豫不決的客戶，排除其疑慮的方法。

當客戶已經表現出成交意願，但是仍然在猶豫時，業務員可以揣測客戶心理，直接詢問客戶猶豫的原因，並立即消除對方的疑慮，然後與其他成交方法配合，這樣很快就能促成交易。

業務員：「您無法作決定是因為對我們的售後服務不放心吧？」

客戶：「對，我還是有一點擔心。因為我覺得售後服務很重要，而據說你們以前做得並不好。」

業務員：「您這樣擔心是對的。我們也意識到了這個問題，所以我們現在的售後服務……」

客戶：「哦，我明白了。」

業務員：「既然您覺得沒有問題，那我就幫您下單了。」

保證成交法

保證成交法是指業務員直接向客戶做出成交保證，促使客戶立即成交的方法。這種成交法需要業務員對客戶作出允諾，並擔負責任。例如：

「您放心，我們明天上午就幫您送到。如果使用時遇到什麼問題，您隨時聯絡我們，我們保證在 24 小時內幫您處理好。」

當客戶對商品不太了解，無法掌握其特性而猶豫不決時，業務員針對客戶所擔心的主要問題向客戶提出保證，可以消除客戶心理障礙，增強成交信心。妥善處理相關的成交疑慮，有助於促使馬上成交。

使用這種成交方法，業務員應該根據事實、需求和可能，向客戶提供可以實現的成交保證。

激將成交法

激將成交法是指業務員採用言談技巧刺激客戶的自尊心，使客戶在反抗心理的作用下，完成交易的成交技巧。使用激將成交法，可以減少客戶的異議，縮短成交階段的時間。合理的激將不僅不會傷害客戶的自尊心，還會在購物過程中滿足客戶的虛榮心。

王磊是個筆記型電腦業務。他與一個部門經理聯繫了很久，可這個部門經理總是怕上司不批經費，遲遲不肯簽約成交。

一天，王磊當著他的面說：「你這臺電腦可以和福特 T 型車媲美了。」

那個經理一下子就明白王磊的意思，不動聲色地和王磊閒談了一陣。兩天後，他就打電話給王磊，要王磊送一臺 A 品牌的筆記型電腦過去。

使用激將法也要講究技巧，比如要用暗示性言辭，或用故事暗激客戶，或者在尖酸的言辭後再添上有安撫效果的話，這樣才不至於把客戶激怒。

從眾成交法

從眾成交法是利用客戶的從眾心理，來促使客戶立即購買的一種成交方法。

客戶：「你們這車賣得怎麼樣？」

業務員：「您的眼光真好，這是我們賣得最好的，現在就剩最後幾輛了。您現在要是不買，恐怕過幾天就沒有了。」

這一案例就是利用客戶的從眾心理，透過客戶之間的影響力，增強客戶尤其是新客戶的購買信心。

使用從眾成交法時，業務員應該以事實為依據，最好能夠向客戶出示相關檔案和資料，不能憑空捏造，欺騙客戶，否則，透過客戶之間的口耳相傳，會影響產品形象。

配銷成交法

配銷成交法是非常值得推薦的成交方法。業務員不僅推銷了產品，還可以提升銷售額。

業務員：「xx先生，你已經買了車，不如現在把保險也買下。我還可以給你8折優惠呢！」

客戶：「行，省得麻煩。」

第五章　說服技巧

　　在客戶對某產品只有某一點不滿意的時候，業務員可透過提供輔助設備或附加服務的方式，滿足客戶的需求，達成交易，同時增加銷售額。

　　一位女士試穿了好幾件衣服後，只中意一件墨綠低領衫，但她又覺得領口開得太大。最後遺憾地說：「我倒是很喜歡這件低領衫，可是領口開得太大，上班沒辦法穿。」說著就要離開。

　　這時店員走上前去對她說：「這位女士，如果您搭配一條今年流行的紫色絲巾，就不會讓領口顯得太大。而且這兩種流行色配在一起絕對顯得很有品味。女士試穿後，果然覺得效果不錯，於是爽快地買下衣服和絲巾。

瑕疵成交法

　　有些特賣品，可能微有瑕疵，但不影響使用，為了盡快將產品脫手，一般會採取特價的方式銷售。客戶通常會擔心「便宜沒好貨」，這時業務員就要「坦率」地承認產品有「瑕疵」，讓客戶覺得即便有瑕疵，也是值得購買的。而購買產品後的客戶，也會覺得「自己很精明」，沒有因為貪圖虛榮而多花錢。例如：

　　「這個微波爐我們只剩一臺，又是樣品，所以才低價賣的。」

　　「衣服太多都翻亂了。可能釦子要縫一下，其他沒有問題。為了保護衣服，我們甚至不敢把釦眼剪大。」

　　總之，當客戶認真詢問關於產品的資訊時，業務員要用專業的知識和技能消除客戶的顧慮，然後根據情況，運用適當的成交方法，實現銷售的直接目的。

利潤成交法

有些客戶即使對產品已經非常動心，通常也會不動聲色，盡量裝出拒絕購買的樣子，以便業務員主動開出讓他們滿意的成交條件。針對這類客戶，推銷員可以採用薄利多銷的利潤成交法，讓客戶相信你已經是微利了。

小王是一位電腦業務員。有一天，來了一位對市場行情頗為了解的客戶。小王跟他套近乎，談配置，談了近半個小時。這個客戶饒有興致地聽著小王的講解。不時問一、兩個關鍵問題，然後就不斷地喝水，或者翻翻說明書和宣傳彩頁，就是不說買還是不買。

於是小王就對他說：「老劉，這臺電腦我根本就不賺你什麼錢。今天你是我第一個客戶，我開個張，賺點水電費就行了。你看這個主機2,200元，17吋顯示器1,200元。光碟機220元，總共才3,620元，我就賺你120塊。你說我這麼大的店面，人員薪資、房租什麼一扣除，我一天賺什麼錢啊！」

聽小王這麼一說，老劉也就不好意思再和小王耗著，就說：「你也辛苦了，現在電腦競爭多激烈啊！」

保留餘地成交法

在實際推銷過程中，業務員過早地把自己能提供的所有條件都透露給客戶，反而不利於順利地成交，因為客戶總是想要得到更多利益。

客戶習慣性地為自己爭取更多利益，這本來無可厚非。但業務員應該確實了解客戶的這一心理，為自己留下一點促使成交的條件，留下一點促進成交的籌碼，以免自己在成交過程中過於被動。同時，適當留下一部分

優惠條件來讓客戶爭取，也可以滿足客戶的這種交易心態。由於在成交前對產品銷售條件留有餘地，一旦出現雙方僵持不下的情況，業務員就可以巧妙地將自己保留的條件優惠給客戶，這樣往往會使客戶更加滿意，更有助於促進成交。

客戶：「你們的產品品質確實一直有很好的口碑，而且服務方面我也很滿意，但我現在並不急著購買，我想到購物節時應該會有打折吧。」

業務員：「看來你對我們的產品非常了解。不過有一點你可能不知道，等購物節時，我們公司打算推出新系列的產品，到時主要是對新產品進行促銷。現在正是你喜歡的這款產品的促銷期，目前的價格也是最實惠的，以後還有可能會提高。」

客戶：「這樣啊，我還是覺得價格有點貴。」

業務員：「如果您現在願意購買的話，我試著再向經理爭取一下，幫您再打打折。」

客戶總是希望爭取到更多優惠、更低的價格、更好的服務。從消費者的角度來看，這是無可厚非的。業務員在與客戶溝通時，不要開門見山地向客戶坦白所有的優惠條件，而應為自己留一點適當的餘地，這樣才能保證在推銷過程中居於主動地位。

促成交易的技巧

促成交易的技巧非常多，但在具體運用時要視不同情況、不同產品和不同對象而定。有的技巧適用於這種客戶，有的就行不通，關鍵在於業務員要靈活運用。

選擇法

業務員如果太過於直接，特別是直接向客戶提出成交要求，或直接讓客戶作出成交的決定，往往會讓客戶感受不佳，一則這樣的成交要求顯得有點強迫，客戶會有被脅迫的感覺，從而產生牴觸情緒。二則讓客戶馬上作出成交決定，客戶缺乏思考的過程。在這種情況下，不妨採用二選一的成交技巧。

二選一法是故意將對方的選擇範圍限定在兩個選擇之間的提問方式，也就是說在成交請求中，只向客戶提出兩個可供選擇的方案，而且不管客戶選擇哪個方案，最終結果都是成交。

在某國家，有些人喜歡在咖啡中加雞蛋，因此，咖啡店在賣咖啡時總會問：「加不加雞蛋？」

後來，有人建議咖啡店把詢問的方式改動一下，變為「加一顆雞蛋還是兩顆雞蛋？」

結果，咖啡店雞蛋的銷量大增，利潤也成倍增長。

這裡，前後兩句都是選擇問句，但提問的效果卻不一樣。前面一種提問，給客戶留下的選擇方案有兩種：加或者不加雞蛋。選擇前一種方案代表著成交，選擇後一種方案，則表示不成交。

後面一種提問則不問加不加雞蛋，而問加幾顆雞蛋，如此一來，不管客戶選擇加一顆雞蛋還是兩顆雞蛋，最終的結果都是成交。這種成交技巧，實際上是縮小了對方的選擇範圍，即只讓客戶在成交的範圍內選擇成交方案。

還有一些二選一的提問，例如：

「不知您要購買哪一種？Ａ或Ｂ？」

「不知您要今天送貨還是明天？」、「要去拜訪您，上午方便還是下午方便？」、「××先生，我是將正式合約送到您辦公室好呢，還是直接送到您家裡？」、「您要哪種款式？中式的還是西式的？」、「您喜歡哪一種顏色呢？紅色還是白色？」

總之，用二選一法的優點是不讓客戶在成交或不成交之間作出決定，而讓客戶在買多還是買少，買這樣的產品還是買那樣的產品之間作出決定。在提出二選一的成交請求時，業務員可配合重點說明，強調產品的特點和優點，以增加成交的機率。

王先生想為自己的愛車更換真皮座椅。當他走進汽車美容店諮詢價格時，接待他的女營業員向他說：

「先生，您想換哪種款式的真皮座椅呢？Ａ品牌的價格實惠，Ｂ品牌的儘管價錢貴一點，但相對耐用，還有Ｃ品牌的質感舒適，保證您在開車的同時獲得不同尋常的享受……」在這種情況下，王先生可能就會情不自禁地回答：「換Ｃ品牌的。」

女營業員機智地把王先生的注意力從換不換真皮座椅，直接轉移到買什麼品牌的真皮座椅上，從而排除了客戶產生對立和牴觸情緒的可能性。

轉移法

對經驗不足或與買主個性有所衝突的業務員而言，使用這種方法是很有效的。這種方法主要是將推銷陳述轉給另一位較有機會達成交易的業務員。例如新手業務會說：

「楊先生比我更熟悉這項產品，讓他幫你介紹一下吧。」

透過這種方式，可以使無法完成推銷任務的 A 業務，客氣地把推銷機會轉移給另外一個業務，避免推銷失敗。

使用轉移法，最好在客戶跨出大門前，就把推銷任務轉移給他人。否則等到業務工作快要結束，臨近成交時再轉移，情況可能會變得很尷尬。

當另一個業務使客戶決定購買時，可以將成交工作再轉回給原來的業務。

暗示法

當客戶正在了解產品，或者是討價還價時，可以運用這種方法。

剛開始談生意時，就要刻意向客戶進行產品暗示或肯定暗示。例如：

「先生，府上如果裝飾我們公司的產品，必然會成為這附近最漂亮的房子。」

「我們公司目前正展開一項新的投資計畫，這筆投資所得金額，正好可以支付您孩子的大學學費！」

「在這個經濟不景氣的時期，購買我們公司的商品，一定可以讓您賺大錢。」

當業務員做出「暗示」之後，要給客戶一些時間，讓這些暗示逐漸滲透到客戶的思想裡，進入客戶的潛意識裡。

當業務員認為已是探詢客戶購買意願的最佳時機時，可以說：

「先生，你曾經瀏覽過這一帶的住宅吧，府上的確是其中最高級的。怎麼樣，買些我們的商品，肯定能讓您的生活空間更加有品味！」

「每個為人父母者，都想要自己的子女接受良好教育，你是否曾經想

第五章　說服技巧

過如何避免沉重的經濟負擔呢？建議您向本公司投資如何？」

「你有權利用自己的資金購買最好的商品。現在請您把握機會，購買我們的產品吧！」

在交易一開始時，就向客戶提供一些正向的心理暗示，客戶成交的意願就會提升。一旦進入交易中期階段，客戶雖然可能會考慮你所提供的暗示，卻不會太過認真。當業務員試探客戶的購買意願時，客戶可能會再度想起那個暗示，而且還會認為是自己發現的呢！

借力使力法

在客戶猶豫不決的時候，業務員可以針對客戶猶豫的原因，主動提出在上司那裡爭取優惠條件，以滿足客戶需求，從而達到成交的目的。

業務員：「這樣吧，張先生，我打個電話給我們老闆，看他能不能給你更優惠的價格。」

（打電話給老闆。）

「老闆，這裡有個客人特別喜歡我們那輛車，我覺得這位客人很爽快，他希望我們送個保險。這個事我做不了主，您看能不能通融通融。」

「好！那就這麼辦！」

用借力使力法時，客戶一般都會因為得到尊重和更多優惠而樂意買單。在客戶猶豫不決的時刻，業務員可藉助經理、店長的力量和特權，再提供一些優惠給客戶，以便促成交易。

向客戶討教法

這種方法可說是應付某些客戶的有效手段。比如，當業務員無法掌握客戶成交的底線時，可以用戰戰兢兢的語氣直接詢問客戶：

「先生，您能不能告訴我怎樣才能夠成交呢？我知道您並不想買我們的商品。」

「說真的，您能不能告訴我為什麼不喜歡我們的產品呢？我靠這個工作賺錢養家，如果您能明示的話，以後我就不會再犯錯，而且知道應該怎樣接待客戶，同時知道如何回答客戶的詢問了。」

等客戶說出真正不想買的理由後，業務員再做出一副鬆了口氣的表情，立刻說道：

「不能說服客戶購買，無法為客戶進行確切說明，這是我的失誤啊！……」

這時就已經快掌握客戶的成交底線了，因此離成交又近了一大步。

最後時限法

在客戶猶豫不決的時候，業務員可以用最後時限法，給客戶施加一點壓力，讓客戶因害怕失去機會而作出購買決定。

客戶：「我還是再看看吧。」

業務員：「你想再看看也行。不過你今天買是最划算的，明天就是優惠活動的最後一天了。我們是為了慶祝開店3週年才舉辦這個優惠活動的。」

運用最後時限法，一定要掌握好時機，否則可能會弄巧成拙。最後條件應該給客戶較大的壓力或誘惑，讓客戶不願輕易放棄這個優惠條件。提

出最後時限時，應鎮定自若，毫無掩飾，不讓對方產生懷疑。同時，也要做好對方不肯讓步的心理準備，坦然接受不成交的事實，即便客戶不買也覺得沒有遺憾。

引導成交法

引導成交法是指業務員不斷詢問客戶關於產品的意見，使得客戶不停贊同或認可業務員的意見，從而將認可強化到客戶的潛意識中，最終使客戶順理成章地成交。

業務員：「這套西裝的款式非常適合您，您覺得呢？」

客戶：「對。」

業務員：「而且顏色也是現在最流行的，對吧？」

客戶：「沒錯。」

業務員：「我覺得它非常適合您，您覺得呢？」

客戶：「嗯，的確是。」

業務員：「那我幫您包裝起來，好嗎？」

客戶在回答這麼多「是」之後，就會產生慣性思維。另外，在這麼多肯定之後，要讓客戶立即找否定成交的理由，也是很困難的，所以此時客戶同意成交的可能性非常大。

最佳時機法

購買最大的障礙就是客戶推遲成交。最佳時機法則給予客戶強而有力的購買理由——現在是購買的最佳時機。一些絕妙說辭如下：

「我們只剩下這一個產品了，而且需要數個月的時間才能再訂購另一個。如果您喜歡，最好現在就買。」

「之前已有一對夫婦看過這棟漂亮的房子，他們說將會在今天下午告訴我他們的決定。」

此方法最好在介紹完產品後才使用，並且只適合那些難以作出購買決定的客戶。

忽視法

在推銷過程中，要重視客戶的反應，但是，客戶提出的意見並不見得都要予以同等重視。有時忽視客戶的某些意見，故意避開客戶提出的某些異議，把重點解說放在客戶比較感興趣的焦點上，放在業務員更有能力掌握的方面，更容易促成成交。忽視法可以主動避開或者忽視客戶某些異議，優秀的業務員在推銷過程中，常常用到這種成交法。

客戶：「這款手機價格偏高，遊戲功能也太少。錄影功能還不錯，但這款手機拍攝的時間太短，另一個品牌類似的手機能連續錄影兩個小時呢。」

業務員：「其實在選擇手機時，您應該也會考慮續航力的問題吧？」

客戶：「是的，這個也很重要。」

業務員：「其實手機用得最多的，還是接聽電話、收發簡訊等這些主要功能，其他附帶功能只是偶爾用一下。您也知道，手機附帶的功能越強，手機的續航力就越差。您肯定不願意因為這些不怎麼常用的附加功能，影響到手機通話時間吧，您更不願意每分每秒都擔心手機沒電而耽誤重要事情吧。」

第五章 說服技巧

　　在使用忽視成交法時，業務員要仔細觀察客戶的具體反應，不要因為自己的表現而引起客戶不滿。任何人都希望獲得別人的理解和尊重，客戶也不例外。在使用忽視成交法時，業務員不妨先對客戶提出的意見給予讚賞，然後再合理越過這一話題。

第六章

排除異議

　　客戶的拒絕並沒有什麼好怕的，客戶的每一個拒絕都是讓你攀向成功的階梯。每當你解決了客戶的一個拒絕，就向成功的目標邁進一步。

第六章　排除異議

獲得成功的技巧

想要獲得成功,就要不因艱苦、挫折而屈服。選定好目標,就一心一意地努力。必須具有這種堅定的信念。不僅僅是推銷,可以說,所有工作都是如此。

處理客戶異議的技巧

1. 說話技巧

(1) 忽視法。所謂「忽視法」,顧名思義,就是當客戶提出的一些反對意見,並不是真的想要獲得解決或討論,這些意見和眼前的交易並無直接關係時,你只需面帶笑容地同意他就好了。

對於一些「為反對而反對」或「只是想表現自己的看法高人一等」的客戶意見,若是你認真地處理,不但費時,還有旁生枝節的可能。因此,你只要滿足客戶表達的欲望,就可採用忽視法,迅速地引開話題。

忽視法常使用的方法如:

①微笑點頭,表示「同意」或表示「聽了您的話」。

②「您真幽默!」

③「嗯!真是高見!」

(2) 補償法。當客戶提出的異議有事實依據時,你應該承認並欣然接受,強力否認事實是不明智的舉動。但記得,要給客戶一些補償,讓他取得心理平衡,也就是讓他產生兩種感覺:

①產品的價值與售價一致的感覺。

獲得成功的技巧

②產品的優點對客戶是重要的，產品沒有的優點對客戶而言是比較不重要的。

世界上沒有一樣十全十美的產品，若有，也會遭到價格過高的抱怨。客戶購買產品，當然要求產品的優點愈多愈好，但真正影響客戶購買與否的關鍵其實不多，補償法能有效地彌補產品既有的弱點。

補償法的運用範圍非常廣泛，效果也很實際。例如艾維士的知名廣告：「我們是第二位，因此我們更努力！」這也是一種補償法。客戶若嫌車身過短，汽車業務可以告訴客戶：「車身短能讓您停車非常方便，若您是大坪數的停車位，可同時停二部。」

準客戶：「這個皮包的設計、顏色都非常棒，令人耳目一新，可惜皮料不是最好的。」

業務員：「您真是好眼力，這個皮料的確不是最好的，若選用最好的皮料，價格恐怕要比現在高出五成以上。」

(3) 太極法。太極法取自太極拳中的借力使力。澳洲原住民的迴力標就具有這種特性，用力投出後，會反回原地。太極法用在推銷上的基本做法是當客戶提出某些不購買的異議時，業務員能立刻回覆說：「這正是我認為您要購買的理由！」也就是業務員能立即將客戶的反對意見，直接轉換成為什麼他必須購買的理由。

我們在日常生活上也經常碰到類似太極法的說辭。例如主管勸酒時，你說不會喝，主管立刻回答說：「就是因為不會喝，才要多喝多練習。」你想邀請女朋友出去玩，女朋友推託心情不好，不想出去，你會說：「就是心情不好，所以才需要出去散散心！」這些處理異議的方式，都可歸類於太極法。

第六章　排除異議

客戶：「收入少，沒有錢買保險。」

業務員：「就是收入少，才更需要購買保險，以獲得保障。」

客戶：「我這種身材，穿什麼都不好看。」

業務員：「就是身材不好，才需稍加設計，以修飾掉不好的地方。」

客戶：「我的小孩，連學校課本都沒興趣，怎麼可能會看課外讀本？」

業務員：「我們這套讀本就是為激發小朋友的學習興趣而特別編寫的。」

太極法能處理的異議多半是客戶不會太堅持的異議，特別是客戶的藉口，太極法最大的目的，是讓業務員能借處理異議而迅速地反述他能帶給客戶的利益，以令客戶滿意。

2. 策略技巧

(1) 引用事例處理拒絕。保險這項商品，可以說是無形的，而且不曾發生過切膚之痛的人無法體會，但還是有不少保戶會在事故發生後，沉痛講述保險無用之處，原因無它，就是因為當初在投保時業務員解說不夠詳細，或是保戶認知有誤差，才會造成理賠或是再推銷時的無形阻力！

客戶：「隔壁王先生當初也有買保險，可是在工作時被機器壓斷了手，保險公司也沒賠半分錢，連工作都丟了，現在還得付保險費，買保險有什麼用？」

業務員：「王先生的遭遇實在令人很同情，不知道他買的是什麼樣的保險？」

客戶：「聽說是只要繳費二十年，終身享有保障的！」

業務員：「那是目前最流行的終身型保險。不曉得王先生是否有附加殘障附約？」

客戶：「什麼叫殘障附約？」

業務員：「目前一般壽險是以死亡為事故，也就是說要被保險人死亡時，保險公司才依照保險金額理賠保險金，如果有附加殘障附約的話，得視殘障的等級，共分為六個等級，給付不同的保險金，同時免繳以後的保險費！」

客戶：「要是被保險人身故之後呢？」

業務員：「再按保險金額領取一倍或多倍不等的金額，我想王先生當初一定沒有附加殘障附約！」

客戶：「好像是吧！我曾經聽他說，哪有那麼巧就會斷手斷腳的！」

業務員：「所以說，也不是保險公司不講人情，在他失去工作能力時，不但不補償，還要他繳交保險費，實在是他當初認為沒有這個必要，沒有多買一份附約，才使自己的權益無法享受到更完整的保障！」

有很多問題、糾紛只能歸諸於「業務員講錯、客戶聽錯」，最重要的是在再推銷時要找出問題重點加以解決，才有可能進一步促成交易。

如果客戶對保險的觀念不正確是來自他人的經驗時，只要稍做解釋即可修正，萬一是客戶本身對已買的保險不滿，必須從頭灌輸正確的觀念，才有可能再推銷新的契約！

客戶：「買這份險都繳了五年保費，也沒拿到半毛錢，還不如把這些錢丟到水裡，至少還可以聽到『撲通』一聲！」

業務員：「當初因為您的小孩還小，家庭支出較大，才為您設計純保障的保險，一來保險費便宜，二來可以多買一些保障，其實，你應該慶幸還好沒拿到錢，平平安安才是福氣啊！」

客戶：「可是，總覺得萬一將來老的時候身邊都沒什麼積蓄的話也挺

第六章　排除異議

不方便的！」

業務員：「所以啊！今天我為您設計的正是為將來儲蓄一筆養老金，以前的那份保險是為您百年之計做著想，而這份保險則是為您退休後多一筆錢可以運用，到時候就不用向孩子們伸手要錢！」

客戶：「這份險保險費一年要繳這麼多，可是保險金額只有30萬！太划不來了！」

業務員：「光看保險金額您當然會覺得很貴了！可是當您小孩滿6歲以後，每三年可以領回一筆不少的獎學金，而且愈領愈多直到22歲啊！」

客戶：「可是保障方面呢？」

業務員：「保障方面您不用擔心，有將近十倍的保障，也就是說有將近300萬的保障，保險金額只是計算基礎，您不能因為數額少就認為保障少，領回的金額也少！」

△以彼之矛，攻彼之盾。有些業務員喜歡以正面攻擊突破客戶的防線，堅持問清楚客戶真正的意思。

例如，當客戶說：「孩子還小，暫時不考慮投保！」很明顯，這種理由多半是藉口，不需要去追究真實性有多少。不過，偏偏就是有些業務員非要確認客戶是真的這麼想，還是只是推託之辭，當場毫不留情地予以反問：「那麼何時才是您覺得應該投保的時候呢？」

如此一問，原本客戶只是隨便找個藉口來拒絕，被業務員一反問，不是瞠目以對，便是胡亂應答：「這個嘛！目前無法確定。」一般客戶就算受過高深教育也是這樣，也不擅長口頭上提出異議，因而一旦業務員展開反擊時，往往窮於應付！

獲得成功的技巧

　　問題是當業務員眼見客戶面露窘色不知如何回答，還洋洋自得，自認這次處理拒絕說話的技巧相當成功，接下來再接再厲展開推銷一定可以順利簽下合約；事實不然，這種做法反而造成反效果。被駁斥得無言以對的客戶內心裡一定十分不高興，從而對業務員產生敵意，一心僅想著只要一逮著機會，一定以牙還牙予以報復，再也無心聆聽業務員如何大肆吹噓保險的重要性、必要性。

　　只因為一句話傷及客戶的自尊，使客戶不再敞開心扉並不划算。事實上，明知客戶說的是藉口、謊言，也不要當面揭穿它，反而應唯唯諾諾敷衍一番，這才是對客戶的尊重，彼此的話題才能繼續說下去。也許客戶不斷提出不同的藉口來拒絕，至少表示客戶對你仍還有幾分好感，否則大可以直接結束談話，送客出門。

　　謙虛地接受客戶的拒絕，尊重客戶的拒絕，這才是拒絕話語應有的基本態度；切莫逞一時之快，自以為聰明地戳破客戶的藉口。

　　△利用周圍事物處理拒絕。為了讓拒絕的說話技巧取得更佳效果，不妨多多利用客戶周圍的事物作為題材，一般人都有一種共同心理，認為與自己無關的人事物終究是他人之事，很少會付出真正的關心；但是一旦事已關己，則己心大亂！

　　客戶：「我家小孩根本不愛念書，買了也沒用！」

　　業務員：「可是，做媽媽的都放棄的話，還有誰來關心孩子的作業呢……那盆茉莉開得真漂亮，是您種的吧？」

　　客戶：「是啊！」

　　業務員：「每天都要澆水吧！您對一盆花都那麼愛惜關心，為何會對孩子的事不管呢？孩子也跟花一樣，花需要澆水施肥才會開得漂亮，否則

195

第六章　排除異議

很快就枯死了。同樣地，孩子也需要有人細心呵護，不斷給予養分，如果因為孩子不愛念書就不買書給他，那孩子只會更不想念書，您說是嗎？」

客戶：「資質差再用功也沒有用！」

業務員：「××太太，您戴的金戒指款式真別緻，黃金這種東西原本是以顆粒狀藏在汙黑的石頭中，相信您一定也聽說過，必須先將石頭打碎，將其中的金砂、金粒取出，再加以淬鍊才能成為純金。人腦中也藏有無數的金砂、金粒，就看是否有人願意賜予一臂之力，加以淬鍊成金，相信您一定希望自己的孩子成龍成鳳，您願意幫助他嗎？」

總而言之，以眼前看得見的物品作比喻，更具有說服力，同時也可利用親切感改變客戶執意拒絕的心態。因此，拜訪前不妨事先準備一些可用於比喻的小道具，若能從客戶家中、身上所有之物找尋出適合的題材，效果更好。

△利用客戶的信用。當客戶要選擇比較名貴的商品時，常常會有「警戒」心理。這與業務員本身或公司聲譽的好壞並沒有關聯，而是客戶害怕受騙的本能。這時，一定要將「銷售就是賣自己的信用」這個公式牢牢地記住，然後靈活地運用。

中村先生是一個有希望的客戶，但是當業務員直接與他交易時，中村先生因害怕受騙的心理作祟，拒絕了。如果是銷售高手，就會想別的方法突破，否則，就會使可能進一步銷售計畫中斷。你可以從公司的客戶中，找出與中村先生相熟的小坂先生，由他來從側面給予建議：

「你想要買車子，啊！那個牌子的車子很不錯，業務講的話可能不同，但是，那牌子的車子確實不錯，我的公司就買了兩部。」

這段話一定會在中村先生心中產生作用，比業務員去一百次更有效。

業務員與中村先生直接會面時，中村先生因為害怕受騙，一定會拒絕。如果業務員與小坂先生合作，小坂先生所說的話會使中村先生產生信賴的心理。如此一來，中村先生的心理就會消除「警戒」。如果小坂先生不是公司的客戶，可以先打聽一下，這位小坂先生住在哪裡。只要精於問話，很容易就可以得到這個人的地址。

然後，到小坂先生住的地方找小坂先生交談，撇開商品的事，先和小坂先生建立良好的關係，這樣一來，小坂先生在與中村先生的交談中，就會談到你，成功的日子就不遠了。

△提出合理的理由。業務員要面對的準客戶不全部都是可以以情訴求的，其中一定也會碰到必須以理來訴求的準客戶。遇到這種準客戶，一定得運用偏重理性的說話技巧來對付，尤其是面對男性客戶或者是有男主人在場的情形，就算對方不以理性藉口作為拒絕的理由，也必須事先提出合「理」的理由。

準客戶：「孩子還小嘛！我認為買不買保險都無所謂！」

業務員：「不，您錯了！在以前農業社會根本沒有什麼保險觀念，就算個人發生不幸，還有大家庭可以照顧遺孀，可是現在都是所謂的『核心家庭』，就算您的兄弟姐妹有心想施以援手也是力不從心，何必為您的家人增加不必要的困擾和擔心呢？」

準客戶：「可是我在銀行裡還有存款啊！」

業務員：「有多少呢？能讓您的家人衣食無缺地生活多久呢？能讓您的小孩無憂無慮地念完大學、出國深造嗎？」

準客戶：「……」

業務員：「這就是關鍵所在，購買這份為您特別設計的保險，可以讓您和您的家人永遠不再煩惱下半輩子的經濟問題，相信您在可以選擇的範

197

第六章　排除異議

圍內，一定會希望所有狀況發生時，都是在您可以掌握的情況下！」

準客戶：「這個嘛……」

業務員：「患難之交是在患難發生時才能知道的，可是，現在就有一個患難之交在患難還沒有發生前，您就可以確定的，而且是完全不打折扣的，請您不要再猶豫了！為了您，為了您的家人，有備無患是絕對不會錯的！」

在說完這段話之後，不妨再以圖表來加強自己的說明，讓客戶親眼見識事實，在純粹以理訴求的情況下，最重要的就是冷靜、清晰的說明。

促成締結的技巧

利益彙整法

業務員：「王總經理，謝謝您撥出那麼長一段時間，聽了我們推薦給您的普通紙傳真機的產品說明，剛才也看過實際的產品操作，我們可以以貴公司目前實際使用的需求狀況，以貴公司的立場評估這臺普通紙傳真機的有利點與不利點。這裡有一張紙，我們可以把您同意的有利點寫在左邊，您較不同意的地方，我們把它寫在右邊。

有利點	不利點
①方便在接收的傳真檔案上面書寫。 ②固定規格的輸出紙張，易於歸檔、不易遺失。 ③30張A4的記憶體裝置，不會遺漏商機。 ④速度快，能節省電話費。 ⑤不需要經常換紙。 ⑥節省紙張成本。	①體積較大。 ②價格較高。

您提到過您很滿意能輕易在收到的資料上批示意見，您也喜歡固定規格輸出紙張，便於歸檔，又不易遺失；30 張 A4 的記憶體，讓您絕對不會因缺紙而漏收訊息；其他方面，如速度比您目前使用的機型更快；能省下許多長途電話費；紙張容量 200 張，不需要經常換紙；普通紙的價格只有感熱紙的 1／4，能節省紙張成本等，這些都是您使用後立刻可以獲得的好處。當然這臺機器還有一些功能，目前貴公司可能較少使用，但相信隨著貴公司銷售額成長，這種需求一定會逐日增加。

「此外您也提到體積較大、價格較高兩個缺點，是的，這臺傳真機的確比您目前的那臺要大一些，如果我們把它和一般的桌上型個人電腦相比，它其實小得多，個人電腦在貴公司幾乎是人手一臺，總經理您就把它當成多裝了一臺電腦。本機的價格確實比一般感熱紙機型更高，但如果我們以使用五年來看，相信王總經理您立刻可以發覺在每月國際電話費、傳真紙上所節省下來的費用，早就可再買一臺機器了。

「總經理，您看（將利點、不利點分析表再次遞出給王總經理看），您選擇的這臺普通紙傳真機，不但能提升公司的作業效率，還能節省費用，愈早更換機型愈有利。總經理，是不是明天就把機器送來？」

前提條件法

前提條件法是締結的重要手段，它隱含著這個用意：「我願意做這樣的犧牲，但是否為了表示您的誠意，也同意我的要求。」前題法的使用，能給客戶一些壓力，讓客戶加速做決定，能探測出客戶心理的底線，若是客戶仍無法做出正面決定，表示客戶所期望的仍大於您目前所提供的。

公司為了配合業務員的推銷行動，在交易條件上也會給業務員一些空間，碰到特殊案例，空間可能更大，有經驗的業務員能將公司給予的彈

第六章　排除異議

性，靈活運用在前提條件法中，進而獲得訂單。

業務員：「孫先生，這間房子您總共來看過五次了，夫人也來看過兩次，相信一定有什麼問題困擾著您。」

孫先生：「這房子雖然已經有十二年了，但這個地點對我們夫妻倆上班都非常方便，小孩上學走路也只要 5 分鐘，以便利性而言，的確很不錯。」

業務員：「對呀！其他來看過的客戶都有同感。」

孫先生：「屋主在價錢方面能不能再少 15 萬，您也知道，有一面和浴室共用的牆滲水，看起來應該是浴缸引起的問題，我們搬進去，還要花一筆錢來整修。」

業務員：「房價方面，我已經盡量替您爭取，屋主也已經降了 20 萬，這已經是底價了。」

孫先生：「價錢不降，總應該更換浴缸，把牆壁滲水的問題解決！」

業務員：「孫先生，我看您非常有誠意，不瞞您說，另外有幾個客人陸續都要出價，若是我能說服屋主花錢把浴缸及牆壁滲水的問題解決，您是否就會同意簽約？」

詢問法

透過詢問法來締結有兩種方式，一為直接詢問，另一個是使用選擇式的詢問。

多數業務員都畏懼直接向客戶開口要求訂單，他們害怕客戶會拒絕。事實上，如果你能掌握前面的推銷技巧原則，如以利益滿足客戶的需求、能技巧性地處理客戶提出的異議等，當你以誠懇、堅定的語氣向客戶提出訂單要求時，客戶想要拒絕你，還得在內心裡經過一番掙扎，才會拒絕。

獲得成功的技巧

因此，業務員不要因畏懼拒絕而忽視直接詢問要求訂單的威力。

選擇法使用得當能讓客戶及業務員都皆大歡喜，因為你免去客戶考慮較傷腦筋的問題，如到底是買還是不買？你讓客戶考慮的是較容易的事情，如範例中的星期一送貨？還是星期二送貨？客戶很容易決定。

不過使用選擇法時，要掌握住適當的時機，要在你能判斷出客戶同意購買的狀況下，使用起來才會不著痕跡，否則會顯得唐突或讓客戶看出你在使用它。

業務員：王總經理，是否在預約單上簽下您的大名，我好安排出貨手續？（直接詢問法）

業務員：王總經理，您看是星期一幫您送過來，還是星期二送比較方便？（選擇法）

哀兵策略法

當業務員山窮水盡，無法締結合約時，由於多次拜訪，和客戶之間多少建立了一些交情，此時，若你面對的客戶在年齡和頭銜都比你大時，可以採用這種哀兵策略，以讓客戶說出真正的異議。你知道真正的異議，有如「柳暗花明又一村」，便可確確實實地掌握住客戶的關注點，只要能化解這個真正的異議，你的處境將有180度的戲劇性大轉變，訂單將唾手可得。

業務員：「劉總經理，我已經拜訪您好多次了，總經理對本公司的汽車功能相當認同，汽車的價格也相當合理，您也聽朋友誇讚過本公司的售後服務。今天我再次地拜訪您，不是向您推銷汽車，我知道總經理是推銷界的前輩，我在您面前推銷東西壓力實在很大，大概表現得很差，請總經理本著愛護晚輩的心情，一定要指點一下，我哪些地方做得不好，讓我能在日後改善。」

第六章　排除異議

　　劉總經理：「您不錯嘛，既勤快，對汽車的性能了解得也非常清楚，看您這麼誠懇，我就坦白告訴您，這一次我們要替公司的 10 位經理換車，當然一定要比他們現在的車子更高級，以激勵士氣，但價錢不能比現在貴，否則我短期內寧可不換。」

　　業務員：「報告總經理，您實在是位好經營者，購車也以激勵士氣為考量，今天真是又學到新的東西，總經理我向您推薦的車是由美國裝配直接進口，成本偏高，因此價格不得不反映成本，但是月底將從墨西哥 OEM 進來的同級車，成本較低，並且總經理一次購買 10 部，我一定說服公司盡可能地達到總經理的預算目標。」

　　劉總經理：「喔！的確很多美國車都在墨西哥 OEM 生產，貴公司如果有這種車，倒替我解決了換車的難題！」

　　你可以按下列的步驟進行哀兵策略：

```
第一步：態度誠懇，做出請託的樣子。
              ⇩
第二步：感謝客戶撥時間讓你推銷。
              ⇩
第三步：請客戶坦誠指導，自己推銷時有哪些錯誤？
              ⇩
第四步：客戶說出不購買的真正原因。
              ⇩
第五步：了解原由，再度推銷。
```

單刀直入促成交易

進入準客戶辦公室之後，10秒鐘內你便開始促成交易。你要先說明這次見面的目的，並且告訴他你打算怎麼做，還有你的三大策略：

①我是來此幫忙的。

②我希望能建立長期關係。

③我會工作得很開心的。

一開始便說明你的目的與人生觀，會讓準客戶覺得十分自在。它可以建立信用與尊敬，而且開闢一條隨時可以交換資料、建立好感的大道。

與客戶分享使用經驗

單純的商品知識是沒有用的，除非你知道如何利用才能使客戶滿意，使客戶獲得好處。表面上，這似乎很簡單。但是你究竟付出多少努力，去了解現實生活裡你的客戶們如何使用你的商品或服務？他們如何在工作環境中使用它們？

了解商品的使用方法，你才能知道如何事半功倍地推銷它。

在大部分的情況中，最後使用者並非購買者。那些購買影印機或電腦的人，往往不是那些每天使用它們的人。最後使用者才能告訴你重要的推銷資訊。這很容易清楚得知，去拜訪你的客戶們。

①看看商品的使用情況。

②問問他們喜歡的有哪些，不喜歡的有哪些。

③問問他們最喜歡的是什麼。

④問問他們會做些什麼調整以及如何做這些調整。

第六章　排除異議

⑤問問他們售後服務如何。

⑥觀察相關人員的操作情形。

不確定締結法

　　這種方式最適合使用的時機是當你已經要求客戶購買產品之後，你發現客戶仍然在猶豫不決。這時你可以突然停下來說：「嗯，等一下。我好像記得這一類型的產品已經缺貨了，讓我查一查我們是不是還有你喜歡的這個型號，好嗎？」或者當客戶正在看一樣產品，而此時你走過去說：「這樣商品非常暢銷，但我們倉庫裡面可能沒有庫存了，讓我打個電話幫您問問看。」運用這種方式，讓客戶覺得他可能會買不到此產品。

　　從心理學上，我們發現當一個人越得不到一件東西的時候，他就越想得到它。

　　使用這種方式來促使客戶成交，有時候非常有效。

　　不確定締結法時常被使用在推銷女性精品服飾或珠寶的店裡。

　　比如有一位女士進入一間高檔的服飾店，當她看上一件衣服，價格可能非常昂貴，所以她一直遲疑不決，不敢做出購買的決定，因為她可能怕買了以後，他的先生會責怪她，或者怕會遭受其他人的批評。精明的店員在這個時候，就會走過去告訴這位客戶：「嗯，這件衣服非常適合您。但是等一下，我不確定是不是還有適合您的尺碼，讓我先去檢查一下，您可以等我一下，讓我去查一查嗎？」當客戶答應店員的請求後，十有八九代表這個客戶已經想要購買了。當店員過了幾分鐘回來後，告訴客戶：「哎喲，您實在是太幸運了，適合您的尺碼剛好只剩下最後一件。」在這個時候，店員可能更容易促使客戶下定決心購買。

總結締結法

　　總結締結法的使用是當做完所有的產品介紹之後，你再用短短的幾分鐘時間，把剛才你向客戶介紹過的所有產品好處、優點，很快地從頭再複述一遍來加深客戶的印象，提升他的購買意願。當然在使用這種方法時，要知道你所列出來的產品的利益或者好處，有哪一種或哪兩種是客戶最在意、最感興趣的，那麼在做總結締結法的時候就要把80％的注意力放在強調其中的一種或兩種最主要的購買利益上面，並且不斷地重複那顆「櫻桃樹」。

寵物締結法

　　寵物締結法適用於推銷有形的產品。所謂有形產品指的是那些可以看得到、摸得著、有實物的產品。

　　所謂的寵物締結法是指讓客戶實際接觸或試用你所推銷的產品，讓他們在內心中產生這個產品已經是屬於自己的感覺。

　　有一個專門推銷辦公設備的公司運用這種寵物締結法，而使他們的銷售額大幅度提升，從而領先其他同業。他們的做法非常簡單，並不是僱用非常有技巧的業務員，他們只做一件事，即派人到潛在客戶的公司介紹他們產品，然後讓客戶選擇他們認為有趣的產品，之後免費把這些客戶有興趣或需要的產品放在他的辦公室裡，讓客戶免費試用一週。

　　依照銷售心理學的研究發現，當產品交到客戶的手上，並使用一段時間後，甚至只有短短幾天，在他的內心就會產生這一產品已經是屬於自己的感覺，而業務員要再來把產品拿走時，他的心裡就會有一點不習慣，而且自然當他心裡已經習慣這種產品是屬於他的時候，就更容易做出購買決定了。

第六章　排除異議

因而，有可能的話，讓你的客戶試用產品，這樣他會更容易做出購買決定。

全世界最大的日用品銷售公司之一——安麗公司也曾經使用過這種方式。他們要求業務員去拜訪客戶的時候，每個人手上提一個產品試用袋，在拜訪客戶的時候，會將這些裝滿各式各樣產品的安麗試用袋交給客戶，告訴客戶可以隨意試用這個袋子裡的任何產品，而且都是免費的。過了幾天或一週後，業務員會回訪這位客戶，詢問客戶對這些產品的使用心得或者需要協助的地方。安麗公司僅僅使用這樣的方式，就使公司創造了驚人的銷售額。

寵物締結法源自於寵物店老闆所使用的技巧。寵物店的老闆發現小孩子常常吵著父母為他們買一隻寵物。有時父母怕麻煩並不希望養寵物，但經不起孩子的吵鬧，所以父母就帶著小孩子到寵物店去隨便看看，而當小孩子看到非常喜歡的寵物而愛不釋手時，這時父母通常會拒絕購買。而此時寵物店老闆就會很親切地告訴這個父母和孩子：「沒有關係，你們不需要急著購買，可以把這隻小貓／小狗先帶回去，跟牠相處兩、三天，然後看是不是喜歡這隻小狗或小貓。過兩、三天以後你們再決定，如果不喜歡，可以把牠再帶回來。」所以父母與小孩子帶著這隻可愛的寵物回家，經過幾天以後，全家都愛上了這隻小寵物，於是父母便掏錢買下這隻寵物。這就是寵物締結法的來源。

訂單締結法

訂單締結法是當你和客戶進行產品介紹的一開始，你先拿出一張預先設計好的訂單或購買合約，在這張訂單或合約上你依照假設成交法的問句形式設計一系列由淺到深的問題，並在這張訂單上寫上日期或客戶姓名等

基本資料。通常當你拿出這張訂單的時候，客戶可能會緊張地說：「等一下，我還沒有決定買你的東西呢！」這時候你可以非常輕鬆地對他說：「不要緊張，這張單子並不是要讓您買東西，只是因為我怕忘記我們等會所討論的內容，所以想將一些細節記錄在這上面，等我們說完後，如果您不想買，我們就把它扔到垃圾筒裡。」而每當你和客戶談話時，就不經意問一句：「這種產品您比較喜歡紅色還是藍色呢？」每當客戶回答後，你就將答案寫在或者勾在訂單上面。而每當你問客戶一個訂單上關於購買產品的選擇性問題時，就提升了客戶對購買這種產品的意願，也就讓他更容易做出購買決定。然後當你一旦已經得到客戶所有關於訂單上所列的問題，或者當你已經把這個訂單填完時，你的成交步驟大概也已經完成80%或90%了。最後你可以使用假設成交法詢問客戶：「你覺得我們明天送貨還是今天送貨比較好呢？」當你問完客戶這些問題，就把訂單交給客戶，然後讓客戶簽字。

許多人並不直接使用這種成交方式，但這種締結方式確實非常有效，而且也非常容易。另外一種使用方式是當你向客戶介紹產品時，發現他已經對這種產品產生興趣，這時候就可以拿出訂購單或購買合約，同時問他：「先生（小姐），請問您的送貨地址是什麼呢？」或者「您今天可以先付多少訂金呢？」當他告訴你送貨地址或訂金數目的時候，也就表示他已經決定買你的產品了。同樣地，當你寫完購買合約後，就交給客戶簽字。

隱喻締結法

每個人都喜歡聽故事，所謂的隱喻，就是講相關的故事給客戶聽。

曾有一位在保險業非常頂尖的業務員，他總是準備許多用來解除客戶拒絕的故事，每當他碰到客戶對購買保險有所抗拒的時候，他就會講一則

第六章　排除異議

相關的故事給客戶聽。例如當有客戶說：「我已經有很多的財產和不動產了，為什麼還需要買保險呢？」這時候他會告訴客戶：「先生（小姐），我非常了解您的看法，因為當一個人覺得已經有很多的資產和不動產的時候，他會覺得自己不需要買保險了。我以前有一位朋友，他也非常有錢，擁有許多的資產和不動產，他的資產超過了幾千萬，但是去年他57歲的時候，在一場意外中身亡了，而那時候他的妻子只有50歲。可是因為他生前沒有買保險，所以當他死亡後，所付的各種花費、遺產稅及其他各種稅金等等費用總共超過400萬元。想想看，您覺得是每個月花1,000塊錢買保險比較划得來還是損失400萬元划得來呢？」如此這般，他利用別人的故事來誘發了這個客戶的購買意願。

　　所以，每當客戶表示拒絕的時候，就可以說一個與這個拒絕有關的、有說服力的故事來消除他的抗拒。

　　有一位汽車業務員也善於使用隱喻締結法，他所推銷的汽車是比較安全堅固的，但價格卻比較高。而每當客戶抱怨價格比較貴時，他會說：「先生（小姐），我們的車確實比一般的車子貴，可是您知道嗎？我曾經有一個朋友，半年前為了省一、兩萬塊錢而買了一輛沒有我們車子這麼安全的汽車，後來在一場車禍中，坐在後座的小孩子身受重傷，現在還躺在醫院裡。您覺得是2萬塊錢重要，還是一個人的生命安全重要呢？」

　　曾經有一個頂尖的業務員，在他的行業中連續維持了近一年的銷售冠軍紀錄，而他所做的就是花3天的時間，在一張紙上列出最常遭遇的客戶拒絕方式，而且針對每一種拒絕理由找了2～3個不同的故事來解決。如此一來，他的業績大幅提升。或許我們也應該做相同的事，來幫助自己提升業績。

對比締結法

對比原理是人類的知覺原理，它影響著人們看待依序出現在面前的兩種事物差異。簡單地說，對比原理被使用時，我們往往會以為兩種事物之間的差異比它們之間的實際差異還要大。例如，當我們先舉起一個較輕的甲物體，再舉起一個較重的乙物體，我們對乙物體的感受重量會大於直接舉起乙物體的感覺重量。再如，如果我們先與一位漂亮的女士交談，然後有一個相貌平平的女士加入我們的談話，相比之下，第二位女士給我們的印象就會比她的實際長相還差。

對比原理在心理學領域已經得到充分證實，並被廣泛使用於溝通、說服、談判、銷售等各領域。

假設一位客戶走進一家時髦的西裝店，說他想買一套西服和一件毛衣。如果你是店員，如何推銷才可能使客戶產生最高的消費額？聰明的服裝商教他們的店員先賣昂貴的商品。或許有人會認為如果一個人花了很多錢買一套西裝，他可能不願意再花很多錢買一件毛衣。可是，聰明的服裝商會使用對比原理：先賣較貴的西服，因為當客戶已經習慣西服的價格後，當他買毛衣時，儘管毛衣的價格昂貴，但與西服相比就顯得不那麼昂貴了。

一個人可能會為了花 600 元買一件毛衣而猶豫不決，但是，如果他剛剛花了 2,500 元買了一件西服，600 元的毛衣感覺上似乎就沒有那麼貴了。但若店員先介紹價格低廉的商品再介紹價格昂貴的商品，結果會使昂貴的商品顯得更貴。

同樣的道理，若你先將手放入一桶冰水中，之後，馬上將手放入溫水中，此時對溫水的感覺會比實際的溫度高，反之亦然。因此，正如使同一

第六章　排除異議

桶水顯得更熱或更涼取決於前一桶水的溫度，使同一件商品的價格顯得高一些或低一些也是可能的，這取決於前一件商品的價格。

某些房地產銷售公司使用此種對比原理：每當他們開始向客戶介紹要脫手的房子時，他們總是先介紹一些不受人歡迎的房子。這些房子並不打算銷售給客戶，而是向客戶展示這間「誘餌房」。當客戶看完破房子後再帶他們去看真正想賣的房子時，比較之下，第二間房子自然顯得更有價值，也更值得購買。

■ 洞察客戶異議的反應

除了言語之外，肢體也可以表示意願，有時候雖然嘴裡同意，但是肢體卻默默地表示拒絕。如果稍一不留神，就無法察覺出對方的表現是否表示拒絕，所以不得不多加留意。

客戶拒絕時肢體的反應

△對推銷者不理不睬。不論多麼遲鈍的人都會察覺到這個非常不愉快的態度，這個表情表示「不願意再和你周旋」。

如果是在一般家庭的話，太太會故意責罵小孩、整理衣物，總之一切的動作都在暗示著叫你趕快回去。但是卻始終不直接說：「這樣的東西我們不需要，你趕快回去吧！」

面對這樣的態度應該怎麼辦呢？有很多人遇到這樣的情形，會盡快留下目錄和小冊子，然後就回去了。

洞察客戶異議的反應

這實在是很失敗的做法，所以先不要認為對方真的很忙，如果實在無法使對方和你交談的話，不妨先沉默一下，緩和現場的緊張忙亂氣氛。

對方看你既不回去，又不說話，一定會很驚訝，說不定還會坐下來和你聊聊天呢！這時候你不妨先沉住氣，拿出目錄來，一一進行說明。

如果你看到這樣的情形，心裡也很不高興，擔心會發脾氣的話，不妨乾脆就說：「等你有空時再來！」總之，不要突然離開，否則會把彼此的關係弄得更僵。

△拿出來的目錄。對方看都不看一眼。這是完全不在乎業務員的表現，這樣的客人也非常多。

這樣的態度也顯示出要業務員早一點回去的意思，但是，為了達到推銷的目的，你仍然要拿出目錄來，一一加以說明。

雖然他不想接受你的態度，或看你的東西，但是，只要你說了，對方還是會聽得見。所以，你先假想對方會很專心地聽你的說明，當然必須說得很起勁。

如果對方毫無反應的話，你就按照自己原定計畫一直說下去吧！

△不願接受名片。有的人不願意接受業務員的名片，知道來者是業務員之後，就會認為對方是來要自己買東西，要自己掏錢的。

經驗不足的業務員遇到這樣的情形往往會慌張失措，甚至面紅耳赤。但是，這都不是一個業務員應該有的表現。

當你遞出名片而對方不願意接受的時候，你不妨將它放在桌上或門口，無論如何都不能再將它收回來，因為這表示「我將要回去！」的意思。

至少你要讓客戶知道，有一位業務員推銷了某一種商品，所以留下名片是有必要的。

第六章　排除異議

△始終不願意開口。無論你說了什麼,對方始終不願意開口,這也是拒絕的表現。

但是,對方只是默默坐在面前,不給任何的資訊,倒不如大吵一架來得有意義呢!

如果你遇到的就是這種難題,只好不顧一切,拿出目錄來,自己唱獨角戲。

不論什麼樣的案例都有一個共同特徵,以肢體反應表示拒絕的人,通常個性都比較怯弱,一旦進入對方的心扉之後,談話往往會進行得意外順利。

所以以沉默表示反抗的客戶,一旦失去最初的抵抗態度之後,往往有50%的成功可能性。

△轉移視線。有人雖然起初也專注地聽著業務員的話,但是,漸漸地焦躁了起來,突然變得毫不關心的模樣。這也是拒絕的現象,代表厭倦了談話,或者是叫你早點回去。

雖然你凝視對方的臉,可是他立刻將視線移開,這樣表示推銷行動已經到了絕望的地步。唯一的方法是趕快結束今天的談話,因為對方已經開始表示厭倦,再談下去只是白白浪費時間和精力而已。

△身體向後靠,雙手抱胸。原本一直聽得很入迷的樣子,突然之間卻將身體靠向椅背,或抱起雙手,對業務員的談話也愛理不理,這也是危險的訊號。

這個時候業務員即使說一些和推銷無關的話,對方也不會再有任何反應了,所以業務員最好閉上嘴巴,不再說話,這是唯一的方法。

△一副毫不知情的樣子。業務員前來拜訪時,如果客戶要表示拒絕,

洞察客戶異議的反應

有80％會以言詞來擊退業務員，其餘的二成以不在乎的態度表示沉默的反抗。

後者起初也許也會用言詞來反駁，但是經不起業務員的執拗，最後就乾脆閉口不語。

但是，最好不要形成唱獨角戲的場面，不妨找幾個容易回答的問題，聽聽對方的意見。

例如：「你知道這個產品該如何使用嗎？」、「哪一家公司的產品功效最好呢？」、「你覺得價格合理嗎？會不會太貴？還是太便宜了呢？」

△焦躁不安的神情。小孩子在哭鬧之前，身體會先左扭右擺，表現出焦躁不安的神情，這樣的動作持續了一陣子之後，小孩子才會突然哭泣起來。

大人的肢體語言也大致一樣，當焦躁不安的神情出現時，對於業務員的商品說明，他也就沒有心情再去聽了，所以焦躁不安的神情也屬於危險訊號，表示你可以回去了。

在這個時候，如果你已察覺苗頭不對，就趕快收拾說明手冊，打開皮包。這樣的動作給對方「啊！他終於要回去了」的訊息，情緒就會再度安定下來。

如果這個時候對方仍然無法安定下來的話，唯一的方法就是先回去，然後期待下次再來時，對方的情緒能夠穩定一些。

△看手錶，注意時間。這是業務員最不願意見到的動作。但是遇到這樣的情形時，千萬不可慌張失措。分秒必爭的人畢竟是少數，只是沒有人將寶貴的時間分給業務員罷了！如果還有其他重要事項，業務員應早一點了解。

「你還有約嗎?幾點呢?」業務員可以明確地提出這個疑問。

「沒有啦!」或「嗯!」回答不外乎是這兩種,知道了之後,商談就可以再繼續下去。

但是,如果在你們談話的時間長達半個小時或一個小時之後,發現對方在看手錶,就表示你的確該告辭了。

△眼神空洞的時候。「眼睛是靈魂之窗」,當客戶對業務員的談話感興趣時,眼中會流出閃爍的光芒,而且他會一直注意著對方的眼神。

對於客戶而言,最高興的一件事大概是業務員早一點回去吧!

這事實雖然業務員非常不願意知道,但確實存在。重要的不是你在客戶這裡停留了多久,而是你的意思對方接收了多少。

客戶拒絕時的狀況反應

拒絕的另一種方式表現在狀況方面,多多少少和肢體反應有些重複的地方,在這裡仍簡要地分析一下:

△拒絕面談。拒絕面談是非常明顯地拒絕業務員上門。

一般的家庭會在門口就告訴你現在家裡沒空,然後「砰」的一聲,把門關上,或者在對講機報出姓名,了解來意之後,連見面的機會都不願意給。

如果是公司的話,老闆會叫祕書來打發你。

這樣的情形是業務員最不願意遇到的,如果不論拜訪多少次結果都一樣,倒不如先找一個有力的理由去拜訪,效果會好一點。

△客戶不在家。有的時候客戶是真的出去了,但是大多數的情況是在

家，只不過不願意出來罷了。這種情形特別容易發生在第二次或第三次再訪的時候，雖然感覺非常不舒服，但是也無可奈何。

遇到這種情形唯一的方法只有留下名片、目錄、宣傳單，說明來意之後就回去。

但是在名片背面一定要寫明來意：「某月某日，登門拜訪，可惜您不在家，未能碰面。留下一份目錄，希望能提供您參考。」即使沒有當面見到你的客戶，但是不要放棄任何可以利用的機會。

△對方失約。雖然已約好某月、某日、某時，在家裡或辦公室見面，但是對方卻出去了。或許你為了擔心他會忘記，前一天先以電話聯繫過，但是對方仍然失約。

這種情形往往不是忘記或者突然有急事，大多數只是為了逃避，一種膽怯的作法，但是每個人都會為自己的行為做很多不實的解釋。遇到這種情形你不可以就敗興而歸，別忘了再留一張字條給他：「在約定的時間前來拜訪，您大概是突然有急事，未能見面，非常可惜，希望我們下次還有機會再見。明天9點鐘以前我會再致電和您聯繫。」

客戶也是人，他也會反省自己的作為是否錯了，這樣反覆三、四次之後，對方的防禦自然會不攻自破，最後大多可以締結合約。第一次或第二次的拜訪通常是比較辛苦，但是苦盡甘來是做每一件事情必經的過程。

△因為有客人來了，請你移動座位。正在辦公室和對方對坐著談話時，突然有人進來，客戶要你將位子讓給這位新來的客人。這時你們的談話已漸入佳境，整個場面的氣氛突然改變，實在非常可惜，但是又不能不照客戶的話做，你只好坐在一旁等著。只是你坐在一旁時，對方就會完全不在乎你的存在，因為他也想早一點把你趕回去呢！

第六章　排除異議

　　這個時候你衡量一下狀況，找個合理的機會，插進去說：「我可不可以把話說完！」如果對方還是不給機會的話，你再告辭也不遲。

　　移動座位也表示對方不想購買的意思。

　　△面談的時間極短。即使見了面，但是彼此只不過問候寒暄一下，兩分鐘之後，對方就立刻說：「今天就到此為止！」企圖終止你們的談話。

　　雖然比完全不出面要好得多，但是，事實上這也是非常強烈的拒絕方式，因為有時候是為了某種原因不得不露個臉，例如介紹者是非常重要的人。

　　儘管面談的時間極短，至少你已經擁有一次機會，即使不能在這次的面談中獲得實際的成效，也要讓對方留下好印象，而且神情必須非常愉快。

　　△長時間的等待，使人煩躁。不論哪一種交易，只要一發火，交易關係也就結束了。有很多客人都有一種錯誤觀念，認為讓業務員等很久沒有關係，但是，卻從來不會體會到等人的痛苦。

　　無論推銷成功與否，從業務員角度來看讓人久等絕對不是一件受歡迎的事情。

　　如果你的客戶讓你久等的話，最後往往只會產生兩種結果，一種是乾脆不與你見面，還有一種即使見了面，馬上就明顯表現出拒絕態度。因為客戶會讓你久等，表示他一點都不關心這件事，不在乎這件事，所以對這個交易你也別抱太大的希望。

　　△由代理人來接洽。如果是在一般的家庭，真正的經濟決定權大多是在男主人手上，但本人卻不出面，而由太太來代替，有時候也會叫上中學的兒子出來應付，若是遇到這樣的客人實在也沒有什麼好辦法。

　　在這樣的情形下，對方真正的用意是想要把你趕走，但是又覺得你很可憐，所以隨便叫一個人出來應付你一下，你也應該滿足了。

216

但是和沒有經濟決定權的人商談，就不會有成功的機會。如果可以叫這個人代為傳達，這未嘗不是一個好方法，或者可以將樣品、目錄留下來，再以一張字條告知來意，慎重地交代對方：「無論如何請你一定要交給你父親（你先生）。」不過你應該找個合適的機會再來拜訪一次。

除非是心腸真的很硬的人，否則只要你多來幾趟，當事人應該會給你機會。

在還未見面之前，總會猜測對方大概是怎麼樣的人。結果往往會令人意外地發覺他很軟弱。這樣的人在遇到業務員時，即使被說服決定購買，但有可能事到臨頭還會反悔。

因此，在商談時要按照進度，一步一步地來，最後成功的機率才會比較大。

△談話中間由代理人來代替。雖然遇到了有經濟決定權的人，但是談一段時間之後，話題進入重點核心，客戶突然說：「我找另外一個人來和你談。」然後就離席而去。

這的確是一件很令人生氣的事情，但是也無可奈何，因為這也算是非常強烈的拒絕反應。

△氣氛惡劣。只要稍微用心留意的人，對現場的氣氛都很敏感。

當業務員表明來意的時候，對方雖然沒有明確地拒絕，但是可以從當時的氣氛察覺出來。

△在商談當中開始做別的事情。原來在注意聽業務員的話，但是在談話當中，一轉身就突然開始做起自己的事情來，完全無視眼前業務員的存在。

如果是在家庭情境的話，太太會轉身去洗衣服，或者教小孩子寫作業。

第六章　排除異議

不管怎麼樣，這些舉動都是拒絕的狀況。

△移動座位。雖然和業務員對坐著談話，但是突然站起身來，離開座位，毛毛躁躁，一副不耐煩的樣子，尤其是當對方露出不悅的神情時，幾乎很難再讓他回到原位，靜下心聽業務員的說明。

但是，他並沒有說「你可以回去了」或者是「我不想買」，所以這時候如果你有充裕的時間的話，不妨靜靜地盯著對方。

巧妙處理客戶的藉口

假如你在推銷時僅僅跑了兩三趟，就因遭到客戶的拒絕而悲觀、失望，消極地認為「算了，別去了」的話，根本沒有希望取得好成績。

堅強地面對拒絕

所謂一流的業務員就是常被客戶拒絕的業務員。

既有推銷就免不了有拒絕，這乃是天經地義的事，試問從事推銷二十多年的業務員，在其推銷生涯中所遇到的客戶，有幾人是二話不說便簽約的？或許一萬人之中才不過兩、三人而已！既然被客戶拒絕是不可避免之事，何不坦然面對。既有心從事業務這一行業，就該事先有所覺悟：業務員，一定得面對客戶的拒絕，不解決這些拒絕就不可能順利簽下合約，這是想逃也逃不掉的！

有個化妝品業務員在他所分配的區域裡，遇到一位很不喜歡其公司產品的怪異難纏的店主。當他一進門正想推銷化妝品時，這個店主就嚷道：

「你沒有走錯地方吧,我才不會買你們公司的產品!」

業務員於是蓋上手提箱,謙虛誠懇地向店主說:「您對化妝品一定很內行,對商品推銷經驗老到。我是一個剛進入推銷行業的新人,您能否教我一點祕訣?到別的店裡去時應該如何談起?可否請您這位老前輩指導關於這一類的問題?」

他看到店主的臉色漸漸轉變,再度打開了手提箱。

「想當年,我開始做這一行……」這個化妝品店的店主終於打開話匣子,一口氣講了15分鐘,在他講解過去推銷化妝品的過程裡,越來越喜歡這個洗耳恭聽、不斷點頭稱是的年輕人,終於下定決心購買這年輕人所代表的公司生產的化妝品,這位怪異難纏的老闆成為這位年輕業務員的長期客戶。

處理價格異議

賓士是全世界最貴的汽車之一,有些人說「價格太貴了」,但是賓士車在全球有每月數千臺的銷售量。賓士車廠是全世界最富有的公司之一。

在2000年前的大馬士革市集裡,就到處有人喊:「太貴了!」但大家還是買了!

「價格太貴」是典型的反對理由。要克服它,你得找出他說這句話的真正含意。假定他想現在就買,而且可以自己做決定,那麼在這個反對理由之下,很可能有這5個意思:

①我付不起。

②我在別家可以買到更便宜的(或者更好的)。

③我不想向你(或你們公司)買。

第六章　排除異議

④我看不出、感覺不到，也不了解你們商品或服務對我有什麼價值。

⑤我還沒有被你說服。

如果聽到價錢方面的反對理由，有一半左右的情況，你做不成這筆生意。另外一半成功的機會，假使準客戶很迫切地想要你的商品或服務，他自己會想辦法來付這筆費用。單單說句價格太貴並不代表他不會買。事實上，他說了這麼多次，意思是：「我想購買，指點我方向吧。」

準客戶說「價格太貴了」，並不表示他今天不會購買。

作為一個好的業務員最基本的特質在於兩個方面：第一，感同身受，即善於從客戶角度思考問題；第二，自我趨向，即想要實現推銷的強烈個人願望。

據調查，業務員所遇到的拒絕和異議中，大部分都是關於價格的。

這時你也不需要「勉為其難」。但有時客戶說「自己沒錢」或者「以後再說」，這反而可能不是客戶的真心話。因此，你應先辨別客戶的反對意見。如果客戶是因為擔心產品的功效和售後服務，或者是想透過這種方式讓你降低價格，那麼你千萬不要輕易放過，因為客戶可能已經對你的產品產生興趣，他只是想獲得更多資訊或用更便宜的價錢買下來，只要你方法得當，說明生動，是很有可能取得成功的。

業務員一般都有這樣的經驗：無論你的產品價格是多少，總會有人說價格太高。「太貴了！」這恐怕是任何一個業務員都遇到過、最常見的異議。客戶還可能會說：「我能以更便宜的價格在其他地方買到這種產品」、「我還是等價格下跌時再買這種產品吧」、「我還是想買便宜點的」等等。

對於這類反對意見，如果你不想降低價格的話，就必須向對方證明，你的產品價格是合理的，是產品價值的真實反映。業務員可向客戶說明，

巧妙處理客戶的藉口

產品經過嚴格的品質監督,具有新穎的設計水準和完善的售後服務。你還可以述說其他客戶的感受和反應等,以此證明價格的合理性。當客戶明白其中的道理之後,也許就不再堅持自己的異議,接受你的產品價格。

金克拉(Zig Ziglar)曾推銷過成套廚房設備,主要是全套炊事用具,其中最主要的就是鍋子。這種鍋子是不鏽鋼製,為了導熱均勻,鍋子中央部分設計得較厚。它的結實程度是令人難以置信的,金克拉曾說服一名警官用殺傷力很強的手槍對準它射擊,子彈竟然沒在鍋上留下任何痕跡。

當金克拉推銷時,客戶經常表示異議:「價格太貴了。」

「先生,您認為貴多少呢?」

對方也許回答說:「貴200美元吧。」

這時,金克拉就在隨身帶的紀錄紙上寫下「200元」。然後就又問:「先生,你認為這鍋子能使用多少年呢?」

「大概是永久性的吧。」

「那您確實想用十年、十五年、二十年、三十年嗎?」

「這鍋子的耐用度是沒有問題的嘛。」

「那麼,以最短的十年為例,作為客戶來看,這種鍋每年貴20美元,是這樣的嗎。」

「假定每年是20美元,那每個月是多少錢呢?」金克拉邊說邊在紙上寫上算式。

「如果那樣的話,每月就是1美元75美分。」

「是的。可是夫人一天要做幾頓飯呢?」

「一天要做兩、三次吧。」

「好,一天只按兩次算,那您家中一個月就要做60頓飯!如果這樣,

第六章　排除異議

即使這套極好的鍋每月平均貴上1美元75美分，和市場上品質最好的成套鍋具相比，做一次飯也貴不了三美分，這樣算下來就不算太貴了。」

金克拉總是一邊說一邊把數字寫在紙上，並讓客戶參與計算。

當客戶對產品價格提出異議時，還可以採取其他方法說服他，比如告知客戶使用你的產品可帶來很好的收益，並降低使用和維修費用，提醒客戶要考慮物價上漲的因素等等，必要時還可以採取分期付款的購買方式。

總之，客戶對產品價格有異議是很普遍的，業務員成功與否相當程度上取決於價格異議方式的處理是否得當。

對於保險業務員來說，保費太貴通常是客戶拒絕的理由之一。有時候是客戶以為保額那麼高一定很貴；有時候是不曉得可以用月繳的方式，一看保費數目不少，自忖負擔不起。如果是客戶還不知道保費多少的話，只要改變客戶的想法就可以了；若是第二種情形，不妨化整為零，以月繳的金額來說服客戶。

（一）

客戶：「太貴了！」

業務員：「那麼，你認為多少才不算貴呢？」

客戶：「反正太貴了！」

業務員：「你猜猜看，終身享有200萬保障，繳二十年，一年應該繳多少保險費？」

客戶：「200萬，二十年的話，一年至少也要繳個5萬！」

業務員：「只要24,000元！」

客戶：「怎麼可能！」

巧妙處理客戶的藉口

業務員:「因為這份是純保障的,所以保費相當便宜。其實以最少的費用買最高的保險,其實相當划算!」

(二)

客戶:「太貴了!」

業務員:「一天只要 70 元而已!」

客戶:「可是房屋貸款負擔太重了,還是不要好了!」

業務員;「現在一般家庭都有房屋貸款或房租負擔,不曉得您一個月的房屋貸款是多少?有沒有 3 萬?」

客戶:「沒那麼多!」

業務員:「剛剛我拜訪的那一家,一個月房屋貸款 4 萬多呢!可是為了做好風險管理,讓家庭經濟永遠負擔得起繳房貸款,於是買了一份險!再說,一天只要三包香菸(如果客戶抽菸的話)的錢就可以享有 200 萬的保障,您還猶豫什麼呢?」

先以足夠的保障來介紹,萬一客戶以太貴為由拒絕,再告知實際價格,將可獲得意想不到的效果。

以已成交的客戶作為比方,在「輸人不輸陣」的刺激下,將可輕易突破價格太貴的障礙。

推銷是科學化的行為。

如果客戶所說的「太貴」只是藉口,那麼只要稍做處理,不要正面與客戶爭辯。但客戶若是真心認為「太貴」的話,表示真正的原因是覺得「不值得買」,這種狀況下,就要下猛藥、下重藥,好歹將死馬當活馬醫,看看是否能讓客戶回心轉意!

第六章　排除異議

客戶：「太貴了吧！」

業務員：「怎麼會呢？一個月只要3,000塊錢，就可享有將近300萬的保障，而且您的孩子6歲以後，每三年還可以領回3萬元獎金。」

客戶：「要領回那些錢，我不如在銀行開戶頭，按月把錢存進去，利息還多一點！」

業務員：「您說的沒錯，在利息方面，買保險的確比不上定存，但儲蓄是付出多少錢就拿回多少數目，不可能像保險一樣從繳第一次保險費3,000元開始就享有近300萬的保障。在這一點上，儲蓄是絕對比不上的。

「您嫌它貴，其實是還沒真正了解保險的真諦，所以才會覺得沒必要買，不值得一買，請問您先生有沒有勞保？有，對不對？萬一您先生要是沒有勞保的話，您是不是會覺得不安？其實勞保也是保險的一種，不過勞保側重的是醫療部分，身故方面的保障並不夠，所以，我們必須從別處購買壽險來補足不夠的部分。

「再從孩子的營養來講，您絕對不會因為肉類太貴就不買，只叫孩子吃青菜吧！為了孩子營養能夠均衡，再貴都捨得，同樣地，買保險也是為了孩子，為了讓孩子永遠有飯吃，魚肉青菜樣樣不缺，讓孩子能快快樂樂地念書長大成人，不要再嫌貴了！」

業務員可能遇到有關價格方面的拒絕主要就是以上三種，業務員應視客戶的反應靈活運用這三套方法。

對業務員本人的異議

與拒絕打交道的人打交道，並戰勝拒絕的人，才是成功的業務員。

業務工作是大部分時間都在面對陌生人的商業活動，同樣地，業務員

> 巧妙處理客戶的藉口

對於客戶來說，也是陌生人。對陌生人的恐懼、懷疑和防禦是人的本能，因此，當業務員敲響客戶的家門時，客戶就會對業務員這個陌生不速之客的來意產生恐懼、懷疑和警戒，會對業務員擺出排斥態度。日本的一位專家曾作過一次調查，結果表明70%的客戶其實沒有真正明確的拒絕理由，只是下意識地對業務員的打擾感到反感，對業務員本人產生懷疑、恐懼的心理，同時對業務員帶來的商品也必然有所疑慮：「這個商品到底是真的呢？還是假的？信譽可靠嗎？」所以從根本來說，客戶的拒絕並不是拒絕商品，而是拒絕業務員，拒絕業務員的言行和神態。

因此，業務員在推銷商品之前，要先推銷自己，取得客戶的信任，唯有當客戶信任你以後，才會信任你推銷的商品，才會接受你的推銷。業務員要取得客戶的信任，消除客戶的疑慮，除了從業務員的長相、服飾、神態、言語中流露出親切、和諧、安全、信任的感覺外，還應做一件非常重要的事情，即盡快解除客戶的警戒心，讓他能靜下來聽你說話，這樣推銷才有希望。這時最重要的不是囉哩囉嗦地說許多廢話，而是要簡潔明瞭地與客戶就業務員的可信度和商品知識作一番短小精悍的談話，使客戶能擺脫主觀情緒，冷靜、客觀、理智地根據商品品質、價格、實際需求來權衡是否應該買你的商品。在客戶家中滔滔不絕地說個沒完，必然招致客戶的討厭與拒絕。

有時候，由於業務員的疏忽，激怒了客戶，這時應馬上尋找原因，是不是在推銷時言行傲慢？你在回答客戶問題時是否帶有攻擊性？有否有不尊重客戶的行為等。總之，業務員應想辦法及時補救，否則將永遠失去這個客戶，同時也有可能由於這位客戶施加的影響，而使他失去一大批客戶。

全職家庭主婦本身沒有賺錢，對於支配家用金常有著深深的不安。所以，應該著重處理這一方面以消除其不安。

第六章　排除異議

客戶：「我先生很囉嗦的。」

業務員：「囉嗦也是應該的嘛！賺錢很辛苦的，當然要精打細算，但是太太，買保險是儲蓄喔！可不是花錢唷！」

客戶：「可是……」

業務員：「您說先生人很囉嗦，那麼您花五十塊買條手帕，先生會不會說是浪費？」

客戶：「這怎麼會呢？」

業務員：「若是一百元的口紅呢？要不要打個電話徵求先生的意見？」

客戶：「哈哈，這種小事……」

業務員：「不用，對不對？這樣說吧！一天一百元，買個玩具啦果汁啦就沒啦！可是積少成多，一個月下來就有三千元，而這份保險一個月只要三千元。您先生很愛小孩子吧？」

客戶：「是啊！」

業務員：「買這份保險完全是為了小孩好，先生怎麼會怪您呢？或許在口頭上他會埋怨幾句，不過，心中一定會感謝您為小孩設想得這麼周到，男人嘛！往往都是這樣，嘴巴上講的和心理面想的都不一樣！」

　　這個對話處理的重點，在於盡力消除女性未和先生商量自作主張應允購買所產生的不安。因此，以買口紅、手帕等實際例子來強調，購買小東西並不需要事事都和先生商量，同時也喚起客戶的自覺，自己能做主的範圍到底有多大？

區分客戶的不同藉口

對付「改天再來」的藉口

「請你改天再來吧！我今天不買。」

「我現在不需要，也許改天吧！」

這樣推辭的客戶，一般說來，屬於下列兩種類型：

①**感覺敏銳，能顧及對方的立場，很講究禮貌；**

②**優柔寡斷，無法給予對方明確答覆。**

△對付第一類型人的方法：這種人看來沉靜且易於接近，而事實上，要說服他們得花費相當的功夫。

簡短交談後，如果對方「請你改天再來吧」的原意仍然未變，那你就要「改變策略」了。

「冒昧打擾您了，真是抱歉。那麼，我就改天再來拜訪。」

第一次拜訪的時候，吃客戶的「閉門羹」是很平常的事。重要的是，還要再接再厲進行第二次拜訪，若得到的答覆仍與第一次相同，那麼，這筆生意成功的希望也就很渺茫了。

△對付第二類型人的方法：當這一類型的人推辭的時候，你要虛心地接受：

「哦，是這樣的啊，也難怪，現在物價高漲，任何人買東西都需要先計劃一下。」

如果你接著又說：「不過……」那你若不是性格不成熟，就是有性格缺陷。

第六章　排除異議

遇到這種情形，經驗豐富的業務員應該這麼說：

「考慮？這是當然的。一臺縫紉機幾百元，再怎麼樣，也不能隨隨便便就決定購買。曾有個機構做過一項統計，統計結果表明，85%的家庭都有縫紉機。這倒是相當驚人。」

「85%」這句話，無形之中將使得客戶產生「哇！那我家就包括在剩餘的15%裡頭」的心理，從而引起客戶購買的欲望。

總而言之，拜訪客戶一切都要按實際情況而定，或是「堅持到底」或是「適時辭退」。當然，最「保險」的方法莫過於先把商品的說明書交給客戶，過兩天之後，再去拜訪。

對付「很忙」的藉口

「我現在很忙，請你改天再來吧！」當客戶這麼推辭的時候，你該怎樣應對呢？

一般而言，這若不是客戶的藉口，就是他在撒謊。所以，你要迅速（是一眨眼不是兩、三分鐘）而準確地看出究竟是「真忙」還是「假忙」。如果對方是「真忙」，你又該如何「應付」呢？有下列兩種方法：

△「約定時間」洽談。「我看您這樣忙碌，好像很快樂嘛！打擾您還真是不好意思呢。就這樣吧！五分鐘，請您抽出五分鐘聽我說幾句話，好不好？說完我立即就走。」

真正忙碌的客戶，如果你事先約定好「五分鐘」，他也可能願意抽出這五分鐘時間聽你說明。否則，「這個人不曉得要跟我囉嗦多久」的心理，將使得他躊躇不前。

△適時離開。當客戶推辭的時候，寧可先說：「打擾您真抱歉。那，

我就改天再來拜訪。」而不要等客戶說「我說不要就是不要」之後才離開。

重要的是，你已經說過「改天再來」，這不僅告訴你自己，更告訴了對方：「不久之後，我會再次登門拜訪的。」同時，千萬要記住，離開時的態度要好，不可令對方感到厭惡。

對待「不急」的藉口

山口先生是一家房地產公司的業務員，這家房地產公司除了拜訪銷售外，也經常在報紙刊登廣告銷售房子。以山口先生多年經驗來看，客戶最常見的推辭是：

「公寓？我如果告訴你我不想買，那是騙人。但現在談這個，確實言之過早。」

「現在手頭緊啊，實在沒有辦法。」

客戶之所以會這樣推辭，是因為他有如下想法：

「當然！能有個完完全全屬於自己的家是再好不過的了。」

「只可惜手頭太緊。」

「所以，最好還是等存夠了錢再買。」

「用分期付款的方式，付完第一筆款項之後，以後就比較輕鬆了。」

「說不定我買的時候，房地產價格還會下跌呢！」

山口先生深深了解客戶的心理，自然也有他的一套「對策」。他首先把向金融機構貸款及資金周轉的方法等資料提供給客戶作參考。此外，並把房價上漲預測的數據和其他相關資料提供給客戶。然後，告訴對方：「您的想法，我十分了解，的確，只有少部分經濟寬裕的人才能說買就買……但是，以我過去的經驗來看，買房子只等存錢是不行的，要從資金周轉和

第六章　排除異議

付款方式上想辦法才行。請看看這些圖表……」

山口先生拿出的圖表有經濟增長率的預測、房價上漲的預測、薪資上漲的預測、物價上漲的預測。

「從這些圖表，您可以看出存錢的速度無論如何都趕不上物價、房價等的上漲速度。所以，您的考慮是多餘的，想買就買，越早越好……所以說，您這樣子存錢的結果，您所想要的東西，不但不會離您更近，反而會越來越遠。」

說「不急」的客戶，事實上，其主要問題僅在於他是否下定決心購買──只要有決心，自然應有辦法購買。

當客戶這樣推辭，而只能回答「是」的業務員，必定是做事不用大腦的人。

對付「擋駕」的藉口

白野先生是F保險公司的業務員，他會到中小商店和企業公司去推銷。當他到公司時，總是習慣以這樣的說辭開頭。

「對不起，打擾一下，我是F保險公司派來的，敝姓白。請問總經理在嗎？」、「總經理不在，出差去了。」

遇到這樣的情況，他不得不說：「好的，那麼我改天再……」然後垂頭喪氣地離開。

因為白野先生一開口就指名要找總經理，所以受到職員的阻擋。如果說：「可以見見其他的人嗎？」這樣的話職員阻擋他的話也就說不出口。

如果白野先生換一種開場白就靈活多了。

「對不起，我是從F保險公司來的，敝姓白……」

巧妙處理客戶的藉口

「總經理不在，出去了。」白野先生事先已經預想會遭到拒絕，心裡早有準備。於是馬上改口說：「我今天來不是找總經理，而是想拜訪各位⋯⋯」儘管總經理不在，但這樣一來就輕易地打破僵局。總經理不在，也一樣可以向主任、科長、科員推銷。登門造訪時，擁有這樣的心理準備，才不至於被逼到死角。

專門替 T 汽車公司銷售卡車的羅先生，他的方法是在銷售拜訪之前，先翻閱工商界的名冊或汽車公司的推銷報刊，然後才出門。

當進入一家公司時，他總是客氣地問：「總經理或者是 ×× 主任在嗎？」由於他從不單單指名要找總經理，因此「總經理不在」的託詞，對他來說，根本發揮不了任何作用。

在登門造訪時，要突破「負責人不在」這樣的防線，有兩大原則：

①**事先要有被拒絕的心理準備。**

②**有不被拒絕的預防措施。**

單指名、造訪單一對象的推銷術，容易使業務員吃閉門羹。業務員要打破僵局，就必須使用「復指名」（即不單指名）拜訪的技巧。

對付說「服務沒保證」的藉口

有一位客戶在兩年前買了一臺編織機，商店的售後服務只派一位技術員去過兩個鐘頭，而銷售編織機的業務員卻再也沒去過。在銷售過程中，業務員很辛苦，幾乎每天登門拜訪，然而生意一旦成功，就不再露面了。像這樣，哪有售後服務可言。這是我們經常耳聞的普遍客戶對業務員的怨言。

其實，公司提供售後服務，並不只是派技術員前往指導客戶。要知道能在客戶腦海裡留下深刻印象的是業務員的「行動」——是否經常到客戶

第六章　排除異議

家裡作售後拜訪。

「機械的情況如何？專門的紡織技術，我當然不會，可是……」

像這樣的售後拜訪雖不是什麼了不起的服務，但對於客戶的心理卻有很大的影響。

推銷縫紉機的丁先生，常對客戶說：「我並不是要推銷縫紉機，只是想像你介紹利用縫紉機做自己喜歡的服裝，如此一來就可以經常享受最新潮的服裝款式。俗話說：『釣上來的魚，不要再飼養。』但我們絕不這樣做。如果這樣，客戶一定會改變心態的。」

「這個業務員，大概不至於把東西賣掉就算了吧！」客戶一般都會這樣想。

業務員與客戶初次見面時的舉止言談，往往留給客戶極為強烈的第一印象。如果客戶很重視售後服務的話，那麼一定也十分重視售前拜訪。因此，身為業務員，如果能預先安排一次成功的售前拜訪，自然而然會使客戶對你的銷售誠意深信不疑。

總之，推銷能否奏效，「開頭」相當很重要，每一個業務員都必須記住這一點。

對付「發年終獎金再買」的客戶

「等我領到獎金再買。」這是客戶的藉口。

發明 15 分鐘推銷術的企業界前輩曾說過：「隔了一個禮拜再打電話去告訴客戶，你是先前跟他談過的某某公司某某人，問他是否下定決心了，得到的回答總是：『嗯！我有你的名片，想要買的話，我會打電話給你。』但是，幾乎有 99％至 100％不會打電話來。」

應對這種客戶，不妨採用下面的方法：

①你們就要領到年終獎金了，我能不能推薦一項產品給你？

②我絕不推薦廉價、滯銷的產品，請你在領獎金之前，好好考慮一下。

③我們公司的客戶大部分都是在領獎金以前就決定了，等領到獎金之後才下決心買的很少。

每個人的性格都不相同，上述方法不見得都行得通。但是，對才開口就被拒絕的業務員而言，不失為一種好方法。

對付「我對目前供應商很滿意」的藉口

太棒了！正是你想聽到的。不要因為這句話而灰心，如果能讓準客戶說下去的話，其實你很容易找到機會來建立關係。雖然現在很滿意，但並不代表他會一直滿意下去。

準客戶說這句話的意思是，目前的供應商是他有辦法找到的供應商中最好的一個。說不定你有更好的商品、價格、交貨能力、服務、訓練或保證。

準客戶談的只是他所知道的範圍，他根本還不了解你或你們公司。如果你知道他們的關係為什麼如此令他滿意，對你的下一步相應對策會很有幫助。

這裡是最常見的 12 個對目前供應商滿意的原因：

①價錢合理或特殊優惠。

②商品或服務品質。

③有特殊生意關係。

④有個人關係。

第六章　排除異議

⑤已經合作多年。

⑥不知道有更好的──一直自認為划算或得到好服務。

⑦供應商「在我有需要的時候會提供協助」。

⑧很棒的（很親切、很迅速）服務。

⑨有庫存（隨時送貨）。

⑩個人服務與特殊待遇。

⑪別人介紹（我們都是跟這家買的）。

⑫懶得更換供應商，反正又不是花自己的錢（自己不是老闆）。

在這 12 個情況中找出適合當下的情境，然後再去克服這個反對的理由，否則就是在浪費時間。

①取得現任供應商的資料。「你最喜歡目前這家供應商的哪一點？」以及「有沒有你想改變的事情？」

②展示差異點。「我們最近引進了全新科技，遠超過你們現有的設備。如果你能給個機會，我們很樂意展示給你們看。」

③給我們一次機會。建議準客戶試用你推銷的產品 30～90 天，或是下一張訂單試試。

④下挑戰。「我相信你會同意這一點的，XX（準客戶）先生，身為一位企業家，應該主動尋找會為公司帶來最大利益的方法。」有滿意的客戶就有志得意滿的供應商。要求做些可以讓客戶比較高低的行動。

⑤有經驗的回答：「瓊斯先生，當我個人對供應商很滿意的時候，我還是需要另外一家供應商當作參考，以確保自己真正得到最好的價格、最好的商品與價值。」

⑥詢問他選擇的過程。「你用什麼標準來衡量供應商？」

提出跟標準有關的問題，可以讓準客戶想想未來的表現，而不僅限於當下。

在這種反對理由下成功的4個關鍵：

①找出他們關係的淵源。多知道一些過去的事，了解準客戶什麼時候啟用現在的供應商。

②提出兩個最重要的問題：「你最滿意他們什麼地方？」以及「如果可能的話，你想做哪些改變？」

③提供資料。如果有機會提供資料，一定得以一流手法藉機表現一番。

④強調你與目前的客戶都有長期關係。告訴準客戶，你有興趣和他慢慢培養合作關係，並不期望事情一下子就會有很大的改變，而是讓時間來證明你的表現能力，表明你希望能夠取得和現任供應商相同的機會。

對付「我需要總公司同意」的藉口。

當你聽到這句話：「我需要總公司同意。」有一半以上是謊言（一個令人沮喪的託詞）。這種反對理由的挑戰是，弄清楚它到底是不是事實。

詢問準客戶有關取得總公司同意的程序：「那需要多久時間？」、「是一個人決定就行了，還是要全體委員會同意？」、「如果是委員會，他們什麼時候開會？」、「我可以提出企劃書嗎？」、「你手頭有沒有企劃書的樣本？」、「我可以跟決策者聯繫嗎？」

向準客戶挑戰：「沒問題。我了解。趁現在我在這裡的時候，跟他們聯繫吧，這樣子我才能夠回答他們可能會提出的問題。」請求當場打電話

第六章　排除異議

能夠判定準客戶所言（需要總公司同意）是否屬實。如果他試圖編造藉口，說明不能當場打電話的原因，很可能是因為並不需要總公司的同意。假使你嗅到猶豫或不安的氣息，他八成沒說實話。

直接發問讓準客戶說出事實，如果你不相信準客戶說的是實話，找出真正的反對理由。

準客戶是否說實話，一試便知：「告訴我，XX（準客戶）先生，如果不需要總公司的同意，你會不會購買？」

如果回答「會」，那麼你已經跨越做成這筆生意的第一個障礙了，不管總公司同不同意。

尋找解決問題的變通方法：

①有些時候區經理有一筆可自由動用的預算。

有時候預算有最高金額限制，所以如果你能開立數張發貨單，把大額數目分成小額數目，可能會奏效。

②有很多方法可以避免這種反對的發生。比如約談之前，你針對這位準客戶做了多少準備工作？不應該問些太直接的問題，比如：「你是唯一的決策者嗎？」這聽起來推銷含意太濃了，而且對準客戶有點侮辱的意涵。換個方式說就可以，試試這一句：「還有沒有其他人參與這類問題的決定？」我們的目的是，在做商品說明之前，確認還有沒有其他人有決定權。

這種反對最不幸的情況是，它只是準客戶在不想（或不敢）直接拒絕你的情形下，最方便的推託藉口而已。它就像一次令人大失所望的空轉，但你還是要振作精神。

如果你真的想要這筆生意，就要盡全力去爭取。不要讓總公司妨礙你

接到一筆大訂單。到總公司去，把訂單拿到手，就有人這麼做。

對付「我想跟別家比較看看」的藉口

當剛剛做完精采的介紹，你知道自己有最好的商品，而且已經把每項優點都解釋清楚了，但是準客戶卻說：「我想到別家看看。」這實在是很令人氣餒的事。你要怎麼做或怎麼說才能在今天拿到這筆生意呢？

優秀的業務員是訓練有素的，可以處理反對的理由，並在適當的時候促成推銷。他們會利用準備完善的商品說明，幫助自己當場完成推銷。以下是個很少人用的技巧，但卻是很有力的推銷工具，不但可以完成推銷，還能讓準客戶對你的不懈努力留下深刻印象。

△假設情況：瓊斯先生需要一臺汽車電話，以助於生意上的溝通能夠更方便、更迅速。他跟你見了面，聽你介紹完畢，但是卻說他想多看看。

這可能不是真正的反對理由。

在這種情況下，你的目標是讓瓊斯先生處於今天就會購買的情況，或者是說出他真正的反對理由。

▌了解客戶的拒絕原因

客戶對購買產品產生拒絕，是在推銷過程中必然會發生的事情。面對和處理客戶的拒絕有幾個重要的方法和心態，首先當客戶提出拒絕的時候，要把客戶的每一個拒絕轉換成個別問題，再想想如何解決這個問題。

例如當客戶對你說：「你的產品太貴了。」聽到這一句話，要將其轉換成客戶是在問：「業務員先生，請告訴我為什麼你的產品值這麼多錢？」或

第六章　排除異議

是：「請你說服我，為什麼我花這些錢來購買你的產品是值得的？」當客戶說：「我要回家考慮考慮」或「我要跟別人商量一下」時，應該將其轉換成客戶是在問：「業務員先生，請你給我更多、更充足的理由，讓我能夠非常確定為什麼應該買你的產品，而不需要讓我回去和別人商量。」

業務員要有正確的心態，客戶的拒絕並沒有什麼好怕的，客戶的每一個拒絕都是讓你攀向成功的階梯。每當解決了客戶的一個拒絕，你就向成功的目標邁進一步。

根據統計，在任何一個行業中，客戶最容易產生的拒絕，通常不會超過七個，我們稱之為七個拒絕原理。不論從事什麼行業，每一個業務員首先都需要知道在該行業中，客戶最容易產生的拒絕會是哪七個。

當然在某些行業中，常見的客戶拒絕會少於七個。舉例來說，對於購買鑽石這種行為，客戶唯一不買鑽石的原因可能是太貴了。客戶可能並不是不喜歡鑽石，也不是認為鑽石的價值不夠。他們不買的原因只有一個，就是認為負擔不起，覺得太貴了。

所以你應該花一些時間，找出在你的行業和產品中，那七個主要的客戶拒絕到底是什麼。同時最重要的是當你找出這最常見的七個拒絕後，必須坐下來好好地深入研究每當客戶提出這七個拒絕時，等同於客戶是在詢問什麼問題，同時你應該如何回答，或是你有哪些有效的方式和答案，能夠輕易地消除客戶對這些事情的疑慮和拒絕。

以下向大家介紹幾種最常見的拒絕種類：

沉默型拒絕

沉默型拒絕指的是客戶在產品介紹的整個過程中,一直維持非常沉默,甚至有些冷漠的態度。

對於沉默型拒絕,我們要想辦法讓客戶多說話,要多問客戶問題,尤其是一些開放式問題,來引導對方多談談自己的想法。當一個人在說話的時候,他就會將注意力集中在你的產品上了。所以要鼓勵客戶多說話,多問他們對產品的看法和意見,以及他們的需求。

找出他們想要的那棵「櫻桃樹」,創造和增加他們對產品的興趣。

藉口型拒絕

時常,有某些客戶所提出的拒絕,你一聽之下就知道那是藉口。

舉例來說,客戶會告訴你:「最近我沒有時間」;或者「好吧,我再考慮考慮」;或者「我們的預算不夠」……有經驗的業務員,一聽就知道這是一些藉口。最常見的藉口型拒絕就是「太貴了」。「太貴」這兩個字,永遠是個藉口。

有時候客戶也會單刀直入地說:「我們已經有個供應商,為什麼還要向你們買呢……」當客戶提出這一類的藉口時,你的做法應該是,先忽略這些問題和拒絕,並告訴客戶:「先生／小姐,你所提出的這些問題,我知道非常重要,待會我們可以專門來討論。現在我想先用幾分鐘的時間來介紹一下我們產品的特色,為什麼您應該購買我們的產品,而不是向其他人買。」接下來就可以很順暢地開始介紹你的產品了。使用類似的話語,將客戶所提出的這些藉口型的拒絕先擱置一旁,將他們的注意力轉移到其他感興趣的項目上,在多數的情形下,這些藉口就會自動消失。

第六章　排除異議

批評型拒絕

有些客戶在購買過程中，會以負面的方式批判你的產品或公司。例如，「我聽人家說，你們的產品品質不好，所以我對你們的產品沒有興趣。」當客戶提出類似的批判或意見來打擊你時，你所需要做的是告訴客戶：「先生／小姐，我不知道您是從哪裡聽到這些訊息，同時我也能夠非常理解您對這些事情的擔心……」接下來解決這個拒絕。

有時候當客戶提出批判型拒絕時，首先要做的事情就是先不要去理他，看看客戶的這種批判型拒絕，到底是真的關心還是隨口提一提而已。

並不是所有客戶提出的拒絕我們都需要去處理，許多拒絕只是客戶隨口提出來的。這時候，最好的做法就是用問題反問他：「先生／小姐，請問價格是您唯一考慮的因素嗎？」或問：「如果我們的品質能夠讓您滿意，是不是就沒問題了呢？」或是告訴客戶：「當在討論價格問題的同時，也會讓您注意到產品的品質也非常重要，您說是嗎？所以等一下，您就會明白為什麼我們的產品一點都不貴，而且絕對是物超所值的了。」

當然，如果客戶對某個拒絕一而再、再而三地提出，那就表示這真的是他所關心的問題，而你也必須認真地處理這個拒絕。

問題型拒絕

客戶可能會在某些時候提出一些問題來考驗你。我們應該具有一種觀念：當客戶提出問題時也就代表客戶正在向你索求更多資訊。對於這種類型的拒絕，首先要對客戶表示認可及歡迎，你可以說：「我非常高興您能提出這樣的問題來，這也表示您對我們的產品真的很感興趣。」接下來你

就可以開始回答客戶的問題,讓客戶得到滿意的答案。

在處理問題型拒絕時,你對產品必須要有充分的知識。對產品的充分知識,是頂尖的業務員所應具備的基本條件之一。

表現型拒絕

某些客戶特別喜歡在業務員面前,顯示他們對產品具有專業知識。他們常常告訴你,自己非常了解你的產品,時常在你面前顯示他們是這個行業的專家。

當你碰到這一類型的客戶時,首先要做的事就是稱讚他們。因為這一類型的客戶之所以會做這些事的主要目的之一,就是希望得到業務員對他們尊重。當然,他們也希望從業務員口中聽到對其專業知識的敬佩,這會因此而增加他們的自信心,同時也會增加對你這個業務員的好感。

所以當你遇到表現型客戶的時候,要不斷地稱讚他們。切記千萬不要和這一類型的客戶爭辯,即使他們提出的看法有誤。你要說:「先生／小姐,我實在很驚訝,您對我們的產品具有這麼多豐富的知識,這顯現出來您對這些產品真是非常的專業。我想既然您這麼專業,對於我們的產品到底有哪些優點以及它們能夠為您帶來哪些利益,相信您應該非常清楚。我現在所做的是站在客觀的立場上來向你介紹,我們的產品另外還有哪些特點,以及可以為您提供哪些服務。我想當我介紹完了以後,您就可以了解到底為什麼我們的產品是適合您的。」接下來就可以開始解說你的產品了。

第六章　排除異議

主觀型拒絕

主觀型拒絕表現在客戶對於你這個人有所不滿，你會感覺到客戶對你的態度似乎不是非常友善。

當主觀型拒絕發生時，通常表示你並未妥善建立與客戶的友好關係，可能是談論太多關於你自己的事情，而放在客戶身上的注意力太少了。所以這時候，要做的就是趕快重新建立你與客戶間的友好關係，贏取客戶對你的好感與信賴。少說話，多發問，多請教，讓客戶多談談他的看法。

巧妙應對客戶的異議

當業務員開始促成簽約時，準客戶可能找藉口說「給我一點時間考慮看看」，而隱藏他真正的反對理由。將客戶的藉口視為真正的反對理由，是業務員失敗的原因。我們的目標是發現潛在的或真正的反對理由，以便對症下藥。

客戶拒絕的真正理由

不論準客戶真正的反對理由是什麼，總是千篇一律地以「我想考慮考慮」這句話作掩護。準客戶可能覺得業務員有體臭、頭皮屑、口臭，他根本就不喜歡這個業務員。但是他並不明講，而是說：「我想考慮考慮。」

為什麼準客戶要這麼做呢？因為他想免除跟業務員爭論或對峙的麻煩。他認為如果能夠使業務員相信他將來可能打算購買，業務員就會懷抱著一絲希望，乖乖地離開了。利用這個方法，準客戶可以輕易而又迅速地

擺脫業務員。

而當業務員開始促成簽約時，準客戶可能推託說「給我一點時間考慮看看」，而隱藏真正的反對理由。將託詞視為真正的反對理由，並且信以為真地試圖解決問題，是業務員招致失敗的原因。我們的目標是發現潛在的或真正的反對理由，以便對症下藥。「水落石出」法的主要工具就是「為什麼」這三個字。你可以結合許多不同的處理拒絕方法來實行。而且可以連續不斷地運用，直到客戶真正的反對理由「水落石出」為止，請參考下面的例子：

準客戶：「這一套計畫看起來令人覺得印象非常深刻。你一定要留一張名片給我，過幾天我會打電話給你。」

業務員：「我了解您的立場，約翰，『為什麼』您想等一等，過幾天才打電話給我呢？」

準客戶：「我做任何決定之前，『總是』事先詳加考慮。」

業務員：「這是很正常的反應，約翰。『為什麼』您『總是』事先詳加考慮呢？」

準客戶：「大約十年前，有一個人向我推銷房屋的外壁板及防風窗戶。我不假思索地立刻簽了合約──那是一次非常可悲的錯誤。我本來應該可以避免這種錯誤發生。」

業務員：「我了解您的處境，約翰。『為什麼』您認為十年前跟一位外壁板業務員打交道的慘痛經驗，會使您如今不能立刻展開這一套計畫呢？」

準客戶：「嗯，那一回的經驗使我變成一個謹慎的人，我就是想慢慢來，以便確認我所作的決定是正確的。」

第六章　排除異議

業務員：「我能夠體會您的感受。約翰，除了這一點之外，還有沒有其他任何原因，使您無法在今天就展開這一套計畫呢？」

準客戶：「沒有，就只有這一點。」

現在你可以相信一個事實：客戶的反對立刻成交的真正、確實、真心的理由，就是由於以往曾經被不道德的業務員欺騙過，因而造成他過度謹慎的心理。

用情感克服拒絕

人是有感情的動物，現代社會中，人與人的關係越來越冷漠，每個人都極力把自己的情感隱藏起來，如果業務員能夠挖掘到客戶隱藏在內心的情感，他就會無往不勝。

班‧費德文（Ben Feldman）是眾所周知的人壽保險業頂尖業務員。有一天，他在紐約市的一棟摩天大樓辦公室裡試圖推銷一筆生意。他跟準客戶談了很久，卻沒有辦法促成簽約。

他離開準客戶的辦公室，一心只想好好地分析這一場會談，找出問題的癥結點，以了解為什麼他沒有辦法將保險賣給這一位明明需要為他的家庭提供保障的男士。

當他踏出電梯，正準備走出旋轉門，到街上去的時候，他覺得有東西在拉扯他的外套。他低下頭來，看見一個身上揹著擦鞋箱的小男孩。

小男孩抬起頭來望著他，並且問他：「先生，要擦鞋嗎？」

班忽然有了靈感。他拉著小男孩的手，告訴他：「跟我來。」他們走進電梯，回到他剛剛離開的那一層樓，並且走進公司主管的辦公室。

這位主管從辦公桌上抬起頭來，說道：「你來這裡做什麼？我已經告

訴過你了,我不需要那一套保險!」

班說:「我為您帶來一件禮物——把您的椅子轉過來。」

他帶著那一位小男孩繞到辦公桌的後面,然後告訴他:「幫他擦鞋。」

這一位大吃一驚的主管把腳放在擦鞋箱上,小男孩便開始動手工作。於是班向這一位準客戶說道,假使他沒有足夠的人壽保險而突遭不測,他的兒子——差不多就是這個男孩的年紀——就必須靠擦鞋為生了。

這一位主管深受觸動,立刻買下了一份保險。

幾乎所有傑出、成功的業務員,都採用感性的促成簽約技巧,並且將許多成就歸功於情感的運用。

既然運用感性能夠在那些真正傑出的業務員手上發揮這麼大的效果,為什麼沒有多少業務員想效法他們呢?

這主要是由於大部分業務員不認為自己具有說故事的創造性能力、想像力,或是表達這種情感激勵的能力。

使用感情推銷技巧打動準客戶,有幾個簡單的規則可循:

①在準客戶的腦海裡創造一幅畫面,聲情並茂地描述畫面上的景象。

②所描述的內容必須跟準客戶所顯露的欲望或需求有直接關係。

③幫助準客戶想像出的這一幅景象,必須是「立即」令準客戶得到情緒滿足感的景象。

④為了創造一幅畫面,必須以現在式、第二人稱口吻說話。

假定你的準客戶想要、需要、而且負擔得起一套家庭收入保險,這一套保險可以使他的人生計畫完美無缺。你可以用下面這個方法來創造一則故事:

第六章　排除異議

業務員:「這是幾年之後的事情,您太太正站在教堂外面的人群裡,學生們走過來,他們從校門口魚貫而出,正朝著教堂走去,要參加堅信禮的儀式。」

您的女兒──凱茜出現了,在學生的行列中前進,身上穿著她那一套白色的堅信禮服,看起來非常漂亮。您太太正站在人群中,當凱茜經過的時候,一位鄰居說道:「妳看,凱茜真的很漂亮──我實在不知道妳怎麼做到的。」

您太太說:「你指的是什麼呢?」

鄰居說:「真難為妳們孤兒寡母的,又沒有什麼錢,凱茜的穿著、打扮和容貌,卻不輸給其他任何一位有父親的人。」您太太說:「她當然有父親,而且非常愛她,在他離去之前,已經預先準備好參加這一場堅信禮的錢了。跟這個行列裡所有父親健在的男孩和女孩相比,凱茜的父親大概是最疼愛她的。」

又過了幾年,凱茜已經畢業了。晚上十點鐘,天上掛著一輪明月。您家門口停著一部車子。凱茜跟一位漂亮的青年正坐在車子裡,這一位男士就是她的未婚夫。

他說:「我父親和我已經談過了,他決定由他負擔婚禮的費用。」

凱茜說:「我不懂你的意思。」

他說:「嗯,依照傳統,通常是由新娘的父母親負擔婚禮的費用,但是我的家人覺得,因為妳的父親已經過世這麼多年,這筆費用對妳們而言應該是一筆很重的負擔。所以,我爸爸自願負擔婚禮的開銷。」

凱茜說:「噢,不,不需要由他負擔。我爸爸雖然已經過世很久,但是在他生前,他就知道我總有一天會結婚,所以他已經為我安排好這筆錢了。你可以告訴你父親說我心領了。我有父親──你可能看不到他,但

是他將寸步不離地伴著我走到紅毯的另一端。而我也會邊走邊想著他，並且感念他為我設想周到，縱使已經不在了，卻仍為我預先設想到這個特別的日子。」

「他可能不在身邊，但是他仍然一如往昔地為我做許多事情。」

「先生，這不正是您想為家人做的安排嗎？」

準客戶：「確實如此。」

業務員：「拿您的支票簿來，我讓您看看這一套方案如何發揮效用。」

要在準客戶的腦海裡創造一幅動人的畫面，就必須將未來式轉換成現在式。你可以藉著現在式、第二人稱口吻，做到這一點。看看剛剛所講的這一則故事，你就會明白這裡所指的現在式、第二人稱，究竟是什麼意思。

在這則故事中，業務員所講的第一段話是：「這是幾年之後的事情。您太太『正』，站在教堂外面的人群裡。學生們走過來，『正』朝著教堂走去。」業務員並不是說：「你太太『將』站在……」或者「學生們『將』朝著教堂走」。

你所創造的言語畫面，必須跟準客戶的需求有直接關係，而且這幅言語畫面，必須跟購買保險將會實現的目標有直接關係，將準客戶塑造成英雄。

發掘準客戶的實戰技巧

業務員的資質越高，推銷的技巧越成熟，就越容易找到更多的準客戶，而且準客戶的認同感也會隨著業務員的資質提升而增加。如果以上這

第六章　排除異議

兩個因素都呈正向增加,那麼銷售量自然也就會隨之增長。

在美國芝加哥的機場裡,一個叫瓊斯的年輕人買好機票、辦好登機證,在等待登機之前隨處逛逛,結果看到機場的角落裡有一部電腦,上面寫著:「只要投入一塊錢,電腦馬上能說出你的身分與未來的命運。」瓊斯一時好奇投入硬幣,電腦馬上開口講話:「你是瓊斯,芝加哥人,身高180公分,打算搭下午兩點的飛機去紐約。」瓊斯一聽,直覺認為電腦可能有監視器,可以看到來人。由於時間還早,他馬上去免稅商店買了一頂大帽子戴在頭上,看電腦還知不知道他是誰。結果錢才一投入,電腦毫不猶豫地說:「你是瓊斯,芝加哥人,身高180公分,打算搭下午兩點的飛機去紐約。」由於不服輸,瓊斯決定「變臉」,讓電腦認不出來,於是他再度前往商店購買女用假髮、衣物,打扮成女性模樣,再去電腦前面投幣,此時電腦又說話了:「雖然你穿女裝,但是你還是瓊斯,芝加哥人,身高180公分,打算搭下午兩點的飛機去紐約。不過有一件事你必須知道,你的飛機已經飛走了。」

這個故事告訴大家一件事情,那就是做任何事情都要掌握重點,找尋正確方向,不要因小失大或偏離主軸。而尋找客戶就是業務員的工作重點。

尋找客戶的成功法則

談到發掘客戶追求業績也要準確地掌握客戶群,才能事半功倍,針對推銷需求方向,制定不同的策略,以求最快速而有效地得到成交的客戶群,但是在找尋客戶之前有幾個銷售法則必須先熟知。

△法則一:業務員的素養和客戶數成正比。業務員的人數越多、素養

越高、推銷技巧越成熟,就越容易找到更多準客戶,而且準客戶的認同感也會隨著業務員的素養提升而增加。如果以上這兩個因素的都是正向成長,那麼銷售量自然也就會跟著增加。但若是業務員人數少,而且素養低、技巧差,相對找到準客戶的數量就少,銷售量自然大減,這是必然的現象。所以在這個銷售的法則中,我們可以將業務員的人數和訓練當作是主觀因素,而準客戶的多寡則是客觀因素,由主客觀因素兩者相輔相成,才能創造出最佳的銷售成績。

△法則二:客戶的利益就是業務員的利益。現代化企業經營最終都會在客戶的身上顯示出成效,所以「客戶至上,以客為尊」的觀念日漸受到重視。例如新銀行為提升服務品質,杜絕公家銀行傲慢、被動的服務態度,推廣開門問候的禮貌行為,客戶一進入銀行就有專人負責奉茶並且熱情協助辦理各種手續,彷彿你就是他們的貴賓;又如百貨公司電梯小姐服務客戶上下電梯,並解說各樓層的特色,也展現出服務客戶的重要性;又如量販店為使業績成長,設計有到府安裝、量大運送的服務。種種措施都顯示出在現代化的商業社會中,尊重客戶和滿足客戶的各項需求,是提供最優惠價格以外,另一種吸引消費的手段。

△法則三:積極而主動的推銷手法。以完善的設備、充分的準備,消極地等待客戶上門,在現今的銷售理念中早就已經落伍。現代化的銷售講求積極而主動地出擊,化被動式的守株待兔轉為採取主動式的推銷概念,並直接深入客戶群,掌握銷售的契機,也就是將客戶和業績畫上等號,相信愈多的客戶來源就等於獲得愈多業績。跳脫傳統的經營模式才能夠突破傳統的束縛,開拓新的銷售空間,增加業績。

△法則四:客戶是需要教育的。若以專業的立場來看,業務員經過公司的培訓,在對商品的認知方面理應勝過客戶,但是不可諱言的是,客戶

第六章　排除異議

可能因為在先前對商品已經建立起不同的見解和概念，所以無法接受業務員的解說，或者持反對意見。此時業務員必須抱持正確的銷售心態，那就是教育客戶，使之回歸正確的觀念，就算一時沒有成交也無妨，因為客戶有了正確的認知後，將來終究還是有接受商品的機會。例如保險市場初形成時，在眾人胼手胝足打拚下，為人們灌輸自助人助的保險概念，建立風險轉移的價值觀，終於在數十年後的今天，能夠擁有市場一片天，這就是最佳例證。

　　△法則五：從期待客戶到準客戶。再推升至成交客戶是一個連續動作。必須經過每一階段逐步挑選，才能在眾多的客戶群中找到真正可以成交的客戶，像百貨公司的業務員一樣，在人來人往的客戶群中，必須將期待的客戶拉到準客戶的定位後，再進一步達到成交的目的，千萬不可半途而廢。所以有效掌握客戶購買商品的意願是很重要的，如果可以將這三個步驟一氣呵成，完成銷售的機率也會大增。

　　△法則六：沒有客戶是必須放棄的。不管客戶的理念對與錯，也不論客戶接受的程度高與低，只要客戶活著都有可能成為銷售成功的客戶，怕的只是你有沒有辦法撐到那一天。愈能堅持到底的人，隨著銷售經驗和認識的客戶逐漸累積，成交的客戶當然也會愈多。既是如此，又何必放棄曾經努力過的客戶？放棄教育客戶的責任呢？再從客戶的立場來看，現在客戶沒有能力購買這個商品，並不代表他永遠不具備購買的能力，就像我們常說的「未來是無法預知的事實」，因為未來的變數太多，只要其中一些因素改變，結果就會不大相同。

　　從前有一位宰相因遭誣陷，即將斬首，臨行刑前，他和皇帝打賭一年之內可以把皇帝騎的馬訓練到能飛起來，如果不然，再將他處死無妨。皇帝因為好奇心的驅使而答應他的請求，想看看宰相怎麼訓練那匹馬。文武

百官斥責宰相荒誕，家人則擔心達不到任務依舊死罪難逃，這時宰相卻說：「一年的變化有很多，有可能我們因故病死，或者馬會累死，也可能皇帝會逝世，說不定我們得到仙人之助，真的把馬訓練到能飛起來也不定呢！」未來既不可測，為何要自築圍牆，自我設限呢？

全方位發掘

了解到銷售的基本法則，接下來就要針對如何發掘準客戶提供二十種方法，說明如下：

△攀親帶故。藉由各種關係的推衍業務員可以很容易切入主要話題，避免浪費時間，這些關係有親戚、朋友、同事、同學、鄰居、同宗、生活所需、嗜好等。運用這些關係可以拉近彼此的距離，只要能夠好好掌握，準客戶就在眼前，倘若沒有任何可以運用的關係亦可創造關係，也可假借是經由某人介紹。

△直衝拜訪。直衝拜訪就是掃街，這是大小通吃的手法，雖然辛苦，但是對新人而言，是個磨練的好辦法，也是最有效率的方法。直衝拜訪的方式有三種：

①固定範圍。以街道或行政區域為原則，不對對象採取密集式的拜訪。

②特定對象。找尋可以接受或有能力購買商品的客戶群，能在篩選客戶時減少不必要的時間浪費。

③特定行業。鎖定適合商品推銷的行業，因為面對同一行業，所以只需要準備相似的資料提供給客戶，而且這樣可使得應對技巧更加熟練（因為反覆練習的緣故）。

第六章　排除異議

　　△客戶介紹客戶。客戶一句推崇的話，可以抵過業務員十句漂亮的推銷話語。所以必須與客戶培養良好關係，提供實質的利益，客戶願意幫你介紹的機會才會增加。

　　△有影響力的人。在日常生活之中，每一個團體都會有固定的意見領袖，例如社區委員會、社團、工會、商會的主委或理事長，甚至是股市 VIP 室裡都有影響他人的掌控者，這個人就是這一群準客戶的頭。只要瞄準他、爭取他，使之成為你的客戶之一，準客戶就會源源不絕。

　　△運用偵察員。新進人員因為缺乏經驗，所以經常擔任初次過濾客戶的偵察員，同時這也是為了訓練新人歷練市場中所給予的實戰機會。身為偵察員可以探尋市場需求，以進一步確認銷售方向。

　　△電話拜訪。先行用電話過濾客戶，排除拒絕者，其最主要的目的在約訪。使用電話來探尋客戶群可以運用問卷調查、提供免費資訊、說明會、講座、抽獎、摸彩等等方式來進行。

　　△合作銷售，推銷聯盟。推銷通常會有相似的作業模式，為了達到資源共享的目的，某些推銷社群提供推銷資源，讓各種行業的業務員可以相互連繫，互助合作，以互蒙其利，而逐漸形成推銷聯盟。一般的業務員也可以透過平時推銷接觸的機會，和各行業務員相互認識，進而交換客戶資料，以拓展推銷層面。此外，各種服務業的人員有許多潛在的客戶群，所以也是能夠合作的對象，可以和異業搭配，在他們的客源中尋找所需的客戶，如銀行、股票、保險、電話、美髮、旅遊、仲介的服務人員等。

　　△加入社團組織。許多行業都會組成公會或商會，在社會中也有一些財團法人機構、商業社群、讀書會、研究會等，這些團體都有相當多的會員，如果可以加入這些組織也是尋找準客戶群的管道。

△媒體包裝。利用媒體做文章、打形象廣告，是企業或商品宣傳的手法，也是鞏固準客戶的方法。企業如果經常在媒體上曝光，會讓人感覺企業的經營性質比較健全，這是客戶對企業或是商品的印象分數。

△名冊與通訊錄。電話簿、工商名錄、一千大企業名錄、獅子會、扶輪社、青商會、貿易商保險名冊、同學名錄、股票族等，都是準客戶的來源，甚至市面上也有賣名單的公司，他們專門收集各階層、各行業的人員資料，這些資料亦是準客戶的來源。

△說明會。舉辦說明會可以運用團體的力量促進成交機率，例如，許多直銷業的說明會就辦得相當成功，尤其可以從會後的問卷調查結果得知客戶對商品的認同度，再從中挑選出準客戶。

△互惠方案。將利益共享的觀念帶給客戶，透過客戶的關係相互介紹，然後提出部分的業績獎金回饋客戶，相信在雙贏的立場上會獲得客戶的認同，而使得準客戶愈來愈多。

△同一客戶重複銷售。針對已經成功交易的老客戶，再次重複推銷或增加銷售數量，在銷售術語中叫「塞貨」，只要不過分，客戶也不會太介意，如此多出來的業績量就等於多了一位準客戶。

△尋找中斷客戶。曾經交易過但又中斷的客戶一定是有一些誤會或不愉快的經驗，如果可以找出停止交易的原因並給予客戶滿意的答覆，就可以再次把客戶的心拉回來。

△網路。利用網路尋找客戶也是推銷拓展的最新方法之一，目前上網的人口有愈來愈多的跡象，這顯示網路即將取代許多傳統的接觸方法與銷售手段，將商品直接展示在網路上，或以電子郵件來推銷將是未來主流。

明察顧客的消費心理

業務員在銷售產品時，必須慎重考慮到顧客的消費心理及購買因素，在早期，業務員可憑藉每日售貨的經驗與客戶接觸，而對客戶有相當程度的了解。而現在的業務員需花更多時間來分析「誰來購買、如何購買、何時購買、何處購買或是為什麼購買」。

顧客的消費心理

慎重考慮顧客的消費心理及因素，是業務員的重要任務，在早期，憑藉每日銷售經驗並與客戶接觸，業務員對客戶都有相當程度的了解。但是現在隨著公司拓展以及市場成長，由原來的業務員與消費者直接接觸，慢慢轉變為間接的研究工作——即消費者研究。而現在的業務員需花更多時間來分析「誰來購買、如何購買、何時購買，何處購買或是為什麼購買」。

那麼，消費者面對公司預先的安排並組合好的各種推銷刺激時，反應如何呢？任何一間公司的業務員若能真正了解消費者對各種不同的產品所具有的特性、功能、價格、廣告等產品性質的反應，那他必將擁有極大優勢來取得競爭條件，同時也可以考驗業務員投入心血來探討推銷刺激與績效兩者之間的關係。

消費者受到業務員的努力刺激及影響後，可能經歷複雜的消費心理過程，進而導向最後的購買決策，我們可以藉此分析購買者的反應。

完全了解客戶的消費心理，不但容易促成商業機會，還可以創造更高的業績與利潤。

促進購買欲望的方法

業務員經過一段時間的溝通、拜訪，並在做推銷的工作時，運用顧客的消費心理要素逐一分析，達成最後的成功。若沒有促進顧客購買的欲望，很難讓顧客做出最後的決定，因為顧客的行動大致來說是依據理性與本能兩種，刺激本能要比訴之於理性更能夠發揮效果，業務員要運用下文提及的消費心理七階段來促進顧客購買的欲望。

△注意。業務員在進推銷時，當然是極盡利用各種技巧與肢體語言來引起客戶的注意，對你所推銷的產品產生特別的關注度，引導客戶提出需求，以期顧客留下良好的印象。

△興趣。經過業務員不斷介紹，並詳細地解析客戶的需求，以引發客戶產生濃厚的興趣，一旦顧客對產品產生了興趣，若再運用一些銷推技巧，搭配合理的價格，的確可提升顧客的購買機率。

△聯想。顧客經過觀察，對該項產品具有相當濃厚的興趣，此時業務員要幫助顧客產生聯想，如將這項產品放在客廳一定可以增加美觀與質感，讓一天的辛苦就在對這項產品的欣賞中消除，並與顧客一起想像如何擺設會獲得最大的價值。

△欲望。刺激顧客的欲望，抓住最強的消費本能，並將幾個消費本能連結起來同時發生作用，促進購買的欲望，讓顧客開始產生強烈的購買欲望。

△比較。顧客經過前面四項消費心理的因素之後，會從產品及條件方面進行比較，了解該項產品與其他公司的差別，有沒有比較便宜，或是材質品質更好的條件。最基本的情況，客戶完成比較之後才會做出最後的購買決定。

第六章　排除異議

△確信。顧客經過比較、分析之後，若確認你的產品最佳、價格最合理公道、服務品質最優秀，若你在主、客觀的條件方面都能勝過別家公司的產品，則顧客便很容易做出最後的決定，並肯定他所購買的產品是最好的。

△決定。顧客經過各種分析、談判與議價之後，認為他所選擇的是對的，顧客便很放心地做出最後決定，進而完成一筆雙方都感到滿意的交易。

在以上顧客消費心理七階段中，業務員要詳細觀察周圍情形，隨機應變，抓住最強的本能，刺激顧客的購買欲望，再予以巧妙的引導來達成最後的交易目的。

商談進行方法及研判簽約時機

業務員與顧客商談時，為了使商談順利進行，我們要充分確認以下四點：

①本次商談主要的敘述重點是什麼？
②應該事先研擬商談的要點及優先順序。
③商談之前應事先模擬顧客可能提出的問題，並充分的研擬應對技巧。
④進行商談時應隨時注意顧客的反應，了解客戶的重點。

為了使商談有效地進行，應特別注意的事項如下：

△以講故事的方式談話。可以列舉許多曾經購買的事例，包括顧客購買此商品使用後所獲得實際利益的故事，以及因為沒有買而失去利益或遭受損失的故事。運用事例舉證最能得到顧客的信任。

△商談資料的準備。例如公司簡介、商品介紹、證明檔案、剪報、個人信函等足以證明商品效用的資料，均應充分加以運用。

△利用其他顧客。設法尋找幾家值得信賴的客戶，請他們詳細發表使

用該產品後確實有幫助的例子，足以佐證銷售產品之效用，讓客戶得以完全放心及信賴。

△讓顧客多發表意見並傾聽他的話。當與顧客進行商談時，業務員應避免用演講式的方法與顧客進行商談，這種商談很容易造成顧客的不良反應，為此，業務員應該多發問，讓顧客多幾次發表意見的機會，顧客扮演的角色愈重要，商談氣氛就愈好，交易成功的機率就愈高。業務員進行商談時，不可不注意此點。

△商談的話語要肯定。業務員在與顧客進行商談時，對於較重要的回答，一定要表示肯定，不能有含混不清的感覺，更不能有讓顧客覺得不安的答覆，例如客戶與你商談產品的品質或售後服務，業務員不能用「你用了便知道」或「保證我們的品質絕對比別家好」等空洞用詞，這種說辭很難獲取客戶的信任。

△爭取顧客強烈的信任。想取得顧客信賴，有下列三原則：

①果斷──凡是與顧客商談，最終目的就是獲得客戶的信任，因此要率直地、誠實地，並且有力地說出具體答案。

②重複性──遇到商談的重點要反覆強調並使顧客不知不覺相信我們，如此一來便容易使商談成功。

③宣傳性──顧客對你的產品具有強烈的信心之後，他自然會認真且義務性地為你宣傳，為你免費做廣告，達成你的另一筆交易。

△切忌用太深的專有名詞。有些顧客學識較淺且不喜歡業務員講那些太深的專有名詞或外文，這樣很容易傷到顧客的信任，認為與你之間難以溝通而失去商談的機會。這是現在的業務員很容易犯的毛病，大家必須特別注意此點。

第六章　排除異議

判斷簽約時機

　　△客戶始終把估價資料擺在最上面，並仔細考慮時。業務員必須特別注意此點，因為一旦業務員把正式的報價單送到顧客手上，一定可以確定此時顧客已經達到訂購產品的階段，否則最好是口頭報價即可。既然估價資料已送達客戶手中，就必須注意要在最短的時間內引導顧客締結合約，若你發現客戶始終將估價資料放在最上面，可以判斷對方對產品已產生濃厚的興趣。這時，業務員應配合運用各種方法，完成締結工作；反之，透過眾多經驗證明，客戶連翻箱倒櫃都找不到你的資料，或根本是擺在最下面而從未過目，則沒有任何締結的機會。

　　△談起同業的使用情形時。很多客戶的採購習慣會考慮到其他同業的購買情形，尤其是講究品牌形象的產品，客戶比較偏向問及其他業者的訂購及使用情形來做為採購的參考，因此當客戶在商談之中忽然提到××公司採購的樣式、規格、數量等較為敏感的問題時，業務員應該順著客戶的話語來思考，與客戶取得共鳴，也就是要順著顧客的問題，特別強調××公司的訂購情形，以促使締結時機成熟，準備進行締結。

　　一旦顧客問及同業採購與使用情形時，業務員必須隨時準備好提供數家已交易過的潛在、實際客戶，這樣可幫助業務員加速締結過程，同時更可讓顧客加深對產品的信心，因為客戶購買的心理多少存有××公司都在使用或××公司亦敢使用，自己並不是第一位試用者而減少疑慮，加速締結過程。

　　△談到價格及付款條件時。當客戶很認真地與你深入談到價格及各種合約的條件（例如付款條件的比例）時，業務員必須觀察到如何由被動轉為主導締結。假使客戶已經提出購買條件給你參考，此時不論是否接受其

條件，業務員都必須主導引領顧客立下草約或簽購同意書（除非所提出的條件不離譜）。這種主導讓客戶自己所提出的購買條件書面化（非正式合約），形成客戶說「YES」，而業務員與客戶簽下草約內容後，相信公司對於這類的推銷績效評價一定很高，也不會失去締結的商機。

△請你稍候，與第三者討論時。當顧客與業務員商談過程中，或商談到關鍵時刻，顧客請你稍候，而客戶與第三者（比如更高主管）討論此案件的各種內容，這也代表著締結時機到來。因為經過顧客內部的討論後，對訂購商品的欲望總是比較高，回過頭來給業務員的回覆也許是前面所提的結論，這時業務員亦可引導顧客進行締結。

△要求看樣品或實品時。顧客仔細地與業務員商討欲購買的產品，並確認商討過規格、數量或價格等條件後，若這是屬於新開拓的客戶，顧客可能由於對產品仍不完全明瞭，而信心不足，進而提出想要查看樣品，若你銷售的產品體積沒有很大，業務員應以最快的速度提供給客戶，並逐一說明，必要時當場實際示範。若你銷售的產品體積太大，或者是固定在某特定地點，業務員應安排時間陪同參觀，當顧客查看過實物，亦是客戶決定締結的時機。

商談簽約的要領

商談並完成締結的要領，當然要視實際的狀況而定，並不是一成不變。因此，必須在日常工作中多做準備，多接受訓練，才能得到良好的結果。下面列舉商談簽約的要領：

△引導客戶開出條件。業務員商談進行中，應該隨時製造出締結的機會，好好抓住機會，讓客戶在抽象的過程中找到靈感，以促進其行動決

第六章　排除異議

心，這種技巧是容易使交易完成並締結成功的條件。業務員適時引導客戶敞開心扉，開出購買條件作為參考，若成功引導客戶開出條件，便可使交易更容易完成。例如引導客戶出價、列出付款條件等。

△訂立協議結果同意書或草約。將雙方取得共同默契的約定書面化，並引導客戶草簽協議內容，代表客戶願以雙方協議的結論來做締結，讓業務員在商談的過程中取得主動有利的情況。因此，在進行草約的這段過程中，是評定業務員實力的最佳時機，抓住締結的機會，就容易造就成功交易。業務員絕對不能只懷有欲望，漠然地等待，卻永遠抓不住締結的機會，這樣很可惜。但是操之過急一心要締結也不恰當，引導客戶締結的要領不能用「麻煩您簽下訂單好嗎？」，此時顧客的答案不是「YES」就是「NO」，這種賭注性的締結方法，風險性極高，很容易讓以前的努力化為泡影。

在進行締結的這條路上，說話技巧必須採取誘導的方式，絕對要避免讓客戶覺得是最後通牒的質問，非黑即白的詢問方式，很容易失敗。締結的技巧是否恰當，其標準就是顧客心理瞬間的反應，過早或過遲嘗試締結，都會徒增波折。

簽約時應特別注意的事項

業務員經過一段長時間的拜訪、商談、談判到議價，當然最大的期望便是能夠順利完成合約，因為無論業務員在與客戶的商談中花費多少心血，沒有完成合約的交易，亦是徒勞無功，枉費心力。而業務員的優劣並不在於銷售過程中所花的時間，而是在最後客戶訂購的成敗，很多業務員在推銷過程中發揮得很好，但是最終卻失去成交的機會，因此在一連串的銷售活動中，簽約的確是相當重要的工作。而且，顧客在決定購買之前，一定

會設法挑毛病，對產品嫌這嫌那，不滿意所提出的條件。因此，針對業務員與客戶商談簽約時應特別注意的事項，提出如下說明：

△保持冷靜的態度。業務員正與客戶商談並進行簽約時，許多業務員由於過於興奮，不容易保持嚴謹的態度。不論能否接受對方的條件，業務員都必須保持冷靜，千萬別過於緊張，因為客戶可能隨時會提出各種與簽約有關的問題來詢問業務員。業務員時常因為沒有保持冷靜的態度來思考下一步驟的進行方式，以及決定簽約如何進行，而造成許多應該特別注意的合約細節沒有辦法詳細洽談，這些都是由於業務員沒有保持冷靜的態度所造成的。

更重要的一點是有些業務員正在進行簽約時，很容易疏忽合約的內容，或雙方針對合約內容在協商期間，對於客戶所提出的修正缺乏耐心，造成雙方的意見不一致。甚至於業務員引起客戶的不滿，繼而造成雙方難以再繼續進行。例如客戶經常喜歡加註「罰款條件」或是一些比較敏感的字句來控制合約條件，聰明的業務員更應隨時保持冷靜的態度，盡量與客戶溝通。要隨時提醒自己，超過自己許可權範圍的情況，不要當場答覆，幫自己預留退路，讓雙方的思考氛圍稍微和緩，但是業務員要察顏觀色，隨時注意客戶的反應，避免因小失大。

△合約內容要確認清楚。資歷較淺的業務員很容易在與客戶洽談合約時疏忽合約的細節，等回來整理正式合約之後，才發現許多合約內容沒有事先確認清楚，等到你發覺之後再去確認，很容易產生對你不利的因素，甚至整個合約都有變化。所以，業務員要特別注意在尚未簽定正式合約之前，客戶反悔，造成簽約失敗的現象。一般比較重要的合約內容包括「付款辦法」、「支票日期」、「交貨日期」、「交貨方式」及客戶主動加入的條文或刪除的文字等。總而言之，業務員一定要記住，簽定合約是雙方站在同

第六章　排除異議

一陣線上來簽約,遇到不同的看法時,應彼此溝通達成一致的看法與立場,以確保簽約成功。

△引導客戶開出條件,並立下書面草約。絕大多數的客戶在最後的議價過程中,都會出現在價格方面的意見相左,而業務員很容易因彼此雙方的價差而無法做最後的決定,或是因為價格以外的其他條件差異,也無法圓滿達成目的,這是十分可惜的。甚至於客戶已經主動提出他的意見而業務員還無所適從,這種情形實在很難談到合約內容。因此,業務員遇到雙方談論到某個階段,售價及條件無法妥善協議時,應該隨時引導客戶談及他心目中理想的價錢或是其他條件,使整個談判過程由被動變成主動,並試著與客戶達成書面協議書,這種技巧並非每一位業務員都有能力完成。應掌握時機來引導客戶立下書面協議書,這種書面協議書有助於促進簽約成功的機率,若是能引導客戶同意開出的條件,並簽下草約,則成功率已達百分之九十。

△避免露出高興、得意萬分的表情。業務員正在進行簽約程序或是剛完成簽約時,應保持平常心。雖然簽約屬於相當興奮的事,但是業務員在商談簽約進行時,勿露出非常高興、得意萬分的表情,否則很容易讓客戶覺得他最後的採購決定是錯誤的,而產生懷疑,更容易因此而改變簽約的意願,甚至更改決定或放棄原方案,這是十分可惜的。

簽約過程中,應謹慎小心發言,避免言口頭失誤而前功盡棄。業務員盡量以慶祝的語氣來消除對方的不安,並且以適當言詞表達最高的謝意。讓客戶感覺到業務員的真心與誠意,對他所購買的產品深感放心。同時,在與客戶簽約期間,若能事先知道客戶面臨哪些問題,有哪些問題在合約內能替他處理,若能暫時把簽約的喜悅留在心中,以關懷的立場表達你對客戶的關心,讓客戶感受到業務員願意與他共同解決問題,那麼在這時

候，客戶與你之間的合約一定會進行得很順利。等到合約一簽訂，客戶還向你說「謝謝」或「恭喜」，這是成功業務員最大的成果與收穫。

△儘早結束拜訪時間。業務員與客戶進行各種簽約任務時，應機警地避免其他有礙於順利簽約的狀況發生。最重要且經常發生的是此時遇到強烈的競爭對手出現。業務員應了解，你的競爭對手有可能會無所不用其極地給予客戶一個大甜頭，也許因而再度影響客戶的決定，嚴重的話則整個簽約過程宣告失敗，這是何等殘忍，業務員的確不可不慎。最佳的處理方式是你完成簽約的任務時，盡快結束拜訪。與客戶確定雙方正式簽約的時間及地點之後，隨即適時告退，避免其他不利的事情再度發生，避免給客戶再考慮的空間。

學會發展客戶數量

客戶是推銷之本。可以坦白地說，那些滿意的客戶就是未來生意上最好的賭注，值得業務員花本錢、下工夫，對待自己的客戶資料卡檔案，要像對待自己的生命一樣。

開發新市場

不管哪一行業的業務員都有一個共通點，即業績的好壞取決於準客戶的多寡。其中準客戶的優劣又往往和市場開拓有關，因此具備「選人」的眼光，也是成為一流業務員的條件之一。

許多業務員在尋找客戶時，可說是大費周折，基於此故，多半不肯將辛苦所得的資料公開發表。在這種情況下，想要開拓市場，有必要從兩方

第六章　排除異議

面著手,一是企業,二是個人。

開拓企業方面的市場,必須先掌握與企業相關的情報,這些情報可從公司內部刊物與非上市公司一覽表中獲得,而其他行號名冊、內部報紙、分類廣告等也往往是市場情報來源。至於個人市場的選擇,常因業務員個人的喜好而有所分歧,但是基本的資料收集仍不可少,如同學名錄、畢業生或新生名冊、同鄉會名冊、教職員通訊錄,以及其他正式、非正式的名單,都是活用的對象。幾乎每一位業務員都懂得利用這條途徑推銷,因此也就成為各公司行號的基本推銷法。

方法雖然一致,但技巧各自不同。有人無法充分利用這些資訊,有人欲就此開發出一套獨特推銷術,姑且稱之為新市場開發法吧!事實上,新市場的開發並沒有想像中的困難,只要稍微動點腦筋,多方尋找新客戶,就綽綽有餘了。

現在來看看推銷市場與商品之間的相互關係。而商品可以區分為傳統商品與新上市商品;市場則可分為老市場與新市場。

那麼,業務員本身能開拓的新市場有哪些呢?

假設是保險業務員,以公寓、大廈為市場時,不妨先為自己擬訂「銷售市場」一覽表,將可能成為客戶的對象一一標出,並鎖定新住房及新婚夫妻。等這些動作完成以後,再把與產品有關的情報提供給對方,配合對方需求做進一步說明。

當然,以養育幼兒作為推銷重點,也不失為一個好方法。開始時,先收集有關公園、幼兒園的資訊,與客戶接觸時,再逐一提供給對方。由於這種作法迎合父母愛子心切之情,所以頗能打動對方進而簽約,而你也會成為一位可靠又受歡迎的保險業務員。

總之，新市場存在於任何角落，即使是毫無生產能力的嬰兒，也是值得業務員下工夫的對象。

資訊的重要性

很多年前，一個年輕人詢問一名叫豪雷斯·格瑞雷的報紙編輯，問他哪裡能找到機會。格瑞雷回答：「向西走，年輕人，向西走。」這一回答現在在美國家喻戶曉。如果豪雷斯·格瑞雷是個銷售經理，那麼他的回答可能會是：「搜尋一下，年輕人，搜尋一下。」

搜尋對於推銷的作用越來越重要。很明顯，如果要進行銷售，業務員必須能吸引潛在客戶。但是，潛在客戶從何處來？他們會主動送上門嗎？有時候可能是這樣，例如對於零售商店的業務員而言。但是，對於保險、影印機、機器設備和《大英百科全書》的業務員來講，僅靠等客戶上門則幾乎什麼都賣不出去。這些業務員必須出去主動尋找客戶。

即使在個人資質和外表上有所欠缺，銷售陳述有些問題，並且知識相對貧乏，但如果能拜訪到足夠的潛力客戶，則仍然能獲得一定的銷售額。換一個角度講，如果沒有任何潛在客戶，那麼即使擁有超人的資質、突出的外表、理想的表現和豐富的知識，也不可能推銷出一件商品。因此，必須主動找出潛在客戶，這一過程稱為搜尋。對於業務員而言，尋找客戶就如同過去淘金者尋找黃金一樣重要。

潛在客戶是指對產品或服務有需求或購買意願的個人或公司。很多有經驗的業務員認為，尋找到相當數量的潛在客戶是他們工作中非常重要的一環。「搜尋」不僅增加了銷售機會，而且對於維持穩定的銷售量具有極為重要的作用。所有業務員都會因為時間推移而失去一些客戶，這主要由

第六章　排除異議

以下幾個原因造成：

①客戶不再從事商業經營活動。

②客戶的經營活動需要從規模更大的商業管道進貨。

③與你打交道的客戶人員調職、退休或辭職。

④客戶離開了你的銷售區域。

⑤客戶遭遇死亡、疾病或意外事故。

⑥客戶也許只需要進行一次性的交易。

⑦客戶可能被競爭對手搶去。

那些不持續尋找新客戶的業務員將發現銷售額與日俱減。搜尋如同公園的旋轉遊具，讓坐在遊具上的一些人下去，並讓另外一些人上來。用這樣方法確保遊具始終是滿的。一位好的業務員必須用類似的方式不斷地尋找新客戶以替代失去的老客戶。

如果業務員未能找到充足的新客戶，那麼就將面對類似於遊具操縱者所面臨的局面：即讓乘坐者離開，但又不找新的乘坐者替補，最後很快便空空如也。

如何尋找客戶

客戶可以說到處都有。

一般推銷教材、手冊往往按達成交易的可能性將客戶分為Ａ、Ｂ、Ｃ三種，分別是老客戶、準客戶、潛在客戶，依照不同的等級來決定拜訪的次數。

這種說法在理論上固然正確，但卻與現實不符。就像公司對公司之

間的推銷或者是巡迴推銷（也稱直銷），就很難將客戶劃分得這麼涇渭分明。就算是產品內容鎖定在家庭主婦這個層面，可是也不見得會購買的一定是家庭主婦，若是先將客戶群劃分得死死的，想要躋身行銷高手之林恐怕問題重重。

在很多推銷書籍中，常記載著許許多多成功的案例，有的是在搭公車時向前座的乘客推銷，有的是向載自己一程的計程車司機推銷；有的業務員更厲害，到商店拜訪，見店裡生意太好老闆忙不過來，臨時下海充當店員幫忙招呼客人，幾次下來不但贏得老闆的萬分感謝，也為自己贏得了一紙合約。

不論業務員在哪裡，面對什麼人，都要抱持「我一定要簽下合約」的精神，才有可能交出漂亮的業績成績單；萬萬不可懷有先入為主的觀念，「我這種商品只能賣給家庭主婦」，到頭來，推銷的路愈走愈窄，真的就只在這一個自我設限在特定群體，這麼做只會使自己促成的契約件數一路下滑。

客戶是無處不在的，不論是巡迴銷售，還是公司對公司間的銷售，這種觀念永遠是共通的、不落伍的。搭車時何不試著和鄰座乘客多聊聊天，說不定他就是你未來的準客戶，甚至成為另一個人脈網路的開端。

主動收集資料

在一則用草藥釀酒的廣告中，刊登著兩幅照片。一幅是患腸胃病而消瘦的男子，在未飲此酒前的照片；另一幅是同一位男子飲用此酒之後的照片。它默默地告訴人們：「您若服用此酒，也會如此精神飽滿、身體強壯。」

第六章　排除異議

　　再看一件日常生活中的事例。百貨公司餐廳門口的櫥窗內，陳列著菜餚樣品，精緻得使人懷疑自己的眼睛：「這是不是蠟製工藝品？」它激起顧客的食慾，彷彿在說：「付款吧，馬上就能嘗到美味佳餚了。」

　　酒品廣告、餐廳櫥窗裡的樣品，兩者都是以具體的形式取得讓人們多看幾眼的效果。

　　光用嘴無法充分說明商品的好壞，正是百聞不如一見。

　　為了做到這一點，應印製用於推銷的商品目錄、價格表、公司歷史等資料，可以以此作為推銷工具。然而，僅僅做到這些還相差甚遠。為什麼呢？因為一般人常有這樣的毛病，免費的東西，往往不愛惜，而付錢買來的東西，就要取得與所付出代價相應的效果，因而，十分認真地對待。如參加研討會的學員，一部分是領了公司的餐費以及出差補貼，這些人與那些自帶便當、自己掏腰包的學員相比，學習態度往往有天壤之別，這是可以理解的。

　　如絞盡腦汁彙整編輯推銷資料，就一定能增加自身的力量和對客戶的說服力。

　　在零售商店從事推銷汽車工作的 T 先生除了準備商品目錄之外，還用自己的照相機拍攝了商品照片。既然要把商品拍成照片，自己就必須對汽車的結構和常識進行特殊研究，然後才能把它介紹給客戶。言語之中充滿了豐富的知識，並表現出對業務工作的熱情。

　　光花錢還不等於投資推銷工具。對已有的資料要進行擷取、分析、整理、張貼，廣告設計可採用彩色文字說明，再用玻璃紙裝飾，使之產生特殊的視覺效果。編輯資料可帶有一些文學色彩，以吸引讀者，這些方法都是用自己的智慧和頭腦進行富有成效的投資。

自費投資、準備推銷工具，說明業務員具有責任感。僅僅揣著資料是沒有任何價值的，如能採取各種靈活的宣傳方式，才能顯現其效果。

準確尋找推銷對象

在大多數情況下，業務員想要找到滿意的潛在顧客，首先是從本企業內部獲得有關推銷對象的資料；其次，透過已有的客戶來挖掘潛在客戶；再次擴大搜尋區域，透過市場調查和走訪來開拓潛在客戶。

尋找推銷對象的思路

想要找到滿意的潛在顧客，首先是從公司內部獲得有關推銷對象的資料，按這條思路去尋訪顧客與使用者，既準確又快捷，既省時又省力，往往能收到事半功倍之效；其次，如果從企業內部無法找到滿意的推銷對象，業務員的視線自然要轉向現有的顧客，透過已有的客戶來挖掘潛在客戶。依據這條思路去尋找推銷對象，需要業務員良好的推銷技巧與不懈的努力，一旦推銷成功，所得到的往往是大量的購買主顧；假如透過上述兩條線索都無法如願找到理想的推銷對象，那麼業務員就需要進一步開啟思路，擴大搜尋區域，透過市場調查和走訪來開拓潛在的客戶。

△在企業內部尋找推銷對象。以生產企業為例，顧客名冊就是業務工作的一條線索。一般企業在派人推銷之前，手裡已經掌握了一些基本的顧客與使用者，這樣的客戶花名冊就可供業務員使用。名冊中所列的顧客雖然未必都能順利達成交易，但業務員不能忽視這些老主顧。因為這些老主顧與社會各界連繫多，人脈交際廣，他們與其他公司或有合作關係，或有

推銷往來，透過他們的配合協助常常帶來成交的資訊與希望。

此外，財務部門和服務部門也是業務員開拓客戶的資訊來源。凡是規模較大、實力較強的企業或公司，內部分工相當縝密，推銷相關業務分別由各個不同的職能部門承擔，顧客聯繫也由不同人員分頭負責，業務工作則可以從各個職能部門或科室機構尋找潛在客戶的線索。其中最有價值的是財務部門所保管的會記帳目，仔細查閱公司與客戶之間的帳目往來，並對這些帳目、款項進行細緻核算，就可以發現許多雖已很少往來卻極富潛能的顧客。

要開拓這些潛在客戶，業務員對相關資料應當認真加以整理分析，及時存檔，列入推銷走訪的名單之中。企業的服務部門（如修理部、公關部、市場部），對於開拓潛在客戶也十分有助益。業務員應當設法與服務部門、服務人員建立穩定的聯繫制度，經常與他們交換意見，從那裡獲得有關潛在客戶的資料。尤其是在家電、汽車等需要定期保養或售後服務的行業中，服務部門和服務人員對於挖掘推銷對象顯得更加重要，因為這些行業的使用者在產品損耗到一定程度而需要更新維修時，其購買意向和購買態度常受服務人員左右，服務人員提供的資訊往往是影響他們作出購買決定的重要因素。

△在現有顧客中尋找推銷對象。當業務員把潛在客戶的目光從企業內部轉向社會大眾時，應首先把搜尋的注意力放在那些消費需求已得到滿足或與公司有良好銷售往來關係的顧客身上。在以往的業務工作中，企業如能以優質的產品、周到的服務取信於顧客，滿足顧客的需求，那麼客戶就會對企業及其生產的產品產生信任和親近感，在這個前提下展開新一輪的推銷活動，業務員就可以請現有顧客向未來的新顧客推薦介紹，親身示範，現身說法，使老顧客成為企業的宣傳人員和「業餘業務員」。在特定

場合，業務員不妨利用適當的機會直截了當地請老顧客推薦潛在的新顧客，請求的語氣要委婉，態度要誠懇，也不必強求於人。當然，業務員事先要做好兩手準備，心裡有遭人拒絕的打算，因為你要理解任何一位老顧客都沒有推薦新顧客的義務，所以請求推薦，遭到對方拒絕是很正常的。

業務員還可以採用其他形式和手法來獲得老客戶的啟發與幫助，如請老顧客寫一封推薦信，將廠商、品牌、價格及服務情況，簡略地介紹給潛在的新顧客，將業務員推薦給新的使用者，然後由業務員持介紹信前往走訪推銷，上門服務。為了解決推薦者（即老顧客）時間不足或行文不便的問題，這種間接推薦的形式也可以簡化，如請推薦者在他的名片上聊表數語以示推薦之意，詳細情況則由業務員面談介紹。這種推薦方式一般適用於專業性商品或大宗買賣，在多數情況下，業務員請求那些與企業已達成長年交易合約或與本企業存在經常性銷售往來的客戶，顯得比較合情合理，易於成功。有時一些尚未成交的新客戶，也可能是理想的推薦人，在推銷過程中對方由於買賣未成，心理上不自覺感到歉意，希望能夠給予「補償」。這時，業務員只要誠心相待，言行舉止得體，委婉而誠懇地提出自己的請求，對方一般會願意推薦潛在客戶的，在他所介紹的顧客中，就可能找到滿意的貿易合作夥伴。

△從市場調查走訪中尋找推銷對象。相較於上述兩種工作思路，從市場調查走訪中尋找潛在客戶，是在更大的區域和更廣的視野內，實現推銷策略的方法。透過相關人員設計調查問卷，選擇有代表性的調查對象，進行登門採訪、電話採訪、通訊採訪，使市場調查工作可以更準確、更全面地了解新舊客戶的需求、數量、分布狀況、消費方式、購買能力等方面的資訊。無論是企業的管理部門，還是每一位業務員，掌握多種市場調查方法，在市場調查過程中發現和開拓客戶都是十分重要的業務手段。打

個比方來說，如果從企業內部和從已有顧客中尋找推銷對象是「用漁竿釣魚」，那麼從市場調查中尋找推銷對象則是「用漁網打魚」，這種方法面廣集中，往往容易取得良好的推銷績效，找到更多潛在顧客。

尋找推銷對象的原則

△記住「連鎖反應」。所謂「連鎖反應」，原是化學領域的一種現象，是指分子分裂的過程，一個分子可以分裂為兩個分子，兩個分子可以分裂為四個分子，如此無限地分裂下去。「連鎖反應」的原則應用到業務工作中，就是要求每個業務員懂得辯證法，學會用普遍連繫和連動發展的眼光看待市場，充分運用與現有客戶的良好合作關係，請他們宣傳自己的聲譽，老顧客現身說法，推薦和介紹新客戶上門。猶如化學上的「連鎖反應」，一個介紹兩個，兩戶帶動四戶，從而使顧客源源不斷，推銷日漸擴展。

△記錄每日新增的客戶。業務員應當做到手勤腿快，隨身準備一本筆記本，只要聽到、看到或經人介紹一個可能的潛在客戶時，就應當及時記錄下來，從單位名稱、產品供應、聯繫地址到已有信譽、信用等級，然後加以整理分析，建立「客戶檔案庫」，做到心中有數，有的放矢。只要業務員都能使自己成為一名「有心人」，多跑、多問、多想、多記，那麼隨時都有可能發現客戶。

△培養觀察力與判斷力。在尋找推銷對象的過程中，業務員必須具備敏銳的觀察力與正確的判斷力。細緻觀察是挖掘潛在客戶的基礎，想學會敏銳觀察別人，就必須多看多聽，多用腦袋和眼睛，多請教別人，然後利用有的人喜歡自我表現的特點，正確分析對方的內心想法，吸引對方的注意力，以便激發購買需求與購買動機。一般來看，業務員尋找的潛在客戶

可分為甲、乙、丙三個等級，甲級潛在客戶是最有希望的消費者；乙級潛在客戶是有可能的消費者；丙級潛在客戶則是希望不大的消費者。面對錯綜複雜的市場，業務員應當培養自己敏銳的洞察力和正確的判斷力，及時發現和挖掘潛在的客戶並加以分級歸類，依不同情況採取不同應對方式，針對不同的潛在客戶施以不同的推銷策略。

△客戶就在你身邊。業務員應當養成隨時發現潛在顧客的習慣，因為在市場經濟社會裡，任何一間企業、一家公司、一個單位和一個人，都有可能是某種商品的消費者或某項勞務的享受者。對於每一個業務員來說，他所推銷的商品及其消費行為散布於千家萬戶，走向各行各業，這些個人、企業、組織或公司不僅出現在業務員的市場調查、推銷宣傳、上門走訪等工作時間內，更多的機會則是出現在業務員的八小時工作時間之外，如上街購物、週末郊遊、出門作客等。因此，優秀的業務員應當隨時隨地提升自身形象，注意自己的言行舉止，牢記自身的工作職責。客戶無時不在，無處不有，只要自己努力不懈地與各界朋友溝通合作，習慣成自然，那麼你的客戶必然會愈來愈多。

尋找推銷對象的方法

1. 名流關係法。業務員在尋求潛在顧客時，利用某些具有社會影響力的知名人士，利用他們的權威性和感召力，把深受其影響的大眾變成潛在顧客和使用者。比如政界人物、影視明星、文藝作家、運動員、資深專家教授等，都是值得注意的社會名流。在說服這些名流人物時，業務員需要花費較長的時間與精力，與名流打交道也需要業務員具備相當的耐心與多樣的公關手法，才能達成目的，但一旦說服成功，就會帶來大量客戶。

第六章　排除異議

2.區域突擊法。業務員事先計劃好將要走訪的區域，預備多種宣傳資料和勸說方式，進而對該區域內的所有住家進行全面的突擊性推銷拜訪。採取這種區域突擊法，一定要慎重選擇拜訪區域，挑選具有典型意義的區域擇優進行，同時對區域內的個人、企業、公司、機構等情況要事先打探。此法透過業務員展示商品，樹立產品形象，宣傳企業信譽來促使推銷對象購買，比較適合用於推銷家庭生活用品。

3.設立分店法。有時，業務員還可以透過設立分店的方法來尋找新的購買對象。透過簽訂代理合約，選擇適當的銷售據點和辦事機構，確定這些分店、分廠代理推銷的內容及相應的報酬，使企業廣設資訊窗口，增加與社會各界交往的機會，讓分布各處的銷售據點與辦事機構成為企業了解市場的「耳目」與「喉舌」。在業務工作中採取設立分店的方法，可以使企業獲得比較穩定的潛在顧客與貿易訂單。

4.客戶利用法。從廣告宣傳的角度來看，客戶是企業及其產品的傳播媒介，在老顧客身上可以展現企業的服務信譽與產品品質，從而招來更多潛在顧客。在日常業務工作中，業務員要尊重顧客的意見，兼顧對方的正當權益，及時滿足他們的需求。平時，業務員就需要與顧客、使用者建立定期或不定期的聯繫，協助廠方做好售後服務工作，對來自市場和客戶的訊息及時回饋。一旦業務員與客戶們建立了互相信任、真誠合作的關係之後，這些客戶就會主動地為廠方推薦新顧客、介紹新產品，透過各自的交往管道招來更多推銷對象。在某些場合，客戶的一句美言，常常勝過業務員的千言萬語，老客戶的引薦有時比業務員的多方勸說更能打動新顧客的心。

5.名錄尋訪法。業務員利用登記的名錄，以此為線索尋找潛在顧客和使用者，進行登門拜訪。例如，有的業務員利用《畢業紀念冊》、《顧客

花名冊》進行問卷調查，徵詢其購買意向，向他們推銷企業最新投產的產品，請他們對公司提供的服務提出改進意見，並爭取其成為自己的積極購買者。

6. 通訊聯繫法。假如業務員碰到的推銷對象是完全不認識的陌生人或從未聯繫來往過的企業單位，那麼推銷時就可以利用通訊、電話等間接方式，向他們郵寄相關的宣傳資料或產品樣本、說明書，也可以打電話取得聯繫，提議先增進雙方的情感交流。當對方收到信函的時候，業務員再登門徵詢，傾聽他們的建議與要求。這時有了前期準備工作，推銷雙方就可以輕易開啟話匣子，也容易達成共識。

7. 情報突擊法。情報突擊法是在推銷行動中，從相關領域選擇適當的人員作為自己的「情報員」，一旦他們發現潛在客戶，便馬上通知推銷機構或業務員按圖索驥，對已發現的潛在顧客進行突擊性地全面走訪，向他們宣傳推銷產品或服務。

例如日本著名的豐田汽車公司在推銷行動中，公司業務部就聘請各地的計程車司機、汽車保養廠師傅、超市經理、高級餐廳領班和運動俱樂部的服務生做他們的「情報員」，利用這些人士交際面廣，與顧客接觸機會多的優勢，廣泛收集新老顧客對豐田汽車的使用感受與改進意見，並請他們向周圍人士介紹豐田汽車，推薦有購車意願的潛在客戶。這一招果然靈驗，豐田汽車在海內外市場的聲譽不斷提升，知名度和信譽度也愈來愈高。

8. 獵犬追蹤法。採取這種方法，需要由兩位以上的業務員組成推銷小組，由其中經驗比較豐富的業務員專門負責向顧客介紹商品，宣傳企業聲譽，而由新上任的業務員擔當開拓市場的任務。一旦新業務員發現有希望的潛在顧客，便及時報告給經驗豐富的業務員，由他進行推銷拜訪。這種

第六章　排除異議

採用內部分工合作模式的小組推銷方式,有利於發揮不同業務員的長處,發揮個人各方面的優勢,揚長避短,提升勸服的成功率。

9. 行業突擊法。業務員還應當經常關注經濟發展的動態,關心國民經濟產業結構的現狀及未來變動趨勢。同時,對於社會全體的資金流向與周轉狀況,也要做到心中有底。在推銷行動中,採取行業突擊的方法來尋找推銷對象,最好選擇容易觸發購買動機的行業作為推銷拜訪的對象,如家用電器行業、食品行業。如果選擇得當,推銷得法,行業突擊法能夠挖掘出大批的潛在客戶。

10. 群體介紹法。有時,推銷行動宜先爭取特定團體的認同,透過所屬關係由上至下向所屬成員介紹宣傳產品,或者請其推薦這些群體組織熟知的潛在顧客。採取群體介紹法,能幫助大眾了解所推銷的產品,提升資訊的權威性和業務工作的效率。

第七章

留住客戶，留住訂單

「客戶是選民，客戶的鈔票是選票。」你能傾聽客戶的真情告白，滿足客戶的所願所想，贏得客戶的芳心回眸，便能贏得口袋滿滿。你為客戶服務，客戶助你成功，道理就這麼簡單！

第七章　留住客戶，留住訂單

▌留住客戶是原則

　　有的企業認為，客戶流失了就流失了，舊的不去，新的不來；卻不知道，企業每流失一個客戶都將要付出慘痛的代價。據統計，企業獲取一個新客戶的成本是保留一個老客戶的 5 倍，而且一個不滿意的客戶平均會影響 5 個人。依此類推，企業每失去一個客戶，其實代表著失去了一大批客戶，其口碑效應的影響相當巨大。

　　反之，滿意客戶創造的持續價值有時卻是無法估量的。從下面事例中我們可以發現，一個維繫了 5 年之久的客戶，會為企業帶來多少直接和間接的利潤。

　　美星廣告公司與奇瑞軟體公司一直保持著業務往來，美星公司對奇瑞公司及其產品，也由不熟悉到熟悉，乃至現在的認同、信任和偏好。隨著美星公司的業務擴大，他們購買了奇瑞公司一系列產品，並向其他公司推薦奇瑞的產品。5 年下來，奇瑞軟體公司從該客戶中，獲得的直接和間接利潤到底有多少呢？

　　第一年，美星廣告公司老闆從報紙上得知，奇瑞軟體公司開發了一套用於桌上型電腦的平面設計軟體，他決定購買一套。這套軟體的售價是 800 元，奇瑞公司透過廣告及其他促銷手段，獲得每個客戶的平均成本是 850 元。很顯然，第一年，奇瑞從美星手中沒有賺到錢，因為他獲得並服務該客戶的成本，高於其軟體產品本身的價格，即奇瑞公司虧損 50 元。

　　第二年，美星公司對這套平面設計軟體很滿意，又買了升級版本，價格為 500 元／套（該產品利潤較高，屬於上升購買），同時還買了奇瑞公司的製圖和演示軟體，價格為 250 元／套（交叉購買）。此外，美星公司老闆又向幾家廣告公司推薦了平面設計軟體，其中一家購買了這套售價為 800

元的軟體（推薦購買）。

第三年，美星公司向奇瑞公司購買了價格為500元／套的影像處理軟體，以及價格為200元／套的藝術剪輯資料庫。而第一個被推薦的客戶（即第二年購買平面設計軟體的人）又購買了製圖軟體、平面設計軟體的升級版，共花費750元。第二個被推薦的客戶則購買了價格為800元／套的平面設計軟體。

第四年，美星公司購買了新版平面設計軟體的升級版，價格為250元／套，以及價格為250元／套的製圖軟體升級版。第一個被推薦的客戶又購買了影像處理軟體、藝術剪輯資料庫，共計700元。而第二個被推薦的客戶購買了製圖軟體、平面設計軟體升級版，共計750元。此外，又有兩個被推薦的客戶分別購買了一套售價為800元／套的基本平面設計軟體。

第五年，美星公司購買了價格為3,000元／套的全套多合一軟體，其功能包括平面設計、演示影像處理，另外又單獨買了一個新的藝術剪輯資料庫，價格為200元／套。第一個被推薦客戶買了新版平面設計軟體的再升級版，以及製圖軟體升級版，共計500元。第二個被推薦客戶買了影像處理軟體、藝術剪輯資料庫，共計700元。而另外兩個前一年被推薦的客戶，每人又分別購買了價格為750元／套的製圖軟體，以及平面設計軟體的升級版。

一家起初令軟體公司虧損的客戶，5年後卻給為公司創造了12,800元的利潤。其實，滿意客戶對企業的價值不僅表現在購買更多產品，並且更長時間地對該企業的產品保持忠誠上，其價值可能還會展現在以下幾個方面：至少對12個人說企業和產品的好話；較少注意競爭品牌的廣告，並且對價格不敏感；向企業提供有關產品和服務的好主意，更為重要的一點是維繫老客戶遠比爭奪新客戶的競爭更具有隱蔽性，更不易激起競爭者的

反應。一位滿意客戶的價值是無法用數量來計算的，客戶從購買到滿意，再從滿意到忠誠，最後向自己的親朋好友傳播口碑，其中的每個過程，都會帶給企業利潤。

其次，不滿意客戶帶給企業的損失，可以從一個著名的等式看出：100-1=0，這個在行銷界眾所皆知的等式代表，即使有100個客戶對企業感到滿意，但只要有1個客戶對其持否定態度，企業的美譽就會立即歸於零。這種具體化的比擬似乎有誇大之嫌，但事實顯示一個不滿意的客戶會有如下反應：70%的客戶將重新選擇購買來源；一個不滿意的客戶會使9～20個客戶對企業的產品或服務品質產生不良印象，從而可以引起第101個客戶對企業產品或服務品質產生不良印象；24%的客戶會告訴其他客戶不要到提供劣質產品或服務的企業消費。而且，據資料顯示，只有10%的客戶在不滿意時會投訴，這就代表著當企業收到100次客戶投訴，就有1,000個客戶不滿意。總之，客戶不滿意對企業來說是巨大損失。

解讀客戶「跳槽」

客戶跳槽率上升，訂單就相應地減少了，企業利潤必然也會下降。即使企業能吸引足夠的新客戶來彌補，企業仍然要花不菲的人、財、物力來吸引新客戶，企業的經濟效益仍然會下滑。因此，有必要了解客戶跳槽的真實原因，也只有深入了解客戶跳槽的真實原因，企業才會發現行銷管理中的問題並採取補救措施（防止其他客戶跳槽），甚至還可以使已跳槽的客戶重新回來並與之建立更為牢固的關係。

綜合各種因素分析，客戶跳槽有如下幾種情況：

業務員自身原因

業務員未建立完整系統思考模式、未建構服務規範、知而不行、唯利是圖，或者業務員跳槽，都會導致客戶流失。

未建立完整系統思考模式：一般業務員只在客戶有成交動作時，拚命行動，拚命拜訪，而忽略在前置作業中創造客戶的進客量，以及忽略在成交之後顧及客戶滿意度，讓客戶持續消費，因為業務員缺少完整的思考邏輯。

未建構服務規範：許多業務員為了達到業績，在與客戶的成交過程中滿懷熱情，但一旦交貨、收款完畢之後，營業人員即對客戶提出之服務喪失耐性。這是很可惜的，因為業務員隨性的態度，造成客戶不會再購買。

知而不行：業務員並沒有考慮到他要長久擔任此工作，即使他知道滿意服務與完整管理的重要，卻不願長期耕耘。

唯利是圖：業務員在得到更多利潤的情況下，害怕客戶要求，所以反而不願意去服務；另一種則是，在業務員無利潤之下，不願意提供更多服務給客戶。如此造成有利，反而不敢去提供服務；而無利可圖，又不願意服務。

業務員跳槽：企業的高級行銷管理人員的離職變動，很容易帶來相應客戶群隨之跳槽。因為職業特點，如今業務員是每個企業最大、最不穩定的「流動大軍」，如果管理不當，在他們跳槽的背後，往往伴隨著大量客戶跳槽。其原因是因為這些行銷人員手上有自己的管道，也是競爭對手企業所瞄準的最大個人優勢和資源。這樣的現象在企業裡比比皆是。

第七章　留住客戶，留住訂單

企業內部發生波動

在企業發展中，不可避免地會發生一些事件，比如企業內部管理高層發生變動，或者資金緊張等原因，導致市場發生波動。在這種情況下，對以追求利潤為目的的客戶來說，當然會發生哪裡有錢賺就往哪裡跑的現象，所以，企業的波動期往往是客戶跳槽的高峰期，這時候，嗅覺靈敏的客戶們就會停止與企業合作，轉而投向另一企業的懷抱。

忽視感情投資

客戶對企業有著極大的忠誠度，多半是由於情感連繫，所以細心呵護客戶的感覺非常重要。在與客戶的感情交流中，不僅僅要給予客戶回饋性質的特殊產品／服務，讓他們在其服務或產品使用過程中，體驗到更大的情感滿足，而且也要關注每個服務細節，避免令客戶產生不良的印象。

缺乏誠信

客戶的需求總是千變萬化，對於商家而言，很難做到面面俱到，總會有一些缺憾讓客戶感到不滿。正視其中的問題，做出合理的解釋並致歉，而不是掩蓋和隱瞞，更能得到客戶的諒解和信任，這樣才有利於建立長久的信任和合作。如果企業為了短期利益，向客戶隨意承諾條件，結果又不能兌現，或者返利、獎勵等不能及時兌現給客戶，最終客戶「跳槽」也是意料中的事情。

經銷政策要靈活

著名市場權威菲利浦·科特勒（Philip Kotler）曾指出，企業在制定經銷商政策時，應遵循目標適宜的原則。古人云：「取法乎上，得其中也；取法乎中，得其下也。」就是說，目標定得高一點，但又不能過高，否則是自設經營障礙。這個目標不能定得唾手可得，而是要跳一跳才能碰得到。很多時候為了提升銷量，企業為經銷商設定了很高的數目，卻不知自己正在做「取小捨大」的蠢事。要知道，每年最終的銷量絕大部分是靠平時的銷售累積起來的。事實上，想要最大程度提升銷量，需要相互合作的完善經銷商政策，這不是單純地從企業角度制定的政策，一些著名企業的苛刻市場政策常常會使客戶不堪重負而離去。

不重視小客戶

對小客戶不重視、不在乎，甚至認為可以不要，這是相當危險的訊號。客戶的大小其實是變化的過程，所有客戶都是從小客戶開始成長的，一部分小客戶也會成為大客戶，只有這樣企業才能長久，才能源源不斷地提升利潤。所以，缺乏對客戶管理的規畫與發展，讓小客戶感到麻煩、產生反感、引起抱怨、導致投訴，影響巨大，從而導致客戶流失。

其實不要小看小客戶20%的銷售量，比如一個年銷售額10億的企業，推算下來其小客戶產生的銷售額也有2億，且從小客戶身上所賺取的純利潤率往往比大客戶高，算下來絕對是一筆不菲的數目。

第七章　留住客戶，留住訂單

客戶的問題或投訴得不到妥善解決

對於商業客戶，主要表現為管道衝突。理性的客戶會正視管道衝突，因為管道衝突總是存在，關鍵是出現管道衝突時最大化予以化解並在此基礎上獲得「互相體諒」。然而，管道衝突涉及合作雙方的最根本利益時，可能也會無可救藥，客戶也就因此揚長而去。

遭遇其他競爭企業的「排擠」

企業會經常遭遇競爭對手的非正規手段排擠，如藉助政治力量、藉助以商業賄賂為基本手段的黑金行銷、製造客戶與企業對立等反社會、反倫理、反常規行銷方式，而這種情況在「人情」國度更是常見。

任何一個行業，客戶畢竟有限，特別是優秀的客戶，更是彌足珍貴。20%的優質客戶能夠帶給一個企業80%的銷售業績，這是個恆定的法則。所以優秀的客戶自然會成為各大企業爭奪的對象，競爭對手可能會以更低廉的價格、更具有技術優勢的產品、更加完善的服務、更優惠的銷售方案等方式獲得客戶的青睞。在這種情況下，企業最容易被競爭對手所取代，正如菲利浦‧科特勒所言：「沒有兩分錢改變不了的忠誠。」

在上述8種原因當中，除了最後一種是企業無法控制的因素之外，其餘7種都是由企業內部因素造成的。透過對客戶跳槽原因的探索，企業可獲得大量資訊，從而發現行銷管理工作中的問題，並採取必要的補救措施來增強企業的競爭力，最終提升企業的經濟效益。

如何防止客戶流失

維護客戶，防止客戶跳槽，對企業來說，已經成為比開發新客戶更重要、更緊迫的任務。這是因為，市場上的競爭是如此激烈，以至於企業幾乎不可能完全依賴過去的成功經驗，來使客戶始終忠誠於自己。而競爭對手也會虎視眈眈並隨時準備搶走企業手中的客戶——甚至是最忠誠的客戶。而且更為現實的是，向現有客戶要訂單遠比花錢去吸引新客戶的效益更大。正是由於企業花了不少錢並投入不少資源才最終擁有這些「死心蹋地」客戶的，所以，企業應盡量避免因企業內部因素而導致客戶跳槽。因此，企業應從多方面著手來堵住客戶跳槽的缺口。

提升產品品質與服務品質

客戶追求的是較高品質的產品和服務，如果我們不能向客戶提供優質的產品和服務，終端客戶就不會對他們的上游供應者滿意，更不會建立較高的客戶忠誠度。因此，企業應實施全面高品質行銷，在產品品質、服務品質、客戶滿意和企業盈利方面形成密切關係。

另外，企業在競爭中為防止競爭對手挖走自己的客戶，戰勝對手，吸引更多客戶，就必須向客戶提供比競爭對手具有更多「客戶讓渡價值」的產品。為此，企業可以從兩方面改進：一是透過改進產品、服務、人員和形象，提升產品的整體價值；二是透過改善服務和促銷網路系統，減少客戶購買產品的時間、體力和精力的消耗，從而降低財務和非財務成本。

第七章　留住客戶，留住訂單

提供競爭對手沒有的附加價值

在產品與服務日趨同化的市場競爭中，企業能否為客戶提供比競爭對手更為客製化的產品和服務，是吸引、留住客戶的關鍵。

在現代社會中，客戶服務的客製化要求越來越高，為客戶提供主動、客製化、切合的服務勢在必行。與競爭對手相比，企業勝出策略就在於，勢必滿足客戶的高附加價值需求，這樣別人就沒有辦法很快追上來。比如，旺季優先發貨、員工培訓計畫、與企業上層和各部門的溝通管道暢通。因此，企業應該把重點放在服務、品質、交貨、技術能力和其他能產生新價值的要素上，提供競爭對手沒有的產品和服務。

有個修腳踏車的師傅，生意非常好，周遭其他修車的人幾乎都沒有生意。不僅如此，很多人還願意從很遠的地方跑來讓他修。是他的技術多麼高超嗎？其實跟其他人都差不多。原來，這位師傅有個習慣，每次修完車之後都會幫客戶把腳踏車擦得乾乾淨淨，就像一輛新車一樣。而這一點，客戶並沒有要求，也不在他修車工作的範疇之內。但他一直堅持這樣做。毋庸贅言，我們可以想像到當客戶拿到車時的驚喜！這就是客戶為什麼都選擇他的原因，因為他為客戶創造了價值，而其他的修車師傅做不到。

為客戶建立附加價值是基礎業務中的重頭戲。企業要麼千方百計地在緩慢增加的成本中改善品質，如美國環球航空公司（TWA）的舒適艙；要麼在不過度降低品質的條件下降低成本。比這種聰明的取捨更好的，是找到我們稱之為「互用」的東西，即同時提升品質並降低成本。

競爭對手也是這樣做。他們也費盡心思進行類似的精明取捨或互用。這種現象會降低你企業的附加價值。為了保護好自己的附加價值，企業需要與客戶和供應商建立關係。這種關係確保了企業產品的獨特性，產品中

有一部分就是企業自己。美洲航空公司（American Airlines）的 AAdvantage 常客專案即是建立這種關係的典範。此活動透過獎賞創造了忠誠。

要避免競爭對手挖牆腳，就要為客戶提供切合的客製化服務，為客戶做好每件小事，那麼客戶就會對企業產生很強的依賴性，競爭對手要模仿和替代的難度就會增加。如果企業在滿足客戶的附加價值需求方面做得很出色，同時更注意對客戶的感情投資，還有哪個客戶有充足勇氣離開你投入別人的懷抱呢？即使競爭對手出價更低，客戶還會考慮其他問題，如交貨會否及時，產品品質如何，與新企業的溝通成本增加並影響通路運作等。畢竟與老東家上上下下都很熟了，生不如熟，還是老品牌令人放心。

讓利於合理的利潤空間

沒有利潤的驅使，客戶很難對產品感興趣，企業也很難得到客戶的支持。一個產品、一個品牌想要獲得恆久的成功，企業必須制定有利於各方參與的「遊戲規則」。根據這個遊戲規則，企業與客戶在利潤分配方面也應該實現「雙贏」，企業既要為自己考慮合理的利潤空間，也要為客戶考慮合理的利潤空間。唯有如此，企業與客戶之間的合作才能持久，才能互相促進發展。在實際市場運作中，企業多採用返利的形式激勵和控制客戶。

返利具有激勵作用，被企業視為激勵客戶的主要手段之一。返利是指企業根據一定的判斷標準，以現金或實物的形式給予客戶的滯後獎勵。返利的特點是滯後兌現，而不是當場兌現。如果從兌現時間上來分類，返利一般分為月返、季返和年返 3 種；如果從兌現方式上來分類，返利一般分為明返、暗返兩類；如果從獎勵目的上來分類，返利可以分為過程返利和銷量返利兩種。

第七章　留住客戶，留住訂單

　　用返利來激勵客戶，首先要清楚確定現階段激勵客戶要達到的具體目標是什麼。具體目標清楚，才能有的放矢，才能根據目標制定有針對性的返利方案。

　　目前有不少企業由於競爭壓力大，不在產品研發、降低成本、市場推廣等方面想辦法，卻死盯著客戶的利潤不放，從客戶的利潤中拿出一部分作為返利，客戶最後得到的返利實際上是自己本來就應該得到的利潤。稍微精明一點的客戶很快就會算明白，本來透過努力可能獲取的額外利潤沒有了，原有的正常利潤空間受到壓縮，應該得到的部分利潤（指返利部分）被重新進行分解。毫無疑問，客戶的積極性肯定因此受到影響。企業這種擠壓客戶利潤來強化產品競爭力的做法，很可能導致客戶轉向其他品牌產品。

　　但是，一個產品是否對客戶有吸引力，關鍵在於產品能否為客戶帶來利潤，而不是取決於返利高低。有些企業為了爭取客戶，在制定銷售政策的時候，盲目地將返利比例提升，希望藉此增加對客戶的吸引力。殊不知，企業這樣做的後果實際上是在埋地雷。近年來，工程機械行業由於嚴重的供需矛盾和產品同質化，大多數產品的利潤空間已經降到相當低的水準。在這種背景下，除非企業擁有較大的成本優勢，否則，高額返利就是以犧牲企業的持續競爭力為代價。高額返利可以有效地增加產品對客戶的吸引力，但只能發揮「錦上添花」的作用。如果產品本身具備暢銷特質，即產品在同等級產品中具有出色的 CP 值，當產品暢銷，返利才會多，高額返利才可能實現。

建立暢通的投訴管道

90％的不滿意客戶並不會投訴，僅僅是停止購買，最好的方法是要方便客戶投訴。以客戶為中心的企業，應使其客戶便於投訴和提出建議。許多飯店和旅館都備有不同的表格，請客人訴說他們的喜憂。寶僑、奇異公司、惠而浦等諸多知名企業，都設有免費電話熱線。很多企業還增加了網站和電子信箱，以方便雙向溝通。這些資訊管道為企業帶來大量的優質創意，使它們能更快地採取行動，解決問題。3M公司聲稱它的產品改進建議有超過2／3是來自客戶的意見。

客戶與企業間是平等的交易關係，在雙方獲利的同時，企業還應尊重客戶，認真對待客戶提出的各種意見及抱怨，並真正予以重視，才能得到有效的改進。在客戶抱怨時，認真坐下來傾聽，扮好聽眾的角色，有必要的話，甚至拿出筆記本將其要求記錄下來，要讓客戶覺得自己被尊重，自己的意見受到重視。當然僅僅是傾聽還不夠，應及時調查客戶的回饋是否屬實，迅速將解決方法及結果向客戶回覆，並提請其監督，增加其合作的忠誠度。

加強客戶資料管理，防止業務員跳槽帶走客戶

很多企業由於在客戶關係管理方面不夠細膩、規範不夠完備，在客戶與企業之間，業務員作為橋梁就發揮得淋漓盡致，而企業本身對客戶影響相對乏力，一旦業務跳槽，老客戶就隨之而去。與此而來的是競爭對手實力提升。

企業必須詳細地收集客戶資料，建立客戶檔案，進行歸類管理並適時掌握客戶需求，才能真正實現「控制」客戶的目的。透過詳細分析客戶資

第七章　留住客戶，留住訂單

料，對客戶實行動態管理，持續追蹤客戶的使用情況，為其提供預警服務和其他有益的建議，盡可能降低客戶跳槽的風險。

防範客戶跳槽工作既是一門藝術，又是一門科學，需要企業不斷地去創造、傳遞和溝通優質的客戶價值，這樣最終才能獲得、保有和增加客戶，打造企業的競爭力，使企業擁有立足市場的資本。

▍如何啟用「休眠客戶」手中訂單

休眠客戶是指曾經與我們有過交易，而又主動停止交易的客戶。這類客戶曾經在過去的某個時期肯定過我們的產品或服務，肯定過我們的努力。但由於各種原因，現在處於休眠狀態。有經驗的業務員都知道，一次不買並不等於永遠不買，暫時休眠也完全可以「喚醒」後重新簽訂續約。

業務員小鄭從公司的客戶資料中發現一位客戶，他與公司交易兩年三個月，銷售業績在公司排名在前10名內，回款也很正常，可是不知何故突然停止合作。小鄭決定前去拜訪。

第一次見面，客戶知道小鄭是××公司的業務代表後，便破口大罵把他趕了出去，令小鄭非常頭痛。

為了進一步了解這位客戶的情況，小鄭求助於銷售經理了解事情的原委。主管告訴小鄭這個客戶原來合作良好，可是後來變得很難纏，老闆態度也很不好，原來負責這家客戶的業務代表已經離職，具體情況也不太清楚。經過分析，小鄭認定這是一個可以爭取的客戶，關鍵是要了解這位客戶不滿的原因，於是決定再次拜訪客戶。

小鄭不顧這位客戶的態度粗暴，三番五次登門拜訪，終於打動了客

戶。有一天，當小鄭再次進入這家商店的大門時，客戶的態度終於緩和下來，並且告訴小鄭他不滿的原因。

原來是為這位客戶服務的前業務沒有兌現承諾，答應他的促銷贈品沒有給他、沒有幫忙處理退貨、相關獎金也沒有給，使他造成重大損失。經過一番溝通，小鄭終於了解客戶的異議所在。回公司之後，他立即查閱了過去的促銷申請書，發現之前的業務代表根本沒有向上級申請這家客戶的促銷，而是業務代表為了達成個人業績，私下答應客戶的要求。客戶向業務代表要求贈品及獎金，業務代表無法交代，漸漸地不敢去拜訪這位客戶，相關服務也沒有做到完善，造成客戶損失，也造成公司業績的損失。

了解整個事情的來龍去脈之後，小鄭向銷售經理進行彙報，並制定相應的挽救方案，先協助客戶處理瑕疵品，並為客戶申請到比較大的促銷優惠方案，提供客戶正式的書面資料，以便將來有憑證可以向公司申請贈品及獎金。

業務員小鄭的努力沒有白費，藉由「休眠客戶」的抱怨，得以讓客戶滿意地接受補救措施，客戶感覺自己受到尊重，於是又恢復了與公司的交易。

當開關新的財源時，可能忽略那些最有價值的潛在富礦：那些曾經與企業打過交道的客戶。其實，休眠客戶往往都蘊藏著巨大的潛力，讓你的生意重振雄風最簡單、最快捷的辦法之一就是喚醒這些客戶，讓他們為你帶來新訂單和更多的收入。你不需要像尋找新客戶那樣付出不菲的成本，你已經擁有他們的名單、電話和地址。他們知道你，了解你的產品，並且最少買過一個產品。你的挑戰是，如何讓他們成為老顧客。

第七章　留住客戶，留住訂單

主動聯繫，提醒你的存在

就重要程度而言，有一點你不得不承認，客戶對你的重要程度超過你對他們的重要程度。所以，你不會忘記客戶，但很多客戶卻能或者已經將你忘記。他們並非不滿意，並非沒有需求，但一段時間不從你那裡購買，就可能把你忘得一乾二淨。只要和休眠客戶取得聯繫，提醒他們你的存在，就足以喚醒一大部分的客戶。你需要的只是一個不活躍客戶的資料庫。僅僅是重新聯繫你就可以喚醒超過10%的不活躍客戶；如果為他們提供特別的優惠，喚醒的比例還會更高。

主動聯繫、主動出擊是啟用休眠客戶的一種手段。特別需要提醒的是，在主動聯繫時要講究方式與方法，切不可盲目聯繫，以免打擾客戶，引起不必要的麻煩。重視對待客戶的態度與服務的品質，在聯繫前，一定要預想到客戶想法，提前準備客戶的詳細資料，並不斷完善。必須準備充分，方可行動。

電子郵件是聯繫不活躍客戶最簡便、最快捷、最經濟的辦法之一。它另外的優勢是方便：收到的人只需要輸入幾個字，按一下「發送」鍵，就可以回覆。電子郵件友好，沒有攻擊性：如果客戶不願意回覆，刪掉就行了。

電話在所有的聯繫方式中互動性最強。如果你問客戶為什麼不下訂單，他一般會回答你的問題。如果一通意想不到的電話造成他太大的壓力，情急之下，他只能撒謊。為了消除壓力，可以找個打電話的理由，而不是赤裸裸的銷售。比如，你打算到某個城市參加一場會議，打電話給那個城市的客戶，並且邀請他們出來喝杯咖啡。

以特別的誘惑吸引客戶回頭

休眠的客戶一般都會處於觀望當中,別的客戶能夠得到什麼好處是他最關心的。能夠吸取別人的教訓是休眠客戶的心理特點,所以在這樣的情況下,要為客戶提供特別優惠,可以讓他們重新消費。在使用這種方法的時候,要使之真正有效,業務員必須做到如下兩點:首先這個優惠本身對客戶有吸引力,能夠滿足他們的期望值,比如更低的價格、更好的條款、額外的服務或更多的產品功能等;其次,還要告訴他們,並不是每個人都有他們這麼幸運,這一優惠是為他們特別準備的,這樣客戶就會覺得自己得到了優待和禮遇。這裡,真誠是非常重要的。

為了了解哪種優惠方式更吸引客戶,可以設計不同的方式來嘗試,然後看看哪種最吸引人。在優惠活動後,企業要透過各種管道了解客戶的心聲,他們是否滿意,有哪些需要改進的地方?這是必須執行的重要步驟,否則休眠客戶永遠無法被喚醒。

很多企業不太願意詢問客戶是否滿意、是否喜歡產品或服務、自己還能不能有所改進。因為企業害怕聽到些負面的聲音:抱怨。但不管客戶有沒有說出口,不滿意就是不滿意。如果客戶一言不發,問題永遠不能解決。

另一方面,如果了解到不活躍客戶沒有繼續購買的原因,就能夠著手處理,告訴你的客戶問題已經被解決。一旦妨礙購買的問題被解決,很多客戶還是願意繼續購買的。

如果客戶不說,你還是可以從其他人那裡得到答案——比如祕書、員工或者分支機構。接著,不時地讓客戶了解你的新產品,你會驚奇地發現,有一部分客戶真的又變成老顧客。

第七章　留住客戶，留住訂單

定期向客戶推介新品

有的客戶不再與企業交易，原因其實很簡單，只是由於企業的產品不能滿足他現在的需求，或是他們找到了更好的供應商：產品種類更豐富、送貨更快捷、價格更優惠或是其他什麼好處。所以，針對這個原因，有效的喚醒策略是，定期地向客戶推介企業新推出的產品和服務，也許總有一款適合他。

你可能無法使這些客戶回頭購買老產品，但是他們還是喜歡你的，他們也許願意購買你的其他產品或者服務。或許可以用這樣的說法說服他們：「你以前對我們的產品 A 很滿意，現在我們還有產品 B、C 和 D。你需要它們嗎？何不在下次採購時考慮一下我們的產品呢？」

誠懇道歉，補償損失

有些客戶與企業停止交易是因為信譽問題，前期的承諾企業沒有兌現等。這裡面有企業自身的因素，很多企業前期為了回款，弄虛作假，哄騙客戶匯款，使客戶受騙；也有的企業承諾返利或者是市場支持沒有兌現，失去了客戶的信任。當然也有業務員的因素，比如說私自給予客戶不可能的承諾，增加了短期回款，卻使客戶的利益受損。不管是什麼原因，企業的信譽都有損失，因此，此時，企業要找回這些舊客戶就是要把企業的信譽找回來。

首先，要誠懇地對以前的過失進行道歉，體諒客戶的情緒，並盡量補償其損失。即使不能補償，也要在以後的進貨中給提供比較優惠的方案，讓其受到的傷害降到最低。最起碼要給予精神上的慰藉。比如說，企業領導人最好親自與客戶溝通，表示自己的歉意，並表達企業對其充分重視。

如何攔截競爭對手大訂單

攔截本來流向競爭對手的大訂單，是許多業務員想都不敢想的事。面對競爭對手的客戶，尤其是那些「死忠大戶」，業務員往往是一句「他們已經合為一體，我無能為力！」於是，多數的業務員就在腦袋中將這些客戶劃入對手的帳下。在預設了這個事實後，他們將目光移開，關注其他的目標客戶，這些大戶就成為業務員或業務部門的盲點，而這些可能爭取的訂單也就默默地流向對手。

這種做法對業務工作來說是致命的失誤！因為它讓客戶失去更多的選擇機會，也讓競爭對手低成本地實現交易。

「我們也聯繫過這些客戶，但每當打電話過去推薦我們的產品時，他們都會回答『我就認這個牌子』、『我們合作好多年了』、『他們服務挺好的』、『我們已經有了長期的供應商，謝謝！』……這樣的電話打多了對方會很煩，最後別人聽到你的介紹會簡化成態度生硬的兩個字回答你『不要！』，這該怎麼辦？」許多業務員說出了他們的苦衷。

看來是客戶的拒絕和冷漠使業務員失去與他們聯繫的動力。面對對手客戶的堅決口氣，業務員難道真的沒有辦法突破嗎？讓我們看一看下面的案例。

殼牌公司的業務員小王是個有心人，當他發現自己上班路過的那個加油站總有幾輛威凱停在旁邊時，便推測這極有可能是值得自己挖掘的潛在客戶。透過與威凱司機閒聊，了解到這些威凱屬於當地最大的私營客運公司，該公司有威凱28輛、金龍10輛、大宇5輛，還有安凱2輛，是絕對的客運大戶。

第七章　留住客戶，留住訂單

　　透過與司機進一步溝通，小王得知，該公司老闆姓張，近五、六年都使用 A 品牌潤滑油。想要見到他們老闆的面，還真不容易，因為老闆只在下午 3 點半到 5 點之間才有空。

　　第二天，小王沒有打電話預約，便直闖張老闆的辦公室，下面是兩人的對話。

　　小王：「張老闆，我們公司是做潤滑油的，今天路過您這裡，剛好拜訪一下您。」

　　張老闆：「不用，我們固定用同一個牌子。」

　　小王：「我知道，您用的是 A 品牌吧？這是個好產品，我以前很多客戶用的都是這個品牌，比如物流公司（近 300 輛汽車）、食品公司（240 輛車）、客運公司……品質的確不錯。」

　　張老闆：「坐。」

　　客戶請人坐下，一般都有機會，於是小王繼續沒話找話：「您主要是跑哪些線路呢？我看您主要的車型都是適合跑長途的。」

　　從張老闆所熟知的車型、客運市場談起，張老闆的話匣子打開了。根據經驗判斷，小王分析推斷張老闆是汽車製造廠出身，於是適時對張老闆的眼光大加讚賞，逐漸激起對方的興趣。於是小王順理成章地把話題從汽車轉移到機油上面。

　　小王說：「您新車是否也是使用 A 品牌機油？」

　　「沒有，用的是他們的初裝油，不敢用 A 品牌。」

　　小王：「其實應該可以用 A 品牌，A 品牌的品質絕對一流。」

　　張老闆：「品質倒是可以，可我這是 200 萬元的車子，怎麼能用低檔油呢？」

小王:「Ａ品牌可不算低檔呀！再說，您用了這麼長時間，一定有不少心得體會吧？」

張老闆:「心得不敢說，體會倒是有。我原來做汽車工業的，對機械、油品還是有些了解。像威凱，如果是以前合資生產的，我也不會用Ａ品牌，那時的引擎是純德國進口的，相當精密；而現在的安凱，用Ａ品牌也不合適……」

小王:「使用好幾個牌子很麻煩，加機油、保養等都因人為而變得複雜了。」

張老闆:「也想過用同一個牌子，可是不敢用。我這裡的車子，每天都要跑800公里以上，如果油出什麼問題，就不是維修這麼簡單了，還要賠償車站的違約金、乘客的退票費用。所以，不敢輕易換……你的是什麼牌子？」

小王:「殼牌，在高速公路上有三座殼牌的加油站呢。」

張老闆:「殼牌，我知道。」

小王:「剛才我提到的這幾個客戶現在都在使用我們的殼牌呢。您應該很熟悉他們。他們也都是跑長途的。為什麼選擇殼牌呢？殼牌有句口號是『殼牌，您可信賴』，更重要的是夏天機油不會變稀，冬天不會難啟動。尤其是牛油，以前２萬～３萬公里就要加注一次，每次要扒胎、裝卸……很麻煩，還浪費工夫，用了殼牌後10萬公里才加注一次！」

張老闆;「牛油我們用的是美孚的，還不錯。你們的齒輪油怎麼樣？」

小王:「您的齒輪油應該主要是用在後橋吧？我們的GL-5可以10萬公里換一次。」

張老闆:「我們後橋壞兩次了，導致乘客投訴……」

小王:「這樣好了，我這幾天來這裡送貨的時候順便幫您帶兩箱來看

看。您要發票還是收據？」（假定成交）

一天後，小王幫他送貨過去。不久，張老闆的車隊全成了殼牌的天下，每月訂購60多件的油品，還幫小王介紹了幾個客戶。

上述案例中的業務員小王無疑是撬對手客戶的高手。他行銷成功的事例說明，只要掌握一定的方法，攔截對手客戶的訂單並不難。那麼我們如何能夠扭轉對手客戶的態度，如何讓對手客戶客觀地評價我方與競爭對手的產品與服務，最終成功趕走競爭對手，贏得客戶的大訂單呢？結合殼牌業務員小王的成功經驗，下面我們進行具體闡述：

做好周密規畫

①分析你與競爭對手相比的優勢與劣勢；

②了解對手客戶的背景和需求特點；

③將你的優勢與對手客戶的需求相互連繫；

④若不能比競爭對手更好地滿足客戶需求，你需要做的是提升自身能力，而不是盲目地去搶對手的客戶。

有策略性地接近客戶

在與目標客戶接觸初期以「資訊提供者」的身分進入，而不能一開口就推銷自己的產品。客戶雖然已經選擇好長期的供應商，但為了解市場行情的變化訊號，加強對供應商的控制，他們需要供應商市場資訊，並會對提供此類資訊的人表示好感，這對我們與其保持長期溝通創造了契機。在這種溝通方式中，我們可以在客戶下班前不忙的時候，打個電話給他，關心他們的生產、銷售情況，再有目的地談談行業與市場資訊，熟了可以聊

點私人話題；或以裝作路過的方式做個拜訪，進行簡短的溝通。切記，在這類溝通要做到：

①不詆毀競爭對手；

②多宣傳自身近期的業績；

③不做推銷；

④展現你對行業的理解；

⑤多引導對方說出使用情況和潛在需求。

透過多次溝通，你可以讓客戶了解你們的企業與產品，同時也可以更加深刻與細緻地了解客戶的需求。

最好不要開門見山直奔主題

與客戶初次見面或交情尚淺，如果業務員開口就提產品，或「請你向我下100萬元的訂單」，這就好像在街上遇到漂亮女孩，跑上去跟她講「請妳嫁給我吧」。結果可想而知。因為大家還不了解呀，怎好貿然把終身託付給你！因此，案例中小王從客戶感興趣的話題談起，等張老闆對他產生好感後，再逐漸深入，於是產生了良好效果。

激發客戶的興奮點

越是大客戶，就像是最漂亮、最出眾的女孩子，越有大批愛慕者圍在其身邊打轉。如果別人都送玫瑰你也送玫瑰，別人送999朵你也照送999朵，那你不過是眾多愛慕者中最不起眼的一位，怎能讓人有感覺？所以要講究策略，最忌沒有個性而落入俗套。案例中小王就從張老闆喜歡的車型、運輸市場開始談論，並對張老闆的經營眼光和頭腦適時加以讚美，激

起客戶興奮點。記住，讚美要具體，不留痕跡，切忌無中生有，有拍馬屁之嫌。

量身定做一套有競爭力的方案

當你在目標客戶心中建立了一定的信任後，可以針對你所了解的客戶需求特點、客戶所在行業發展趨勢的要求，或與競爭對手比較優勢，提出比競爭對手更符合客戶需求、具有競爭力的解決方案。由於有前期的廣泛接觸，客戶對你們企業，對你的專業能力有一定的了解和基本信任；同時在心裡也對你的執著與敬業生出肯定與讚賞。這時，你方案中的優勢會被目標客戶所重視，同時客戶對方案的評價也會更加嚴肅與公正。

由此開始，勝利的天秤會慢慢向你傾斜！

牢牢抓住你手中的大魚

據統計，只要做到客戶流失率低於 5%，企業每年可得到 50%的盈利增長。因此，牢牢地抓住手中的大魚，就能帶來更多利潤。

為客戶量身定做新產品或新服務

為了留住客戶，不少商家把打折、促銷作為吸引客源的唯一手段，但實際上降價只會使企業和品牌失去它們最忠實的「客戶群」，並不可能提升客戶的忠誠度；而當商家、企業要尋求自身發展和提升利潤時，這部分客戶必將流失。培養忠誠的客戶群，不能僅做到「價廉物美」，更要讓客

戶明白你的商品是「物超所值」的。

為此，企業需要分析客戶的整體資料和資訊，包括客戶的地理位置、家庭成員狀況、客戶利潤貢獻率、交易管道偏好、終身價值等因素。然後根據客戶的特質差異進行細分，塑造「客製化」的定製服務。僅僅做到「想客戶所想」還不夠，還應當做到「想客戶未來所想」，透過對客戶和市場變化的調查，制定更準確的市場策略，展開更成功的市場攻勢。這種對客戶行為的預測，還有助於挖掘客戶的潛在價值。

建立多層連繫的溝通管道

客戶的善變性、客製化追求，使得企業不得不改變管道。別無選擇，否則，客戶只會流向競爭對手。

研究顯示，透過多種管道與企業接觸的客戶，其忠誠度要明顯高於透過單管道與企業接觸的客戶。不過這個結論的前提是，客戶透過實體商店、登入網站或者打電話給客服中心，都可以獲得同樣的服務。因此，客戶服務中要注重利用資訊時代的各項資訊科技為客戶提供多種溝通管道；但同時企業與客戶之間的溝通不能完全被自動化的機器所代替，還應採取更為親切和人情化的溝通方式，如每年組織一場客戶與企業間的座談會，安排企業高層主管人員有計畫地對客戶進行拜訪等。

為了實現這種多管道的產品交付和產品服務，企業必須能夠整合這些多種管道的資源和資訊，只有這樣才能夠清楚地知道客戶到底在何時喜歡何種管道，並且無論客戶使用何種管道，企業內部與客戶接觸的相關職員，都能夠獲得與客戶相關的統一資訊。

第七章　留住客戶，留住訂單

加強與客戶的互動與溝通

要了解客戶的真實感受與想法，就要養成走訪習慣，最好是分階級窗口走訪。拜訪對象應包括客戶公司的決策者、承辦人及財務負責人等。拜訪商談內容要因人而異，要注意選擇適當的拜訪時機，做好充分的準備，不斷提升拜訪技巧，使每次拜訪都比以前更完善，尤其在態度上要做到比競爭對手更好。逢年過節，可以送小禮物和寄賀卡，不僅為客戶送去優質業務，更送去一份關心和掛念，從業務和情感兩方面讓客戶感受「零距離」服務。

麥德龍與眾不同之處在於企業設立了「客戶諮詢員」，定期與客戶進行交流，向客戶轉達企業的問候、企業的經營政策和經營方針，以及企業的最新動向，同時了解客戶對於企業還有哪些要求，對於企業的產品和服務有什麼不滿之處，以及對於企業如何改進和完善有什麼建議。如此將客戶放在第一位，客戶沒有理由不選擇麥德龍。

此外，根據客戶的興趣，企業還可以為客戶舉辦一些互動性活動，給予客戶良好的感受，強化客戶與企業之間的友好關係。比如，不少企業舉辦「週年慶」、「客戶之聲」等活動，都發揮出增強客戶對企業及其產品忠誠度之功效。

為客戶提供「門到門，桌到桌」的服務

要向客戶提供特別的服務以留下他們，當然，這不是指一般的服務或服務好壞，而是很特別的服務。你要盡可能預知他們的需求，而不是等對方提出需求，才像出現緊急任務似地衝過去。重點是，要提供令人驚喜的服務，而且不是出於職責所做的服務，也不採用當前業界共同的做法。這

麼做也許會造成短期的支出，但長期來看，絕對有價值。

最近國外所倡導的「一對一行銷」、「一對一企業」，正是為了滿足客戶新需求的產物。一對一個人化的服務已經成為趨勢，例如可以設計一個程式，請客戶填入他最感興趣的主題，或是設計一個程式自動分析客戶資料庫，找出客戶最感興趣的主題。當有這方面的新產品時便主動通知客戶，並加上推薦函，必能給客戶不一樣的個人化服務感受。

而目前很多企業缺乏的就是客製化產品或服務。如果企業能夠為每一位客戶建立一套客製化檔案，就可以針對每一位客戶來實行其客製化服務。然而對於很多企業而言，想要真正實現這種「一對一」服務確實很難。我們可以換一個思路來考慮，為實現「一對多」向「一對一」的過渡，先建立一種「一對一類」的方式，也就是對客戶資訊進行挖掘、分析，根據事先擬定的標準（例如收入多寡、個人偏好等）和聚類分析方法來將這些客戶歸類，然後針對所分類的客戶提供相應的產品或服務。這樣既可以緩解為客戶提供「一對一」服務所需成本的壓力，又可以為客戶提供一定程度的客製化服務。

成為客戶的稱職顧問

與客戶做生意，其角色特點與業務員有所不同，不單是發展和培養客戶、銷售談判，還要了解客戶決策流程，收集具有競爭力的情報，發現創造附加價值的機會，協調客戶的保養、維修和升級服務，訊息溝通，定製產品及服務等等。總之，客戶主管或經理應該成為客戶的稱職顧問。

第七章　留住客戶，留住訂單

改變「銷售額至上」的觀念

目前一些企業與客戶衝突的焦點在於銷售指標的制定方面。生產企業每年在制定客戶銷售指標時，多憑企業負責人的主觀臆斷，把銷售指標逐年往上抬，今年完成 800 萬明年就寫成 1,030 萬。這種沒有根據的指標是相當危險的。

企業不對市場的實際銷量進行認真、客觀科學的分析，也不對代理商的庫存數量是否合理進行考慮，一味地要求代理商付款進貨，完成所謂的銷售指標，並以年終返利來刺激代理商的積極性，雖然銷售量在短期內有所增加，卻導致銷售品質降低的弊端。庫存商品一旦達到一定的數量時，代理商出於資金和風險上的壓力，就會對銷售好的周邊地區進行倒貨銷售，同時把銷售價格一降再降，甚至會把年終的返利都全部讓出進行低價傾銷。造成代理商投入大量資金並付出勞動，卻沒有得到合理的利潤回報，最終導致代理商不願再進行合作，市場占有率逐年下滑。

但反過來，多數客戶為銷售指標而頭痛時，卻沒有專門的市場調查研究力量，企業即使徵求客戶的意見，客戶也拿不出有說服力的資料。這種廠、商兩難的境地，形成兩者合作的障礙，銷售指標又直接涉及雙方經濟利益，所以想要從根本上調整廠、商關係，必須改變銷售指標的制定辦法。

建立員工忠誠

有一個不爭的事實：具有高度客戶忠誠度的企業一般同時也具有較高的員工忠誠度。如果一間員工流動率非常高的企業，想要獲得客戶高度忠誠，簡直就是不可能的；因為客戶獲得的產品／服務都是透過與員工接觸

來獲得。因此，客戶忠誠的核心原則是：首先要服務好員工，接著才有可能服務好客戶。

■ 留住客戶要讓客戶滿意

大多數不滿意的客戶會悄悄離去，而根本不給你機會留住他們。如何留住客戶是非常複雜的過程，也是世界上每個企業都必須面對的嚴峻挑戰。那麼，如何留住客戶呢？這裡提供以下方法：

不要為自己的錯誤找藉口

假如，你的公司無法在期限內完成工作，那麼，你將如何應對客戶的抱怨和不滿？這時千萬不要為自己的錯誤找藉口，因為這實在不是個明智的做法。客戶才不關心你為什麼無法完成工作，他們只會記得，你承諾過的事沒有完成，卻又藉口多多。

其實，與其找藉口還不如老老實實承認自己的過失，然後再盡力補救，哪怕是加班趕工，或再給予客戶優惠。當你承擔了所有責任，並改正過失，本來一件不好的事情，可能反而會讓你贏得客戶的信任。

重視客戶的回饋訊息

大多數客戶並不會告訴你他們對你的不滿，只會轉身離去另覓交易對象。要留住他們，你必須知道他們的不滿！那麼，該怎麼做才能了解顧客對自己的不滿呢？這需要利用一切機會，和他們聊天、舉辦主題討論會、

第七章　留住客戶，留住訂單

直接與客戶電話聯繫，或者請他們填寫問卷。比如，您為什麼選擇我們的產品與服務？是什麼使您購買我們的產品而非其他供應商的？您覺得我們的產品和服務還需要哪些改進？

了解客戶對你的不滿將會有助於你的生意。這些訊息會讓你知道哪些方面你已經做好了，而哪些方面還有所不足。了解這些，就可以在他改變主意之前採取補救行動。另外，當你向客戶提出回饋諮詢時，就表明了你對他的重視，從而會吸引他成為老顧客。

換位思考，理解客戶的需求和期望

想要留住客戶，就必須從真正關心客戶的需求著手。無論是分析客戶流失原因，還是判斷使用者的價值，都需要對大量的資料進行挖掘和分析，客戶的需求和期望究竟是什麼。關鍵是換位思考，將心比心。在為別人服務時，首先預設如果自己是客戶，那麼需要什麼樣的服務才能夠滿意。站在對方的角度思考問題，就比較容易建立真誠的合作。

對於提供不同產品、服務的企業來說，客戶需要分析的內容不同。還是要以系統性的觀念來思考這個問題：

從客戶的角度：調查客戶對同類產品或服務關注哪些問題，對這些問題的重視程度有什麼差異。這些問題可以從企業的產品業務部門、客戶服務中心取得相關資料，也有必要直接進行客戶調查。問題應涉及從提供產品、服務一直到運送、提供售後服務之過程的每個環節。

從企業的角度：企業對於客戶關注的上述問題，哪些目前能滿足，哪些需要進一步努力即可達到，哪些短期內無法滿足但向客戶解釋後可以得到理解，哪些力不能及。

從競爭者角度：了解你與競爭者在客戶關注的問題方面，有哪些共同點，有哪些優勢及哪些劣勢。一般來說，客戶是在比較不同競爭者後，對不同企業的滿意度產生差異。因此，在提升客戶滿意度時，企業更要注重與競爭者差異之處。

隨著時間發展，客戶關注的問題會有變化，需要在不同階段設定不同的滿意度目標，可以是定性，也可以定量。在任何階段都不可能達到客戶100%滿意，因此要設定有可能達成的目標，具有現實性和可操作性。

特別是應該在細節上下工夫，對客戶進行細分，了解不同群體的實際需求，提供差異化服務。

有家展覽服務公司，在為參加照明展的參展商服務時，按照常規，根據客戶的要求布置完展位就算大功告成。可是他們經過全方位的了解和權衡後，發現還有更適合的方案，於是為這個參展商量身定做了一套全新的設計和裝修方案。按照新方案，可以節省近20%的預算資金。客戶對這家公司的所作所為非常感動，從此以後每每參展，總是與這家公司合作，「死忠」客戶就是這麼留下的。

不要在生意好的時候降低服務標準

在大多時候，你也許會在生意好的時候，悄悄降低你的產品品質或者服務標準，認為這樣一點點的變化客戶無法覺察。如果這樣想，那麼客戶的流失是無法避免的。當你後悔了，卻根本無法挽回！

設定高轉換成本，提升客戶滿意度和降低客戶成本價值

一旦客戶想要發生叛離，可能是在考慮他的轉換成本。例如，電信業中，如果客戶轉向使用其他公司的產品，就會喪失原來專門提供給老客戶的折扣和優質網路服務。活用轉換成本是保留客戶的根本辦法，如果競爭者只是單純採用低價或廉價的促銷手段，是很難爭取到客戶的。在實施中，企業要做到：

①成立專門小組，CEO率領，專門負責「提升客戶滿意」專案。

②透過腦力激盪、客戶拜訪（深度訪視、座談會），列出影響客戶滿意的諸因素。

③定期對客戶進行滿意度調查（定量調查、深度訪視、座談會等），監測客戶滿意度指數。

④把客戶滿意度指數與各相關部門的業績考核連結起來（不僅僅考核銷售、利潤、產量等指標），並賦予重要性的權重。

⑤小組和各部門共同尋找企業表現與客戶滿意間的差距、形成原因，並制定提升客戶滿意度的策略實施方案。

⑥相關部門根據提升客戶滿意策略實施方案，具體貫徹實施。

⑦再調查監測、再評價考核、再制定改進方案、再貫徹實施。循環往復，形成制度。

做好不滿意客戶的服務康復工作

面對不滿意客戶，企業可以參照以下6個步驟進行服務康復工作：

第一步要承認客戶所經歷的不便事實並致歉。一句簡單的道歉語並不

需要什麼成本，但卻是留住客戶忠誠強而有力的第一步。有個性的道歉言辭比機械式的標準道歉語更有效。

第二步是傾聽、提出開端問題。生氣的客戶經常會尋找一位對其遭遇表現出真實情感的好聽眾。

第三步要針對問題提出公平的化解方案。一旦員工對問題採取情感性的響應，他們就要從基本問題著手進行處理。在這個階段，客戶必須感覺到員工有處理問題的權力和能力。客戶要求的是行動，而非僅僅幾句空話。

第四步要針對帶來的不便或造成的傷害，給予客戶具有附加價值的補償。客戶會對那些表現出真誠歉意的合理姿態感到滿足。

第五步要遵守諾言。許多客戶會懷疑你的服務康復承諾，他們可能覺得員工只是想讓他們結束通話或離開辦公室。要確信你可以交付給客戶所承諾的東西，否則，就不要許諾。

最後，要有跟進行動。當業務員或客服代表採取跟進行動以確保企業的回應確實執行時，客戶對此舉就會印象更深。跟進行動還可以給予企業第二次機會，假如第一次康復行動無法讓客戶滿意的話。另外，跟進對企業內部也很重要，它可以確保康復工作正在進行。

與客戶講感情還要講利益

提升客戶積極性的最基本要求就是加深企業和客戶的感情，與客戶做朋友。成了朋友，客戶自然就會有積極性。但企業若想牢牢控制住客戶，還須更講利益。道理很簡單：「無利不圖」是客戶經商本質的真實寫照。

第七章　留住客戶，留住訂單

設定合理的利潤空間

要保證客戶的利益，就要確保客戶的合理利潤空間。籠統地說，客戶的利潤空間就是產品的終端價格與出廠價格的差額。因此，設定利潤空間的相應方法有：成本加成法、終端倒推法、利潤空間預留法和比例分成法、利潤空間跟隨法、行業利潤平均法、行業利潤平均加成法等。

我們比較認同的是「終端倒推法」。從「客戶滿意」理論來看，通路銷售過程能夠有多大的利潤空間，更主要取決於終端消費者願意為此付出多少金額。此時通路銷售利潤空間為：價格利潤空間＝終端價格－出廠價格－過程費用＋品牌價值。

另一種較常用的方法為成本加成法。它的思路是首先確定初始進貨成本，然後按固定比例設計理想的利潤空間，在透過一系列的市場推廣辦法，協助市場實現這個利潤空間。

在現實的市場運作中，一個產品所提供的通路利潤空間是在上述思考的前提下，由多種因素共同作用而制定的，我們稱之為結果利潤空間法。

比如，製造商的理念（企業市場策略、產品市場使命、品牌價值），具體市場運作水準（市場要素組合策略、產品定位、產品溢價），客戶與消費者認知（通路銷售過程利潤期望、消費者能支付購買成本、行銷活動成本），競爭環境作用（競爭者的整體市場影響力、競品市場表現、品牌競爭策略）等共同作用的結果，才是現實中通路銷售的利潤空間。這種結果利潤空間既不是製造商制定的，也不完全是消費者制定的。它是由製造商、客戶、消費者和競爭對手共同制定的。所以企業在設計通路銷售的利潤空間時，一定要綜合考慮以上4個部分的12項因素，最終制定出比較

合理的利潤空間。不能一廂情願地設計所謂「完美的」、「巨大吸引力」利潤空間，來矇騙客戶，最終將害了製造商本身。

充分確保利益的可實現性

企業需要分析客戶的心理，然後制定出精準的、具有競爭優勢的行銷策略，從而達到吸引客戶的目的。客戶透過分析、研究各個企業的行銷政策，就可以預期到從事不同企業產品的銷售，本年度將會獲得多大的收益，綜合其他各方面因素考慮，客戶會選擇一家或幾家企業的產品作為重點銷售產品，而放棄其他產品。

企業的行銷政策一般分為總部的整體行銷策略和分公司（或辦事處，下同）的當地銷售策略。想要吸引客戶，總部行銷策略和當地銷售策略都必須具有競爭優勢。

某冷氣企業總部制定出整體的行銷政策，包括年終返點（根據客戶在該年度冷氣實際銷售金額，返還一定比例的金額。比如，某客戶年銷售500萬，年終按5％返還25萬給該客戶；如果年銷售300萬，年終按4％返還12萬給客戶）、淡季貼息付款（在冷氣淡季時，鼓勵客戶付款進貨，對於在淡季進的這批貨，到了年終時會返還比旺季更高比例的金額）、認庫補差（對於滯銷的產品，承諾同意退回；如公司有大幅降價行為，因此而造成客戶的損失，企業承諾進行補償）、鋪貨政策（對部分信譽良好、有實力的客戶，總部同意分公司可以按照先發貨、後收回貨款的程序來從事行銷）等。分公司則在總部行銷政策的基礎上，結合當地的具體情況，制定出適合當地情況的銷售策略，比如，年終返點的點數可以適當提升或者降低，對當地客戶增加支持力量，加大廣告宣傳、投入促銷活動等。

第七章　留住客戶，留住訂單

企業不僅要有完備的行銷政策，還要確保行銷策略具有「可實現性」，即獎勵政策要能及時兌現，這樣才能抓住客戶最關心的「利」字問題。

■「透明化」行銷才有效

不少企業都曾經遇到這樣的事情：非常重要的業務員，跳槽到競爭對手的企業任職，在他離開企業的時候，把所接觸的客戶和行銷網路全部帶走，企業為建立行銷網路和開發客戶所做的各項投資全部付諸東流。企業不得不因此重新投入人力、物力、財力，重建行銷網路，重新開發客戶資源。這可以說是許多企業都面臨的困境。業務員跳槽帶來客戶跳槽，輕者導致銷售業務波動，重則導致丟失大面積市場與呆帳、壞帳，把企業逼向崩潰邊緣。

為了讓業務員安心，防止客戶流失，企業應該從根本上阻止這種現象發生。究其原因，會發生這種現象是因為企業採取了「打獵」式行銷模式，業務員能帶走客戶，說明客戶本身就不是企業的，客戶關係不過是獵人拿來領取乾糧和工具的條件，就如同獵人不是財主的下屬一樣；而企業只是招募一群獵戶，提供乾糧和工具，條件就是打到的獵物按比例分配，誰打得多算誰的。在這個模式下，獵戶為了確保自己的利益最大化，就不可能進行透明管理，不然寧可不去打獵，起碼不為這個財主打獵；因為透明管理後，也許是自己追蹤很久的或者只有自己知道哪裡能找到的獵物，這類關鍵資訊也會透明化，獵戶的權利怎麼保障？

在這種打獵模式下，業務資訊透明是不可行的。按行規，資訊不透明，那麼打不到獵物的責任由獵手承擔；如果強制業務資訊透明，打不到

獵物的責任就要由管理者承擔,沒有哪個「打獵」式行銷模式下的企業管理者敢承擔這個責任。另一方面,透明化後不但無法避免自身業務資訊被出賣,而且會促進出賣,因為自己的資訊自己都沒辦法獨享,你不出賣不保證同伴不出賣;再說資訊對所有人都是透明的,想查出是誰出賣的更困難,為保障自己的利益加速出賣企業資訊就成為必然選擇。

要解決這類問題,關鍵是把「狩獵」式業務調整成「養殖」型業務,把獵戶轉變成農場工人。實施透明化行銷是有效的辦法。

透明化行銷要實現兩個透明

客戶資源的透明:對所有客戶情況,不僅業務員要瞭如指掌,而且要儲存為制式化文字檔案。對每一個客戶,能夠實現雙線連繫,就不要採取單線連繫。

客戶資源的透明化程度要達到如下標準:任何新入職的業務員,僅憑檔案資料,就能夠在很短的時間內進入工作狀態。行銷管理人員透過不斷更新的檔案資訊,對客戶的情況瞭如指掌,自然也就增加了決策的可信度。客戶資源的透明化還要求每次與客戶聯繫、接觸,都要留下詳盡的檔案資料,可透過建立「資訊紀錄卡」來實行。紀錄卡上記載所解決的問題、解決方法、已經解決的問題、未解決的問題、下一步的措施和建議等。

行銷過程透明:業務員要對客戶銷售管道、終端檔案、貨物流向、價格、折扣等情況進行監控。其目的:一是維護市場秩序,避免跨區域銷售、降價銷售等現象出現;二是透過這些消息對市場狀態進行監控,掌握市場動態。

第七章　留住客戶，留住訂單

實現透明化行銷的三項措施

行銷過程管理透明化：企業應該建立一套完整的業務員報告制度，對業務員的行銷過程、行銷結果進行詳細的紀錄，月度、季度、年度的銷售業績也應該總結彙報。透過實行報告制度，將業務員的行為全部納入行銷管理人員的掌握之中。

對業務過程的管理，最基本的要求是掌握「每個業務員每天的每件事」。將業務過程管理發揮到極致的企業，他們將對業務員的掌握稱為「三E管理」，即管理到每個業務員每一天的每一件事。

集團旗下的某公司，雖然僅有40多名駐外業務員，但其總部的行銷管理人員卻多達4名，這4名行銷管理人員的任務就是掌握業務員的所有行銷過程。每天早上8點鐘，總部的管理人員都要打電話對大多數業務員進行檢查，看他們是否準時到達指定客戶處（或工作地點）展開行銷工作；每天傍晚5點至6點，業務員都要準時與總部管理人員聯繫，彙報當日工作，包括到什麼地方、拜訪哪位客戶、商談哪些問題、解決了什麼問題、還存在什麼問題、需要公司提供何種幫助，以及客戶的姓名、地址、電話等，還要告知隔天的工作計畫。總部管理人員將彙報的所有資訊紀錄在公司的「日清單」上。公司總部將根據彙報的資訊，定期或不定期進行抽查，調查彙報資訊的真實性。業務員每天也要填寫「日清單」（相當於行銷日記）。業務員回公司報帳、述職時，管理人員要對照「日清單」查核票據的真實性，然後才予以報帳。

資訊安全傳遞制度：對客戶資訊、市場資訊等各種行銷資訊都要採取「雙重備份、多級管理」的辦法進行管理，即對所有檔案、資訊，企業都要留有備份。實行「雙重備份」後，任何個人乃至整個部門脫離企業，都

「透明化」行銷才有效

不會對企業產生致命的傷害。

有效稽核制度：企業行銷管理人員要定期對客戶進行拜訪，其目的：一方面是鞏固與客戶的關係；另一方面是考核上述報告、資訊的準確性。

要實現透明化行銷，操作比較複雜，不容易得到業務員的配合。當行銷過程處於「黑箱」狀態時，部分業務員能夠從中獲得個人利益；一旦實行透明化行銷，就代表著業務員再也不能將客戶資源變成個人資源，業務員與企業討價還價的餘地就縮減許多。因此，實行透明化行銷不可避免地會遭到部分業務員的反對。同時，由於對行銷過程進行嚴密的監控，工作量將有所增加，管理費用相應上升，這些都可能成為對實行透明化行銷不利的因素。但是，透明化行銷管理應該成為企業堅定不移的目標，寧可用人多一點，費用高一點，也一定要透明化。

實施透明化行銷，把獵戶轉變成農場工人，管理者要做的是：如何更合理地搭建好這樣的平臺，來更好地管理獵手捕獲的資源，為獵手提供必要的條件，消除獵手打獵以外的後顧之憂，從而吸引更好的獵手。而我們的獵手，其實無論到哪裡，都必須依賴於這樣的平臺。透過實施透明化管理，農場工人能帶走的只有自己這樣一個勞動力。工人的經驗也有價值，但是價值有限，培養一個農場工人比培養一個高等獵手容易得多。

從狩獵到養殖的轉變，關鍵就在領導者的意識和能力，能不能建立起這樣的業務模式。

在透明化管理模式下，管理就是資源的管理，責任在於管理。工人只是管理的具體操作者，工人跳槽僅僅是勞動力的跳槽，他不帶走資源。管理者要做的是資源的優化和配置。這個資源本來不是工人的，但是這個資源又是怎麼來的呢？靠養殖。誰養殖？企業的管理層，還是業務員？有人

第七章　留住客戶，留住訂單

認為，還是應該由獵戶帶來養殖的初部資源才好，獵戶是少不了的，只不過對行銷的管理者和獵戶來說這是一場博弈罷了。

服務要及時迅達

如果未能實踐諾言，並提供恰當服務的話，即使那些對你原本感到滿意的客戶也可能產生後悔情緒。有很多考慮欠周的業務員常常失去不該失去的生意，因為他們太忙於兜攬新的生意，而沒有採取適當行動處理成交之後的細節問題。當然，他們最終也會由於相同樣原因而忽視那些新的交易。

服務是產品價值不可缺少的一環，企業必須制定清晰、具體的服務策略。

◆ **定期對大客戶公布承諾，如免費供貨、應急服務等。**
◆ **VIP 會員可參與公司定期組織的各類活動。**
◆ **優先供應熱銷商品，並優先享受新品試用活動。**
◆ **分階級走訪客戶，了解客戶的需求以及競爭對手的活動情況，及時回饋消息，制定相應的行銷策略。**
◆ **按客戶消費等級分類，進行客製化、差異化服務，建立良好的客情關係。**

對那些新客戶來說，遭到忽視很快就會使他們重新對自己所做的購買決定進行考慮。有時候，業務員的小小疏忽都會導致客戶後悔，比如忘記遞交產品手冊，忘記回電話，或者忘記及時發貨等。表面上，這些細節都

是無關緊要的小事，但對客戶來說卻不是，這種小事通常會導致客戶不悅，甚至一怒之下取消訂單；而另一方面，業務員又會因此而咒罵和指責客戶性急魯莽。但是，嚴酷的事實卻表明更加性急魯莽的正是那些業務員！要是和這種業務員做生意，客戶產生後悔情緒絕不是他們的錯。

你應當與客戶保持經常性聯繫，一定要記得告知與他們有關的各種好、壞消息。當局勢不妙時，很多業務員都羞於向客戶明說，這是相當嚴重的錯誤。出色的股票經紀人會這樣對客戶解釋：「××，XYZ 公司的股票今天下跌了兩個百分點，但從長遠來看，我認為現在損失根本不用您擔心。」一家製造廠的業務員會對他的零售商說：「我今天跟工廠裡的管理者通過電話了，由於原料短缺，我們的生產進度已經延遲兩個星期，但是我會全力以赴確保您能準時取貨。」絕大多數客戶都是通情達理的，他們也知道有些事不是你或你的公司能夠控制和掌握的。他們往往會感激你及時向他們通報，並且歡迎你的坦率。要是你只報喜不報憂，那你們之間的合作可能就只能半途而廢了。

▌如何掌握客戶

客戶守著一方市場，有充足的社會關係，有健全的銷售網路，有經過市場考驗的銷售團隊。其短期利益是要賺錢，長期利益是要發展，目標和企業的不盡相同。當企業遇到這樣的情況時，就要採取有效的手段掌握客戶。

第七章　留住客戶，留住訂單

資訊分享

實踐證明，與客戶分享企業資訊，讓客戶融入企業的經營中，充分地了解來自企業的行銷計畫、產品發展、新產品上市的動態，以及市場的趨勢與流行，是拴緊客戶行之有效的好方法。

現在大多數企業透過有密碼保護的網站與它們的合作夥伴分享資訊。這種方法的優點是能迅速且簡便地更新資訊，能為客戶提供易於使用的「點選」性自我服務，還可適用於企業內部使用各種不同作業系統的人。它也能節省時間，在不需等待業務員或其他人回覆問題的情況下，客戶就能夠核對具體產品的說明和生產線的工作情況。

資訊分享有助於做出更好的決策，減少不確定因素，制定出更好的計畫。但是，如果合作夥伴因誤用分享資訊而出現風險時，企業將不再願意分享資訊。例如，一些供應商批評通用汽車公司的前任採購負責人盜用公司的機密技術給競爭對手的供應商。所以，在建立合夥關係前必須了解合作者，這是非常重要的。

企業不妨為客戶配置電腦，要求客戶透過電子郵件每天向企業告知前一天的銷售情況，企業可以及時洞察市場情況，又為客戶解決了辦公條件。設備費用方面，可以在給予客戶的促銷費用或廣告配額裡悄悄地記入開支。反正羊毛出自羊身上，但客戶的感受就大不相同了。

情感支持

「做生意先做人」，客情關係是長期生意的基礎。一個區域內中盤商、零售商可以從不同的管道進貨，雖然不少企業要求封閉式銷售，但這只是

製造商的一廂情願。想要終端零售商按照製造商的要求,長期、穩定地向一家客戶進貨,除了方案、價格因素之外,還要求客戶必須與終端零售商保持良好客情關係。

培訓支持

一般來說客戶的管理能力比企業弱,客戶的人員素養要比企業差。企業有專業的財務人員、業務員、管理人員和市場推廣人員,客戶可能是親戚或朋友居多。很多客戶在發展到一定時期以後,非常想接受管理、行銷、人力資源方面的專業指導。這時,如果企業根據客戶的需求開設不同的培訓課程,對客戶的業務人員、管理人員進行培訓,就可以提升客戶人員的專業性,同時可以促進客戶之間的知識交流,提升客戶整體水準。貫徹這樣的解決方案時,企業充當老師的角色,客戶代表學生的角色,客戶按照老師的思路去運作,企業在思想方面控制了客戶,這樣的師生關係是牢不可破的。對於企業來講,培訓客戶,幫助客戶加強管理,這樣的投資比起投入市場推廣,要省很多,兩者之間的關係也更加緊密。

價格支持

產品價格與銷售利潤密切相關,它直接影響客戶的積極性。但是企業對價格的控制又非常嚴格,隨意變動價格會帶給市場嚴重的負面影響。正確的價格支持方法應該是:廠商制定的正常各級價差一般情況下不能隨意變化,但是為了加強終端競爭力,提升中盤商和終端的積極性,在必要時應給予明獎暗返。明獎作為一種激勵,對於達到一定銷售量或某種進階標準的客戶,給予獎勵,不僅讓它開心,還為別人樹立了榜樣;暗返作為一

種價格支持，對於有支持需求或有支持價值的客戶，給予一定的利潤支持，讓他感到自己是唯一的。這種方法運用得當，有助於形成核心客戶群，有助於強化客情關係，有助於提升市場競爭力，有助於銷售量成長。

人員車輛支持

由於客戶往往經營多個企業的產品，在經營過程中很難對單一品牌注入更多的精力。想要使自己的品牌增加銷量，人員車輛支援是對客戶最有效的支援。在實際工作中，根據實際情況決定是派業務員，或是派業務主管，還是在當地招募輔銷人員。派車輛一定要妥善評估費用問題，盡量爭取共同分擔費用。每個企業的人員和車輛都是有限的，因而一定要將有限的人員和車輛用在最需要的地方，而不是到處亂派。

促銷活動支持

促銷是行銷四要素之一，在競爭愈演愈烈的今天，商品促銷工作顯得日益重要。但是不少客戶、中盤商為了自己眼前的利益截扣製造商的促銷品和促銷費用，使製造商的促銷方案不能到達終端，終端無法透過促銷形成銷售高潮，甚至使終端零售商與批發商產生衝突和意見。對終端進行促銷活動的支持不僅可以提升商品的銷量，還能加強批發與終端的合作、客情、默契等關係。一個成功的產品想要真正得到終端和消費者的支持，必須要在通路開發、終端建設初步完成之後，及時推出強而有力的終端促銷活動以刺激消費。

終端陳列支持

銷售據點的廣告、宣傳和商品陳列是銷售工作的臨門一腳。好的商品展售，能把商品做活，讓商品自己宣傳：「看看我吧！試一試吧！來買我吧！我能讓你滿意！」終端陳列支持是廠商對終端系列支持中非常重要的一項工作。終端陳列支持的主要內容有：陳列觀念支持、陳列貨架（冰箱）等陳列設備支持、陳列獎勵等陳列政策支持、陳列技術支援、陳列維護支持等。

廣告與宣傳支持

人們將產品的終端銷售比喻為陸上作戰，而產品廣告宣傳則是空中的轟炸機。唯有當空中轟炸與陸上作戰二者靈活結合，才能取得理想的戰果。所以在終端開發初見成效，鋪貨率達到60%以上，終端陳列、終端促銷等工作跟進之後，要及時給予終端廣告宣傳的支持。除了合理安排廣告投放計畫之外，還要將廣告、宣傳計畫和進度告知終端，讓終端將企業的產品訴求傳播與終端陳列、POP及店員介紹整合起來強化傳播功效。

品牌支持

作為客戶也要樹立自己的品牌，但是客戶的品牌只能是在通路中發揮作用，對消費者的效果較差。客戶的品牌往往附加在所代理主要產品的品牌上，沒有企業的支持，客戶品牌的價值就會大打折扣。對於客戶來講，品牌響亮的產品來哪些效果呢？是利潤、銷量、形象，但是最關鍵的是銷售的效率。一般來講暢銷產品的價格透明，競爭相當激烈。但是暢銷產品比較不需要客戶的市場推廣力，所以客戶的銷售成本比較低，還會帶動其

他產品的銷售。因為銷售速度快，進而提升客戶資金的周轉速度，所以企業只要在終端層面建立自己良好的品牌形象，就可以對通路提升影響。透過這個品牌為客戶帶來銷售成本降低，帶來銷售效率的提升，並為企業帶來對通路的掌控。

利潤支持

客戶最關心自身利益，這是客戶能夠與企業合作的出發點和基礎。但企業要給客戶多少利潤才會讓客戶在和企業「分手」的時候感到損失慘重，才能掌控客戶，讓企業說了算？具體辦法有下面 5 種：

①增加自己的返利和折扣，使給予客戶的單位利潤提升。

②增加自己產品的銷售量。

③降低客戶其他產品的銷量。

④降低客戶其他產品的單位利潤。

⑤增加客戶的費用。

以上 5 種方法，前面兩種普遍企業都有在採用，透過不斷舉辦促銷活動，不斷利用通路獎勵來刺激通路的銷量和單位利潤。中間兩種辦法的本質就是打擊競爭對手的產品，使對手的銷量和利潤降低。第五種辦法會造成客戶大量損招，最好不要使用，因為通路的價值就在於能以較低的成本進行分銷，如果客戶花費過高，它的存在就不合理，掌控不掌控也失去了意義。當然對我們用於掌控區域市場，打擊心懷二心的客戶確是有幫助的。

與客戶結盟

著名市場權威菲利浦‧科特勒曾指出:「企業必須放棄短期的交易導向目標,建立長期的關係導向目標。」這是因為互利互惠的「策略同盟」能夠創造出企業忠誠的客戶。

在企業與客戶的合作中,企業應視合作層級不同,將客戶分為不同的合作關係。對於低階關係,主要採用低價折扣策略,這種做法客戶比較容易滿足但也容易投入競爭者的懷抱;對待中階關係,一般在低價折扣的基礎上,運用聯合促銷的各種手段,如廣告、展示臺、銷售拜訪、部分商品售後付款等;而對待高階關係,也就是我們所說的長期策略合作關係,則代表著最高水準的競爭優勢和企業的強力支持。

在同盟式的合作中,企業與客戶共同致力於提升銷售網路的執行效率、降低費用、掌控市場。從企業的角度來講,需要重視長期關係(如幫助客戶制定銷售計畫),管道成員共同責任(如建立零庫存管理體制),積極妥善解決管道糾紛,企業的業務員要擔當客戶的顧問(而不僅是獲取訂單),為客戶提供高水準的服務。企業為客戶提供人力、物力、財力、管理和方法等方面的支持,以確保客戶與企業共同進步、共同成長。

協助你的客戶成功

企業最佳的生存之道,不是獨自生活,而是與客戶互惠互利,形成共生關係。成功的企業就是要幫助客戶成功,對此,越來越多的企業已形成了共識。只有當客戶成功,企業未來的業務和服務才能維持,才有長久的合作與利益。

第七章　留住客戶，留住訂單

　　世界 500 強之一的瑞典利樂（Tetra Pak）公司在輸出產品的同時，還輸出了更多企業文化、管理模式、營運理念、行銷思想、市場運作方法，為合作夥伴培養人才。在對合作夥伴全面輸出管理、研發、技術、加工、行銷過程中，利用優勢資源全方位整合客戶面臨的問題，改變了合作夥伴的軟環境，實現雙贏。在幫助合作夥伴開拓市場的過程中，關鍵客戶經理會調動自己企業的資源，幫助合作夥伴快速成長。

　　聯縱智達諮詢公司 2000 年 5 月起負責「輝山」牌利樂枕液態奶的上市推廣，與其接續合作了七、八個專案，每次合作利樂公司都全程介入，並主動承擔部分費用。這個專案結束後，輝山利樂枕鮮奶日銷量已超過 50 噸，液體奶在當地市場占有率保持在 80% 以上，2001 年銷售額達到 3.6 億元。而利樂公司的包材銷量也大幅攀升，甚至有幾次到了斷貨的程度。

　　在利樂的幫助下，伊利的奶製品從呼和浩特輸出，短短幾年，伊利從區域性企業成長為全國性企業，成長為大型乳品企業。自 1997 年伊利向利樂購買第一臺灌裝機，截至 2002 年底，利樂已經為伊利提供了 61 條生產線。在迅速發展的過程中，伊利感到最大的幫助是和這家供應商結成策略合作夥伴關係。從原料改進，再到引進經營管理思想，利樂為伊利培養出大批的經營人員，極大地改善了伊利的整體實力，而利樂也從中獲得巨大利潤。

　　從上述案例我們看到，利樂公司透過幫助客戶成功，也使自己獲得成功。

　　為了幫助客戶成功，企業需要合理安排各項管理活動，包括：

分析客戶，為客戶解決問題

　　「了解什麼是客戶的成功」指了解客戶的真正需求，「可以幫助客戶解決什麼問題？能帶給客戶什麼價值？」只有回答了這兩個問題，才能明確

協助你的客戶成功

了解客戶的成功標準，進而確立目標。事實上就是務必站在客戶的立場思考問題，這點尤為重要。

客戶需要的不是一句空虛口號，而是要能實實在在幫他們解決問題。一方面他們能夠得到高品質的服務；另一方面他們可以從這種長期、穩固的合作關係中，得到一般客戶所無法享受到的優惠。因此，企業應認真分析目前的經營狀況和競爭能力，從企業現有的客戶名單中尋找建立夥伴關係的機會。分析要點如下：

- **客戶習慣從哪種管道了解產品？**
- **客戶習慣從哪種管道購買產品？**
- **客戶習慣以哪種方式購買產品？**
- **客戶購買產品會有哪些心理偏好？**
- **客戶購買產品會受哪些外在影響？**
- **企業產品或服務能否滿足客戶的要求？**
- **客戶從企業提供的高品質服務中是否獲益？**
- **企業的服務是否有助於客戶實施長期計畫？**
- **客戶在開發新工藝方面是否需要企業的支持和幫助？**
- **企業招募的員工是否積極進取、對客戶抱持強烈的責任感？**
- **企業是否對員工進行專業化的客戶忠誠培訓？**

下面我們透過一個案例來說明，分析客戶並幫助客戶解決問題，也會為企業帶來成功。

一家電器製造商在產品品質方面享有盛譽，但面對客戶提出的各種服務要求卻深感力不從心，束手無策。該製造商又不想失去這批客戶。雖說

第七章　留住客戶，留住訂單

製造商為客戶提供免費保養維修服務，但是過了保固期，客戶們就無法再得到維修服務。這樣做顯然不利於建立客戶忠誠。

在這種情況下，有一家電器維修服務公司看準這一機會，並妥善加以利用。他主動與製造商聯繫，提出願意為該製造商的客戶提供長期的維修服務。製造商將該電器服務公司作為自己的維修點，介紹客戶到服務公司去尋求維修服務協助，當然價格上給予一定的優惠。這樣使得超過保固期的客戶仍能得到令他們滿意的服務，該製造公司也得以在市場上保持穩定的占有率。電器服務公司再不用為客戶來源發愁，並能夠從中獲益。換句話說，這是一件互惠互利的事情。

這家電器服務公司為製造商提供的幫助，並不僅僅如上所述。我們還可以看到，雖然該製造公司在產品品質方面享有聲望，但它生產的電器難免在使用中出現各種故障，那麼當客戶到電器服務公司維修的時候，服務公司可以積極聽取客戶意見，尋找出問題，同時還可以將自己收集到的產品相關資訊回饋給製造公司，由製造公司及時改進產品。這同樣有助於製造商改善產品品質，提升客戶滿意度。

增加客戶關係的財務利益，給予客戶特殊關照

貝利（Berry）和帕勒蘇拉門（Parasuraman）提出了提升客戶利益和滿意感的三種方法：增加財務利益、增加社交利益、增加結構利益。其中增加財務利益中的頻繁行銷計畫（FMPS）就是最有效的行銷方法之一，這種方法可以有效提升客戶的滿意度和忠誠度，是建立夥伴關係強而有力的工具。

頻繁行銷計畫和俱樂部行銷計畫是企業可以用來增加財務收益的兩種方法。頻繁行銷計畫就是向經常購買或大量購買的客戶提供獎勵。頻繁行

銷計畫顯示出一個事實：20%的公司客戶占據了80%的公司業務。

許多企業為了與客戶保持更緊密的連繫而實施俱樂部行銷計畫。俱樂部成員可以因其購買行為而自動成為該企業的會員，如飛機乘客或食客俱樂部（大來信用卡）；也可以透過購買一定數量的商品，或者付會費成為會員。

以上方法主要是利用價格刺激來增加客戶關係的財務收益。在這一層面，客戶樂於和企業建立關係的原因是希望得到優惠或特殊照顧。儘管這些獎勵計畫能改變客戶的偏好，卻很容易被競爭對手模仿。一般來說，最先推出頻繁行銷計畫的企業通常獲利最多，尤其是當其競爭者反應較為遲鈍時。但在競爭者做出反應後，頻繁行銷計畫就變為所有實施這種策略的企業之財務負擔，從而無法長久保持與客戶的關係優勢。因此，企業應該採取更有效的措施使客戶主動與企業建立關係。

增加企業和客戶的社會性連繫，滿足個體化需求

企業員工可以透過了解單一客戶的需求，使服務客製化和人性化，來增加企業和客戶的社會性連繫。如在保險業中，與客戶保持頻繁聯繫以了解其需求的變化，逢年過節送卡片之類等小禮物以及共享一些私人資訊，都會增加此客戶留在該保險公司的可能性。透過一系列公關活動，改善企業與客戶之間以及與其他企業之間的夥伴關係。

用「私人醫生」的貼身服務幫助客戶成功

「私人醫生」的定位代表著為客戶提供「終身的、貼身的服務」。既然是私人醫生，就代表其技術水準肯定非常專業，類似於醫院裡的專家門

第七章　留住客戶，留住訂單

診。「私人醫生」式的貼身服務自然與公立醫院為大眾提供的服務不同，私人醫生是針對每個客戶的具體特點及需求量身打造、對症下藥。這代表企業必須緊緊圍繞客戶需求，提供終身的、全方位的服務。

比如在傳統的由企業到代理商，再由代理商到經銷商的銷售體系中，企業和代理商不僅僅充當向經銷商提供商品的角色，而且幫助銷售網路中的經銷商（特別是規模較小的成員）提升其管理水準，確保他們設定合理的進貨時間和存貨能力，改善商品的陳列；向其提供有關市場的研究報告，幫助培訓業務員；同時建立經銷商檔案，及時向他們提供有關產品的各種資訊；設立企業電話客服中心，記錄每次發生的售後服務問題，並由專人追蹤直至解決；建立知識庫體系，並將出現過的典型問題和解決方法記錄在內，達到知識共享，促使類似問題再出現時，可以使維修服務人員快速找到解決方法等。

幫助客戶成長

幫助客戶成長，內容包括很多方面，有管理方面，比如寶僑和聯合利華經常幫助客戶提升庫存管理水準，百事可樂經常幫助客戶培訓業務員，美的掏錢讓優秀的客戶去國外參加 MBA 課程培訓等等；有硬體建設方面的，如贈送或者借給客戶配送車輛，幫客戶添置傳真機、電腦等現代化的辦公設備等。

幫助客戶成長會成就雙贏結果，客戶越是成長茁壯，對企業的發展就越有幫助，忠誠度也會越高。

寶僑 1999 年投資 1 億元人民幣，用於分銷商資訊系統建設和車輛配置，逐步使分銷商運作實現初步現代化，分銷商與寶僑、分銷商與其下游

客戶也打造出初階電子商務。寶僑公司還建立了多部門工作組，向分銷商提供全面的專業化指導，以全面提升分銷商的管理水準和運作效率，提升分銷商的競爭能力。

經過這一系列的措施，分銷商和寶僑一起經歷深刻的變革，分銷商獲得了成長，達成分銷管理和運作的現代化，全面提升了分銷商的市場競爭力和對寶僑公司的忠誠度。

尋找更深層次的結構性連繫

在增加財務利益和社會性連繫的基礎上，企業還應尋找與客戶更深層次的結構性連繫。也就是說，透過技術方面的相互支持來幫助客戶。這種合作夥伴關係較為緊密，而且更重要的是，這種夥伴關係對建立客戶忠誠也大有幫助。結構性連繫即提供以技術為基礎的客戶化服務，從而為客戶提升效率和產出。這類服務通常被設計成傳遞系統。而競爭者要開發類似的系統需要花上幾年時間，因此不易被模仿。

近年來許多企業都經過痛苦的學習經歷，客戶經常改變想法，而使產品的品項急遽增加，產品的設計和生產成本不斷增加，而產品的利潤空間又不斷減少。與客戶保持夥伴關係，讓他們參與產品設計，可以使設計的產品更符合客戶的需求；與客戶共享有價值的資訊，使客戶對你充滿信任和忠誠；與客戶結成策略聯盟，使你們具有共同的經濟利益，共同應對市場的挑戰。

寶僑公司為了加強與沃爾瑪（Walmart）的合作與資訊交流，建立了複雜的 EDI 系統連線，使得寶僑公司能隨時掌握沃爾瑪的庫存狀況、銷售動態、需求數量等資訊，從而使寶僑公司能與沃爾瑪形成良好合作，及時補充貨物數量，進而更加及時地將產品提供給最終客戶。

第七章 留住客戶，留住訂單

　　任何產品或者企業都能幫客戶賺錢，區別只在賺多賺少而已，而很多客戶做批發，除了賺錢以外，都有發展壯大的強烈渴求，除了自身努力以外，他們也很希望能夠得到外界的幫助。這個時候如果某個專業經理人伸出援手，他們會充滿感激，這種感激帶來的忠誠度會大大超過你幫他賺錢帶來的忠誠度，並且十分持久牢固。

第八章

超越困境

其實，每個人都可以將生活的歷程當作是一場探險之旅，不斷地發現，亦不斷遇到新的人和景物。如此一來，你的生命才能有新的活力，活著才不會感到厭倦。

第八章　超越困境

自身的分量取決於自己

　　一個人只有看重自己，別人才會同樣看得起你，所以無論能力高低、條件好壞、地位高低都不應自認為低人一等。

　　知名作家杏林子的《現代寓言》裡有一則故事：一隻兔子長了三隻耳朵，因而備受同伴的嘲諷，大家都說牠是怪物，不肯跟牠玩。為此，三耳兔非常悲傷，常常暗自哭泣。

　　有一天，牠終於下定決心，把那隻多出來的耳朵忍痛割掉，於是，牠就變得和大家一模一樣，也不再遭受排擠，牠感到快樂極了。

　　時隔不久，牠因為遊玩而進入另一片森林。天啊！那裡的兔子竟然全部都是三隻耳朵，跟牠以前一樣！但由於牠已少了一隻耳朵，所以這裡的兔子們嫌棄牠，不理牠，牠只好怏怏地離開。從此，牠領悟到一個真理：不相信、不看重自己，只會讓別人看不起你，因為別人總是透過你的眼光來看待你。

　　因此，如果想要別人尊重你，首先就要尊重自己，這是不變的準則。而現實生活中有些人，受到別人的欺負和排擠，飽受冷落和打壓，實屬沒有分量的小人物，這跟他們一貫看輕自己的行事風格密不可分。所以我們要學會不卑不亢，盡力去擺脫「人為刀俎，我為魚肉」的局面。

　　世界名著《簡‧愛》(Jane Eyre)中的男主角羅徹斯特身為莊園主，財大氣粗，曾對女主角說：「我有權蔑視妳！」他自以為在地位低下又其貌不揚的簡‧愛面前，有一種很「自然」的優越感。但個性堅強又渴望自由平等的簡‧愛，堅決維護自己的尊嚴，寸步不讓，反唇相譏：「你以為我窮、不好看就沒有自尊嗎？你錯了！我們在精神上是平等的！正像你和我

自身的分量取決於自己

最終將走進墳墓平等地站在上帝面前一樣。」這番話使羅徹斯特受到強烈震撼，令他對簡・愛產生由衷的敬佩。

在現實生活中，有的人不惜降低自己的尊嚴，不惜出賣人格，去逢迎那些在某方面比自己強的人，哪怕逢迎者對自己傲慢無禮。這種「卑己而尊人」的行為並不值得稱道。

不要忘了魯迅先生告誡我們的一句話：「不要把自己看成別人的阿斗，也不要把別人看成自己的阿斗！」要尊重別人，更要贏得他人的尊重。

有個美好的說法：「一個人只要拯救了一個靈魂，他就拯救了整個世界。」它告訴我們，每個人都是可貴的。不論外表、行為和個性有多麼不同，但每個人都有改變世界的力量，而世界也隨著每個不同的人，以不同的方式在進行改變。當我們這樣看事情時，代表著愛已經誕生，它就會促使我們既尊重自己，又敬重別人，創造出愛的綠茵和改變世界的巨大力量。

說到這裡，你可能會問，怎樣才能做到尊重自己呢？這就需要我們去尋找自己身上有哪些值得尊敬的東西。

人類大腦所具有的神奇功能之一，就是可以提出和回答任何問題。雖然有時候大腦的回答是錯誤的，但無論如何，只要你提出問題，它就一定會給你答案。比如說，如果你問自己，我身上有什麼我自己尊敬的地方呢？你的大腦就會把答案想出來告訴你，如果你一時想不出來，只要多思考一下，相信一定會想出一些東西。比如我很誠實，在學習和生活中從來不欺騙自己和他人；我的記憶力很好，能快速記住所學的生字詞；我雖然愚笨，但卻有持之以恆、超越別人的意志力……這些都是值得你尊敬自己的地方，不管你信不信，只要長期開發和發掘自我尊敬的特質，久而久之

第八章　超越困境

你就會找到許多值得自己尊敬的地方，進而會越來越愛自己。

一旦我們理解並欣賞自己的價值，就會開始欣賞別人的價值，並且尊重他們，而當我們學會尊重，就能夠付出愛。當你學會如何尊重自己，進而愛自己的時候，和他人在一起時就會顯得自然、輕鬆、和諧，因為你用尊重的目光去看待他人。自然而然，你的態度就會顯得溫和親切，這時也就感覺到自己能夠去愛別人了。

▋別摔倒在熟悉的路上

許多時候，我們不是被自己的缺陷絆倒，而是跌倒在自己的優勢和經驗上。

野兔是十分狡猾的動物，缺乏經驗的獵手很難捕獲到牠們。但是一旦下雪，野兔的末日就到了。因為野兔從來不敢走沒有自己腳印的路，當牠從窩中出來覓食時，牠總是小心翼翼，一有風吹草動就會逃之夭夭。但走過一段路後，如果是安全的，牠也會按照原路返回。獵人就根據野兔的這一特性，只要找到野兔在雪地上留下的腳印，便在腳印上放置機關，第二天早上就可以去收穫獵物了。

兔子的致命缺點就是太相信自己走過的路了。許多時候，我們不是在自己的缺陷上摔跤，而是被自己的優勢絆倒。因為缺陷常常提醒我們要小心翼翼，而優勢和經驗卻常常使我們忘乎所以，麻痺大意。

三個旅行者早上出門時，一個旅行者帶了一把傘，另一個旅行者拿了一根柺杖，第三個旅行者什麼也沒有帶。

晚上歸來，拿傘的旅行者淋得渾身溼，拿柺杖的旅行者跌得滿身是

傷，而第三個旅行者卻安然無恙。前兩個旅行者很納悶，問第三個旅行者：「你怎會沒有事呢？」

第三個旅行者沒有正面回答，而是問拿傘的旅行者：「你為什麼會淋溼而沒有摔傷呢？」

拿傘的旅行者說：「當大雨來到的時候，我因為有了傘，就大膽地在雨中走，不知道為什麼卻淋溼了；當我走在泥濘坎坷的路上時，因為沒有枴杖，所以走得非常仔細，專挑平穩的地方走，所以沒有摔傷。」

然後，他又問拿枴杖的旅行者：「你為什麼沒有淋溼卻摔傷了呢？」

拿枴杖的說：「當大雨來臨的時候，我因為沒有帶雨傘，便選能躲雨的地方走，所以沒有淋溼。當我走在泥濘坎坷的路上時，我便用枴杖拄著走，一時大意，不知道為什麼就摔了好幾跤。」

第三個旅行者聽後笑笑說：「為什麼你們拿傘的淋溼了，拿枴杖的跌傷了，而我卻安然無恙？這就是原因，當大雨來時我躲著走，當路不好時我非常小心，所以我沒有淋溼也沒有跌傷。你們的失誤就在於有足以憑藉的優勢，自以為有了優勢便可大意。」

有的時候，優勢是靠不住的，經驗是會欺騙人的。所以要相信事實，多做準備，絕不能偏信所謂的經驗，更不能依賴自己的優勢。能正確看待自己的優勢、懂得如何利用經驗的人，才是真正的智者。

思路決定出路

有什麼樣的思路就有什麼樣的人生，思路決定一個人的出路。

有個人從小就惹是生非，長大後成為當地的流氓，吃喝嫖賭無惡不

第八章 超越困境

作，整天無所事事，最後因為搶劫被判刑十五年。他有一個妻子兩個兒子，後來妻子與他離婚。兩個兒子，其中一個兒子學他，整天到處瞎混，最後鋃鐺入獄；而另外一個兒子則發奮圖強，最後在一家公司當上副總，擁有幸福的家庭。

一個記者採訪了兄弟二人，想知道為什麼他們會走上不同的道路？令人感到意外的是，他們竟回答同樣一句話：「有一個這樣的父親，我還能怎樣呢？」

同樣的事實卻得出了不同結果：一個自暴自棄，另一個則奮鬥不息。看來，有什麼樣的思路就有什麼樣的人生，是思路決定了他們的出路。

所以，當你遇到麻煩束手無策的時候，不妨換一種思路，跳脫慣性思維，也許馬上就能找到新的道路、新的目標與新的境界。換個思路，也許就會有出路！否則，你的人生道路只會越走越窄。

兩個老闆在聊天，說起自己的員工。一個老闆說：「我的公司有這樣三個人，一個喜歡尋根究底，嫌這嫌那；另外一個總是憂心忡忡，為一些莫名其妙的事情擔憂；第三個人每天無所事事，喜歡到處亂逛。我實在受不了，過幾天我一定要炒了他們。」

另外一個老闆想了想，說道：「這樣吧，你乾脆讓他們到我的公司來上班吧，省得麻煩。」第一個老闆高興地答應了。

那三個人到了第二個老闆的公司後，喜歡尋根究底的人被安排去做品管，總是憂心忡忡的人被安排去做保全，而喜歡閒逛的人則被安排去做業務和宣傳。

一段時間以後，這三個人都做出非常出色的成績，而他們所在的公司也得以迅速發展。同樣的一個人，在不同的職位，就會有不同的表現。所

以說，只要方向正確，沒有走不通的路；只要思路正確，沒有做不成功的事。

有一家不起眼的小餐廳，老闆與員工招呼客人、點菜、報菜名，感覺完全就是在說笑話、講評書，而且每道很普通的菜色都有一個很另類的「雅號」。因此，客人在這裡吃飯、喝酒，完全是超值的精神享受。

假如8位客人剛到門口，負責招呼客人的員工就扯開嗓子大吼：「英雄8位，雅座伺候！」點菜時，客人點兩個滷兔腦殼，他就轉身對廚房喊：來兩個「帥哥」！客人點「豬拱嘴」，到了招呼客人的員工那裡就變成「相親相愛」。這些別緻的另類菜名，讓來店裡吃飯的各路「英雄」莫不捧腹、噴飯！

在這裡，馬鈴薯絲——「吃裡扒外」，豆腐乾——「黃龍纏腰」，雞鴨鵝翅膀——「展翅高飛」，腳掌——「走遍天涯」，滷舌頭——「甜言蜜語」，炒萵筍丁——「星星點燈」，燉乳鴿——「嚮往神鷹」，醋——「忘情水」，啤酒——「夢醒時分」，白酒——「留半清醒留半醉」……

酒過三巡、菜過五味之後，店家免費送給每桌客人一份「遲來的愛」——一盤普通的泡菜！客人酒足飯飽之後呢？還會為每桌客人們奉送幾根「小氣」——牙籤！

據說這家店的生意原本並不好，而且店裡也沒有什麼出名的招牌菜。於是幫菜餚改了名字，生意就出奇地好。

透過這家餐廳的轉變，我們可以知道：成功與失敗，富有與貧窮，只不過是一念之差；不怕做不到，只怕想不到。

人與人最大的差別是脖子以上的部分，不同的觀念最終導致不同的人生。我們必須有新的觀念、新的方法、新的創造，才能在激烈的競爭中立於不敗之地！

第八章　超越困境

▌設身處地，換位思考

每個人都需要站在他人的角度看待問題。只有換位思考、將心比心，才能真正了解他人的所思所想。

聖誕節到了，一位母親在聖誕節帶著5歲的兒子去買禮物。大街上響著聖誕歌曲，櫥窗裡裝飾著彩色燈飾，可愛的小精靈載歌載舞，商店裡五光十色的玩具應有盡有。

「來，寶貝，看，多漂亮的聖誕夜景啊！」母親對兒子說道，然而兒子卻緊拽著她的衣角，嗚嗚地哭出聲來。

「怎麼了？寶貝，要是總在哭，聖誕老人可就不會到我們這裡來啦！」

「我……我的鞋帶鬆掉了……」

母親不得不在人行道上蹲下來，為兒子繫好鞋帶。母親無意中抬起頭來，啊，怎麼什麼都沒有？──沒有絢麗的燈飾，沒有迷人的櫥窗，沒有聖誕禮物，也沒有裝飾華麗的餐桌……原來那些東西都太高了，孩子什麼也看不見。出現在孩子視野裡的只有一雙雙粗大的鞋和婦人們低低的裙襬，在街上互相摩擦、碰撞、搖曳……

這位母親第一次從5歲兒子的高度觀察世界，她感到非常震驚，立刻起身把兒子抱了起來……從此這位母親牢記，再也不要把自己以為的「快樂」強加給兒子。「站在孩子的立場看待事情」，母親透過自己的親身體會意識到了這一點。

其實，不僅一位好母親需要站在孩子的立場看待事情，每個人都需要站在他人的角度看事情。只有換位思考、將心比心，才能夠真正了解他人的所思所想。

在生活中,我們絕不要輕易地將自己的喜好、邏輯強加於他人身上,站在不同的角度看風景,各有各的感受,冷暖自知。能站在他人的角度看事情,多為他人著想的人,總是能贏得人們的喜愛和尊重。其實,學會體諒他人並不困難,只要你願意認真地站在對方的角度和立場看事情。

有一次,戴爾‧卡內基（Dale Carnegie）在報紙刊登了聘請祕書的廣告。大約有三百封求職信湧入,內容幾乎一樣:「我看到週日早報上的廣告,我希望應徵這個職位,我今年二十幾歲……」只有一位女士特別聰明,她並沒有談到她想爭取的,而是談卡內基需要什麼條件。她的信函是這樣的:「敬啟者:您所刊登的廣告可能已引來兩、三百封回函,而我相信您一定很忙碌,沒有時間一一閱讀,因此,您只需撥個電話……我很樂意過去幫忙整理信件,以節省您寶貴的時間。我有 15 年的祕書經驗……」

卡內基一收到這封信,真是欣喜若狂。他立即打電話請她前來。卡內基說,像她那樣的人,永遠不用擔心找不到工作。

真誠地從他人的角度看事情,代表遇到事情時,要先設身處地站在別人的立場和處境思考問題,了解他人的觀點和感受,體察和意識他人的情緒和情感。這裡所講的「他人」,可以包括任何與你相處、打交道的人,如你的父母、上司、同事、朋友、顧客等。

戰勝內心的恐懼

其實,很多時候恐懼都是我們強加給自己的。

每個人內心都有恐懼感,我們害怕生病,害怕失業,害怕交際,害怕生活沒有保障,害怕死亡,懼怕孤單,懼怕失敗,懼怕冷漠……人生處處

第八章　超越困境

充滿壓力和危機、激烈的競爭，還有無數防不勝防的陷阱，讓人茫然失措，畏首畏尾，不知何去何從。為了避免麻煩，人們所採取的方式通常就是逃避，但這種消極的態度會產生負面影響。隨著恐懼程度加深，範圍擴大，人也變得越來越懦弱。在人生的發展階段，若要幸福快樂，戰勝內心的恐懼是基本的前提條件。

一個年輕人離開故鄉，開始創造自己的前途。他動身的第一站，是去拜訪本族的族長，請求指點。老族長正在練字，他聽說本族有位後輩即將踏上人生的旅途，就寫了3個字：不要怕。然後抬起頭來，望著年輕人說：「孩子，人生的祕訣只有6個字，今天先告訴你3個，供你半生受用。」

30年後，當年的年輕人已步入中年，擁有一些成就，也經歷很多傷心事。歸程漫漫，到了家鄉，他又去拜訪那位族長。他到了族長家裡，才知道老人家幾年前已經去世，家人取出一個密封的信封對他說：「這是族長生前留給你的，他說有一天你會再來。」還鄉的遊子這才想起來，30年前他在這裡聽到人生的一半祕訣，拆開信封，裡面赫然又是3個大字：不要悔。

中年以前不要怕，中年以後不要悔。這就是人生的祕訣。勇氣和膽量，使我們不論在追求異性、建立婚姻家庭、取得學業進步、面對經濟困境、尋求事業突破或建立財富之時，都不會被不明的恐懼所阻礙。成功的人物，都一定會戰勝恐懼，對自己的信念一往無前，排除萬難，最終成功。

其實，很多時候恐懼都是我們強加給自己的。

半夜裡，佳佳要上廁所，一個人爬起來下床，走到臥室門口，開門看了看，又折回來，客廳太黑，她害怕了。媽媽說：「寶貝，別害怕，鼓起勇氣。」

戰勝內心的恐懼

「勇氣是什麼？」佳佳跑到媽媽的床前問。

「就是勇敢的氣。」媽媽回答。

「媽媽，妳有勇氣嗎？」佳佳好奇地問。

「我當然有！」媽媽笑了。

於是，佳佳伸出她的小手：「媽媽，那妳吹點勇敢的氣給我吧。」

媽媽對著她冰冷的小手吹了兩口，佳佳緊張兮兮地趕緊握緊拳頭，生怕「勇敢的氣」跑掉了。然後，她就握緊拳頭，大踏步地走出臥室，去上廁所了。

這個世界根本就沒有什麼「勇敢的氣」，只有無所畏懼的強大心理。其實，很多時候，我們害怕的不是別的，是自己內心憑空生出的恐懼。我們戰勝的也不是別的，正是自己。只要認真面對恐懼，那麼就能戰勝它。

一句歌詞說得好：「我收藏恐懼，愛上恐懼，那就再沒有恐懼。」日常生活中克服恐懼的最好方法是：毫無遮掩地交談。透過不斷地問自己「為什麼」來找原因，就可以消除恐懼和煩惱。只要你能勇敢地、自信地面對恐懼，就一定會戰勝它。

怎樣才能克服恐懼心理呢？恐懼心理可以透過自我調適和訓練來克服。具體方法如下：

（1）把能引起你緊張、恐懼的各種場面，由輕到重依序列成一張表（越具體越好），分別抄到不同的卡片上，把最不令你恐懼的場面放在最前面，把最令你恐懼的放在最後面，將所有卡片按順序排列。

（2）進行放鬆訓練。方法為坐在舒服的座位上，有規律地深呼吸，讓全身放鬆。進入放鬆狀態後，拿出上述卡片的第一張，想像上面的情景，想像得越逼真越好。

(3) 如果你覺得緊張和害怕，就停止想像，做深呼吸使自己放鬆。等到完全放鬆後，重新想像剛才失敗的情景。若不安和緊張再次出現，就再停止後放鬆，如此反覆，直至卡片上的情景不再使你感到不安和緊張為止。

(4) 依照同樣的方法繼續下一個更使你恐懼的場面（下一張卡片）。注意，每次進入下一張卡片的想像，都要以在想像上一張卡片時不再感到不安和緊張為條件，否則，不得進入下一個階段。

(5) 當你想像最令你恐懼的場面也不感到害怕時，便可再按由輕至重的順序進行實際鍛鍊，若在現場出現不安和緊張，讓自己做深呼吸放鬆來調整，直到不再恐懼為止。

恐懼讓我們知道，讓人們的靈魂得以放鬆是多麼重要。想要真正戒除內心的恐懼，唯有增強自己的自信，尋求內心的安寧，才是釋放自己最好的方法！

■ 改變不了環境，就改變自己

雖然不能改變世界，那就只好改變自己，用愛心和智慧來面對這一切。

要改變現狀，就得改變自己。要改變自己，就要改變自己的觀念。一切成就，都是從正確的觀念開始的。一連串的失敗，也都是從錯誤的觀念開始。想要適應社會，適應變化，就要改變自己。

柏拉圖告訴弟子自己能夠移山，於是弟子們紛紛請教方法。柏拉圖笑道：「很簡單，山若不過來，我就過去。」弟子們不禁啞然。

> 改變不了環境，就改變自己

　　世界上根本沒有什麼移山之術，唯一能夠移動山的祕訣就是：山不過來，我便過去。同樣的道理，人不能改變環境，那麼就改變自己。

　　哥倫布（Cristoforo Colombo）發現美洲大陸後，歐洲不斷向美洲移民。為了得到足夠的食物，歐洲人在美洲種植大量蘋果樹。但是在19世紀中期，美國的蘋果大面積減產，原因是出現一種新的害蟲──蘋果果實蠅。

　　剛開始，人們以為害蟲是從歐洲帶過來的。後來經過研究發現，蘋果果實蠅是由當地一種叫山楂蠅的昆蟲變化而來。由於蘋果樹大量種植，許多當地的山楂樹被砍掉，以山楂為生的山楂蠅為了適應這種情況，改變自己的生活習性，開始以蘋果為食物。在不到100年的時間裡，山楂蠅進化成一種新害蟲。

　　山楂蠅為了適應環境，竟不惜改變自己的習性。生物適應環境的能力令人可敬可嘆，那麼人又該如何適應環境呢？

　　在西敏寺地下室裡，英國聖公會主教的墓碑上寫著：「當我年輕自由的時候，我的想像力沒有任何局限，我夢想改變這個世界。當我漸漸成熟明智的時候，我發現這個世界是不可能改變的，於是將目光放得短淺了一點，那就只改變我的國家吧！但是我的國家似乎也是我無法改變的。當我到了遲暮之年，抱著最後一絲努力的希望，我決定只改變我的家庭、我親近的人──但是，唉！他們根本不接受改變。現在，在我臨終之際，我才突然意識到：如果起初我只改變自己，接著就可以依序改變我的家人。然後，在他們的刺激和鼓勵下，我也許就能改變我的國家。再接下來，誰又知道呢，也許我連整個世界都可以改變。」

　　人生如水，人只能去適應環境。如果不能改變環境，就改變自己。只有這樣，才能克服更多的困難，戰勝更多的挫折，實現自我。如果無法正

第八章　超越困境

視自己的缺點與不足,只會一味地埋怨環境不利,從而把改變境遇的希望寄託在改換環境上面,這實在是徒勞無益。

▌學會信任,停止猜忌

信任才是人生最高的美德,猜忌只會讓人走火入魔。

勇敢和智慧孕育成功,而信任和支持增添動力。信任是人生中最偉大的力量,而被人信任也是人生中最大的幸福。

一個人借了一千塊錢給同事,有個朋友說:「萬一他不還呢?」他自信地說:「放心,他人品非常好。」但就在朋友列舉了很多借錢不還的例子後,那人就變得緊張起來,最後竟然惶恐地認定這一千塊錢打水漂了,鬱悶至極。然而過幾天,同事還了錢,那人自我解嘲地說:「真是沒事找事,老是瞎想!」

也許,這就是很多人的通病吧──當客觀事實與我們的悲觀想像產生衝突的時候,後者馬上就占了上風,於是就出現很多莫名的煩惱。

有句俗語說:「猜疑把你、我都變成了傻瓜。」然而,我們還是經常推斷別人的反應和行為。我們常以為事物是不變的,人是不變的。有時,我們根本無法觀察到事情已發生微妙的變化,而這些變化可能促使人們採取與過去不同的行為模式。

所以,遇到問題要調查研究再做出判斷,絕對不能毫無根據地盲目猜疑。疑神疑鬼地盲目猜疑,往往會產生錯覺。

阿布・卡恩說過:「信任就像一根細絲,弄斷了它,就很難把兩端再接回原狀。」所以,不管在生命的哪個階段,能擁有的最偉大幸福,就是

信任。猜忌是社會的毒素，無聲無息卻充滿負面能量，足以侵蝕人的勇氣和友善，更會使一個國家、一個族群喪失最後的團隊精神。信任的建立，需要真誠的日積月累；而信任的崩潰，一次猜忌就夠了。

做人要耐得住寂寞

如果想出人頭地，得要耐得住寂寞，因為成功的輝煌就隱藏在寂寞的背後。

日本近代有兩位一流的劍客，一位是宮本武藏，一位是柳生又壽郎，宮本是柳生的師父。當年柳生拜宮本學藝時，就如何成為一流劍客，師徒間有這樣一段對話。

「師父，我努力學習的話，需要多少年才能成為一名劍師？」又壽郎問道。

「你的一生。」武藏答道。

「我不能等那麼久。」又壽郎解釋說，「只要你肯教我，我願意下任何苦功以達到目的。如果我當你忠誠的僕人，需要多久？」

「哦，那樣也許要十年。」武藏平和地答道。

「家父年事漸高，我不久就得服侍他了。」又壽郎不甘心地繼續說道，「如果我更加刻苦地學習，需要多久？」

「嗯，也許三十年。」武藏答道。

「怎麼會這樣呢？」又壽郎問道，「你先說十年而現在又說三十年。那麼，我決心不惜任何苦功，要在最短的時間內精通此藝！」

第八章　超越困境

「嗯，」武藏說道，「那樣的話，你得跟我七十年才行，像你這樣急功近利的人多半是欲速則不達。」

「好吧，」又壽郎這才明白自己太過心急，「我同意了。」

開始訓練後，武藏向又壽郎提出的要求是：不但不許談論劍術，連劍也不准他碰。只讓他做飯、洗碗、鋪床、打掃庭院和照顧花園，對於劍術隻字不提。

三年的時光就這樣過去了，又壽郎仍做著這些苦役，每當他想起自己的前途，內心不免有些悽惶、茫然。

有一天，武藏悄悄溜到他背後，以木劍給他重重一擊。第二天，正當又壽郎忙著煮飯的時候，武藏再度出其不意地襲擊他。自此以後，無論日夜，又壽郎都得隨時隨地預防突如其來的襲擊，一天二十四小時，時時刻刻都有可能品嘗遭受劍擊的滋味，但他總算悟出劍道的奧妙。經過辛勤的練習之後，又壽郎終於成為全日本劍術最精湛的劍客。

可見，想要成就一番事業，欲速則不達，只有耐得住寂寞，潛心苦練，才能達成你的目標。

十年寒窗無人問，一朝成名天下知。耐得住寂寞，無論處於人生的巔峰還是谷底，這句話都是對人生的最佳忠告。當代作家劉墉曾經說過：「年輕人要過一段『潛水艇』般的生活，先短暫隱形，找尋目標，耐住寂寞，積蓄能量；日後方能毫無所懼、成功地『浮出水面』。」司馬遷受宮刑後，潛心努力 19 年，方有傳世佳作《史記》，李時珍歷時 30 年的辛苦著述，才造就醫學聖經《本草綱目》；諾貝爾多次死裡逃生，廢寢忘食數年，終於成功研製 TNT 炸藥；愛迪生失敗了無數次，才發明出電燈泡。

這個世界充滿各式各樣的誘惑。小孩子會受到糖果的誘惑，學生會受

到遊戲的誘惑，官員會受到賄賂的誘惑，減肥者會受到食物的誘惑，而每個成年人都會受到風花雪月、錦衣玉食、黃金錢財、名譽地位的誘惑。在誘惑和欲望面前，人不是做欲望的奴隸，就是做欲望的主人。做奴隸還是主人，這取決於你是否耐得住寂寞。否則，早晚會被這些誘惑所俘虜，最終喪失自我。

經常流傳一些創業故事，人們傳來傳去，最後只剩下了他（她）在成功的那一刻擁有幾家公司、幾棟房、幾輛車……其實，一夜之間就大獲成功的故事，即使有，也很少見。讓他人羨慕不已的成功，其實是許多年的設計、經營和努力。想一想這漫漫的奮鬥征程，克服寂寞，抵禦誘惑，清除障礙，解決問題……這一切，需要非凡的執著和定力。有一句名言說得好：「如果你想出人頭地，就要耐得住寂寞，因為成功的輝煌就隱藏在寂寞的背後。」在理想尚未成功之前，我們必須耐得住寂寞。

人生在世，誰也難免寂寞，很難不為寂寞所困，不在寂寞中消沉。學會走出寂寞，把生活調節得有滋有味，那一定是個幸福的人。對一般人而言，鬱鬱寡歡時與心境開朗時，世界並沒有發生什麼變化，山還是山，水還是水，寂寞只是一種心境，像一層薄薄的霧，撥開就會發現，外面仍然很熱鬧、很精采，只需走進去，投入其中，生活便會變得情趣盎然。

去別處尋找肥肉

跟在別人後面，就不會有太大成就。積極地創造條件，另闢蹊徑，才能發現人生的轉機。

有一天，法國昆蟲學家法布爾（Jean Henri Fabre）端著碗坐在樹蔭下

第八章　超越困境

享用午餐，發現地上一塊骨頭上爬滿了螞蟻。這些螞蟻忙得不可開交，但骨頭卻紋絲不動，況且，骨頭上也沒肉，拖回去做什麼？法布爾覺得好笑，也為螞蟻們的勤奮而感動，於是拿了塊肥肉給牠們，為便於搬運，還嚼碎了才吐在地上。

但是，這些螞蟻全神貫注於骨頭，根本不知道附近有美味的肥肉。牠們上下左右地爬啊、咬啊、拽啊，黑壓壓一片，看起來就是勞動力過剩，卻沒有誰往肥肉那邊跑一步。

法布爾閒著沒事，想看看這些碎肉最終歸誰。因為附近有好幾處螞蟻窩，總會有螞蟻發現的。

這時，骨頭邊出現一隻神態慌張的螞蟻，好像是剛剛趕來的。兄弟們忙著拽骨頭，誰都沒有注意到牠。牠圍著骨頭跑來跑去，想幫忙，但擠不上去。牠似乎很生氣，向骨頭發起衝鋒，但仍然被兄弟們擠了下來。

這隻螞蟻終於放棄，在外圍轉了幾圈，像是在思考什麼。接著，牠離開兄弟們，向別處走去。一路走走停停，顯然是想開闢新戰場。走到牆角處，牠一轉身，向肥肉這邊爬來。

法布爾很興奮地盯著牠，期待牠撞上好運！果然，牠的觸角準確地碰到肥肉！只見牠一愣，然後迅速咬住一顆肉粒，開始享用美味的午餐！當大軍還在攻打那塊沒有指望的骨頭時，這隻單槍匹馬的小螞蟻在別處獲得了好運。

這個故事告訴我們，人們趨之若鶩的事情對你而言未必有多大的價值，適當的情況下，我們應該學會開闢嶄新道路，像那隻小螞蟻一樣，去尋找沒人搶奪的肥肉。只有這樣，才能發現良機，開創一片新天地，成就你的卓越人生。

去別處尋找肥肉

1847年，17歲的李維・史特勞斯（Levi Strauss）從德國來到美國，投靠在紐約開布行的哥哥。

1850年，美國西部出現淘金熱，20歲的李維也加入了這股被發財的熱浪所驅使的人流當中，他隻身來到舊金山，試圖找到一個金礦。然而，他幾乎耗盡了所有積蓄，也無法發現一塊金礦，他幾乎要絕望了。有一天，李維默然地坐在地上，看著大街上熙熙攘攘的淘金者。一轉眼，他看到自己帳篷裡堆積如山的帆布——用來製作淘金時野營用的帳篷和馬車篷。他轉念一想，改變了淘金的初衷，決定另闢發財途徑。他先開了一間銷售日用百貨的小商店，主要賣帆布。李維認為：淘金固然能發大財，但為那麼多人提供生活用品也是一樁能賺錢的好生意。

有一天，李維正扛著一捆帆布往回走，一位淘金工人攔住他說：「朋友，你能不能用這種帆布做一條褲子賣給我？我整天和泥水打交道，普通的褲子經不住，只有帆布做的褲子才結實耐磨。」

李維聽後，靈機一動，一條生財之道馬上在他的腦海中閃現。於是，他立即將那位淘金工人帶到裁縫店，按他的要求做了兩條褲子。這就是世界上最早的牛仔褲。

由於牛仔褲結實耐磨，很快就成為淘金工人的首選，最終風靡全球，李維也成為牛仔大王。

李維的成功經驗說明，人云亦云，總是跟在別人後面，不會有多大成就。成功絕不是碰運氣，而是要積極地創造條件，另闢蹊徑，才能發現人生的轉機。

第八章　超越困境

別讓說謊成為習慣

說一句謊話，要編造十句謊話來彌補，何苦呢？

人類最高的美德就是信任，而謊言則是信任的剋星。據說很久以前，上帝就告訴人類不可說謊，否則會自取滅亡。可是人們依舊我行我素，全世界的人都喜歡說謊，還拚命為自己找藉口。

美國人一般能夠原諒過去的政治家，卻非常瞧不起尼克森總統（Richard Milhous Nixon），就是因為他是一個騙子。水門案使尼克森成為美國歷史上第一位被迫辭職的總統。尼克森被趕出白宮的真正原因並不是「水門案」本身，而是他事後試圖靠撒謊掩蓋事實真相。同樣地，美國前總統柯林頓（William Jefferson Clinton）的麻煩來自司法程序和在誓言的約束下說謊。與尼克森一樣，如果柯林頓立即承認自己的錯誤行為，他的下場會好得多。

同樣的道理，如果他人發現你是個騙子，就不會再相信你，還認為你是個只會欺騙的小人。一旦失去他人的信任和尊重，成功也許就會遙遙無期。所以，說謊對於成功來說極其不利。我們不可能做到從不說謊（從不說謊本身就是最大的謊言），但我們可以管好自己的嘴巴，做到少說謊。

美國廣播公司（ABC）的民意調查顯示：普通人每天說謊25次。美國科學家的研究還發現，人類從3歲起就開始說謊。更有科學家說：人們平均每說話3分鐘，就會說一次謊。

其實，說謊對於生理和心理健康是百害而無一利的。醫學人員發現：說謊會導致大腦疲倦，經常說謊的人，更易患高血壓、消化不良、胃潰瘍、便祕、皮膚過敏、偏頭痛、關節痛等疾病。心理學的研究還發現，我們身

別讓說謊成為習慣

邊有些人已經淪為「病態說謊者」。這樣看來，說謊有損於身體健康，是拿健康開玩笑。即使一個人說謊時毫無惡意，也會使體內神經細胞受到不良干擾，對身體健康不利。

美國心理學家宣稱，人是愛講謊話的動物，而且比自己所意識到的講得更多。麻省大學的費爾德曼（Fred Feldman）說：「如果你問別人說不說謊，他們通常會答：『不，我從不講大話。』或者說：『只出於善意。』但如果你找一天細心觀察自己的行為，就會發現真相是另一回事。」不信的話，你可以試試下面這個測試：

擁擠的超市，你一邊滑手機一邊急匆匆地走向櫃檯，一不小心碰到擺放在櫃檯旁邊的花瓶，「砰」的一聲，花瓶掉在地上摔得粉碎！設想一下，碰到這樣的場合你會怎麼說？

A.「對不起，實在對不起。」

B.「真不巧，這桌腳絆了我一下！」

C.「對不起，花瓶多少錢，我賠償您。」

D.「你怎麼不把花瓶放好一些呀！」

下面來看看心理學家的解釋：

A. 看來你為人比較老實，做事謹慎，不會輕易說謊。現在這一類人可不多了！

B. 說點小謊，但是沒有把責任完全歸咎於自己或他人，傾向於為個人利益而說謊。

C. 你真是太實在了！有責任感，不太會說謊，當今社會，你這樣的人多一點就好了！

351

第八章　超越困境

D. 原來你就是謊話大王！一出現問題，就把所有責任推卸給他人！

據心理學家統計，如果說了一個謊，那麼大約需要再說30次謊言來彌補這個謊言的不足。而說謊，其實也是一件很累的事，更何況刻意去說呢？法朗士（Anatole France）說過：「若是謊言消失，人類該多麼無聊！但你也要小心，別讓五光十色的謊言把生活變得更加疲倦和蒼白！」

記住，如果不是善意的謊言，就一定不要說謊，更不要讓說謊成為習慣。要知道，謊言所背負的東西，遠比實話來得更多。加拿大短跑選手強生（Benjamin Sinclair Johnson）在奧運利用興奮劑得到金牌，同樣是一大醜聞，因為他愚弄了全世界的觀眾，使人們懷疑奧運頒發的獎牌究竟有多少價值。謊言帶來更多的是道德危機和信任危機。我們無法想像，失去公德的社會，失去信任的人們，對於我們來說有多可怕！

▍拖延讓你一事無成

沒有十全十美的行動時機，開始行動的那一刻就是最佳時機。

每個人都或多或少都擁有一種不良習慣——拖延。只說不做的最大危害就是拖延。魯迅先生說過：耽誤他人的時間等於謀財害命。那麼，自己拖延時間就無異於慢性自殺。

凡成功人士都有一個共同點，那就是絕不拖延！生活就像一盤棋局，和你下棋的就是「時間」。像圍棋比賽中一樣，只要猶豫不決，一旦超時，就自動出局吧！有時，人生就是戰場。

在現實生活中，拖拖拉拉的人確實不少：早上起床的時候賴床，快遲到了才急急忙忙餓著肚子去上班，明明今天能做完的事情，就想著拖到明

天做,結果第二天工作一忙,又想拖到下一天;一直想去旅遊,卻總是藉口稱沒時間,想拖到退休再去,到那時只怕能去的地方已經不多了。

在拖沓者的頭腦裡,出現得最多的就是「明天」,殊不知「明日復明日,明日何其多」,總想把事情放在明天,結果要麼越拖越多,要麼就會錯過大好機會。

一個男子每天回家都會經過一間大型商場,有一天他發現櫥窗裡有一件衣服非常漂亮,他想:「這件衣服穿在妻子身上肯定很漂亮,為了這個家她都很久沒買過好一點的衣服了。」但是一看標價,有點貴,相當於他半個月的薪資,就想下次再買吧,就這樣拖了下去。後來當這位男子下定決心去買的時候,才知道衣服早就因換季而處理掉了。男子不由得又悔又恨,後悔莫及。

相比之下,威爾斯(Herbert George Wells)就是個行動專家。威爾斯是個多產作家,他從不讓任何一個靈感溜走。他的做法就是當靈感出現時,立刻寫下來,即使在半夜,他也會開燈,拿起放在床頭的紙和筆記下靈感,然後再睡回頭覺。

許多人都有拖延的習慣。因為做事拖延而丟掉工作、錯過火車,甚至錯過可以改變命運的良機,這樣情況時常發生。看看周遭你總會發現有許多做事拖延的人,他們經常閒談、喝咖啡、削鉛筆、閱讀書報、處理私事、看電視,而很少花時間做正事。

仔細地反省一下,看看你自己有沒有這樣的毛病。如果有,就要認真對待這個問題,因為拖拖拉拉會讓你一事無成。要知道,行動本身會增加信心,不行動只會帶來更多恐懼。拖得越久,信心和勇氣也會隨著時間拉長而消失,會錯失大好良機。所以,絕不拖延,馬上動手,就是成功的開始。

第八章　超越困境

　　有些人習慣慢節奏的生活，總是喜歡把事情拖到明天。但真正有進取心的人並不會這樣想，一個晚上代表著太多意外，今日事今日畢才是成功人士應有的態度。想要不拖延，應該記住：

　　(1)「現在」就是行動的時候，一有事情，就立即動手去做。只要開始行動，任何事情都會變得簡單。

　　(2) 做個主動的人。有事情就馬上去做。要勇於實踐，做個行動主義者。

　　(3) 今日事今日畢，有問題就馬上解決，絕不要拖到明天。

　　(4) 不要等到萬事俱備以後再去做，永遠沒有絕對完美的時機，再好的創意必須付諸行動才有意義。

　　(5) 一旦發現自己有拖延的跡象，應馬上克制自己，不管事情多麼麻煩，都要放手去做，久而久之，就能克服拖延的壞習慣。

　　(6) 用行動來化解擔心和恐懼，同時加強信心。不要因為害怕而畏縮不前，世上沒有輕而易舉的成功。只要開始行動，擔心就會自動化解。

■ 學會爭取他人的幫助

　　如果你應付不了，可以尋求幫助。畢竟，沒有人能搞定一切。

　　人內心中最強烈的渴求就是自尊，受到他人重視。所以，每個人都無一例外地希望能得到別人的感激和讚美。一旦有人讓他體會到這種被重視的感覺，他當然會對這個人感激不盡。而尋求幫助，則能滿足人的這種需求——因為覺得你在行才找你幫忙嘛！

　　所以，在生活和工作中，當遇到困難，感到自己再也堅持不下去的時

候,不要一味地勉強執行或輕易放棄,不妨試著轉換思路,嘗試其他方法,或者向別人求教或求助。這樣一來,你既滿足了他人的感情需求,又為自己解了圍,你們的交情也在幫忙中促進不少,如此一石三鳥的好事,何樂而不為呢?

週末的上午,一個小男孩在玩具沙坑裡玩耍。沙坑裡有他的玩具小汽車、敞篷貨車、塑膠水桶和一把塑膠鏟子。在鬆軟的沙堆上修築公路和隧道時,他在沙坑中發現一塊巨大的岩石。

小傢伙開始挖掘岩石周圍的沙子,企圖把它從沙坑中弄出去。小男孩很小,而岩石卻相當大。小男孩手腳並用,似乎沒有費太大的力氣,岩石便被他推到了沙坑的邊緣。不過,這時他才發現,他無法把岩石向上滾動、翻過沙坑。

小男孩下定決心,手推、肩扛、左搖右晃,一次又一次地向岩石發起進攻,可是,每當他剛剛覺得取得了一些進展的時候,岩石便滑落重新掉進沙坑。

小男孩使出吃奶的力氣猛推。但是,他得到的結果是,岩石再次滾落,砸傷了他的手指。

最後,他傷心地哭了起來。男孩的父親透過起居室的窗戶看到整個過程。當淚珠滾過孩子的臉蛋時,父親來到他跟前。

父親的話溫和而堅定:「兒子,你為什麼不用上所有的力量呢?」

垂頭喪氣的小男孩抽泣道:「但是我已經用盡全力了,爸爸,我已經盡力了!我用盡了我所有的力量!」

「不對,兒子。」父親親切地糾正道:「你並沒有用盡你所有的力量。你沒有請求我的幫助。」說完父親彎下腰,抱起岩石,將岩石搬出了沙坑。

第八章　超越困境

　　一個人的能力是非常有限的，比爾・蓋茲（Bill Gates）就曾說過：「一個人永遠不要靠自己付出100%的力量，而要靠100個人請每個人付出1%的力量。」所以，如果你自己不能或者不會，不要害怕尋求他人的幫助。人互有短長，你解決不了的問題，對你的朋友或親人而言或許就是輕而易舉的，記住，他們也是你的資源和力量。

　　世界上最聰明的人，莫過於將別人的智慧和力量為自己所用的人。漢高祖劉邦，帶兵打仗不如韓信；運籌帷幄、決勝千里不如張良；治國安邦不如蕭何。雖沒有過人的本領，但是唯獨劉邦在群雄爭霸中取勝，成為漢朝開國皇帝。他之所以成功，就是善於取得他人的幫助和輔佐。

　　孔子的學生子賤有一次奉命擔任地方官吏。當他到任以後，卻時常彈琴自娛，不管政事，可是他所管轄的地方卻被治理得井然有序，民興業旺。那位卸任的官吏百思不得其解，因為他每天即使起早摸黑，從早忙到晚，也沒有把地方治理好。於是他請教子賤：「為什麼你能治理得這麼好？」

　　子賤回答說：「你全靠自己的力量去治理，所以十分辛苦，而我卻是藉助別人的力量來完成任務，我信任我的下屬，所以我放手讓他人去打理政事，他們總是不會辜負我的期望。一旦遇到棘手的問題，我還會向當地的高人請教。這樣一來，我就能有足夠的時間彈琴娛樂了。」

　　誠然，一個人的能力是很有限的，再能幹的人也不可能萬事不求人。所以，適當地放下你的堅強，接受別人的關心和幫助，甚至主動尋求他人的協助，會讓你得到更多意想不到的收穫。

　　世上沒有解決不了的問題，但是不可能一個人搞定所有事情，那麼在你心有餘而力不足的時候，請記得對別人說聲：「您能幫我個忙嗎？」

學會爭取他人的幫助

銷售就該這麼玩！高手的實戰說服術：
利益誘導 × 第三方影響 × 分解價格……破解客戶的「不可能」，讓你的每一次溝通都值千萬！

作 者：	周文軍	
發 行 人：	黃振庭	
出 版 者：	樂律文化事業有限公司	
發 行 者：	崧博出版事業有限公司	
E-mail：	sonbookservice@gmail.com	
粉 絲 頁：	https://www.facebook.com/sonbookss/	
網 址：	https://sonbook.net/	
地 址：	台北市中正區重慶南路一段61號8樓 8F., No.61, Sec. 1, Chongqing S. Rd., Zhongzheng Dist., Taipei City 100, Taiwan	
電 話：	(02)2370-3310	
傳 真：	(02)2388-1990	
印 刷：	京峯數位服務有限公司	
律師顧問：	廣華律師事務所 張珮琦律師	

-版權聲明-

本作品中文繁體字版由五月星光傳媒文化有限公司授權樂律文化事業有限公司出版發行。
未經書面許可，不得複製、發行。

定　　價：480 元
發行日期：2025 年 05 月第一版
◎本書以 POD 印製

國家圖書館出版品預行編目資料

銷售就該這麼玩！高手的實戰說服術：利益誘導 × 第三方影響 × 分解價格……破解客戶的「不可能」，讓你的每一次溝通都值千萬！/ 周文軍 著 .-- 第一版 . -- 臺北市：樂律文化事業有限公司 , 2025.05
面；　公分
POD 版
ISBN 978-626-7699-30-0(平裝)
1.CST: 銷售 2.CST: 銷售員 3.CST: 職場成功法
496.5　　　　　114004955

電子書購買

爽讀 APP　　　　臉書